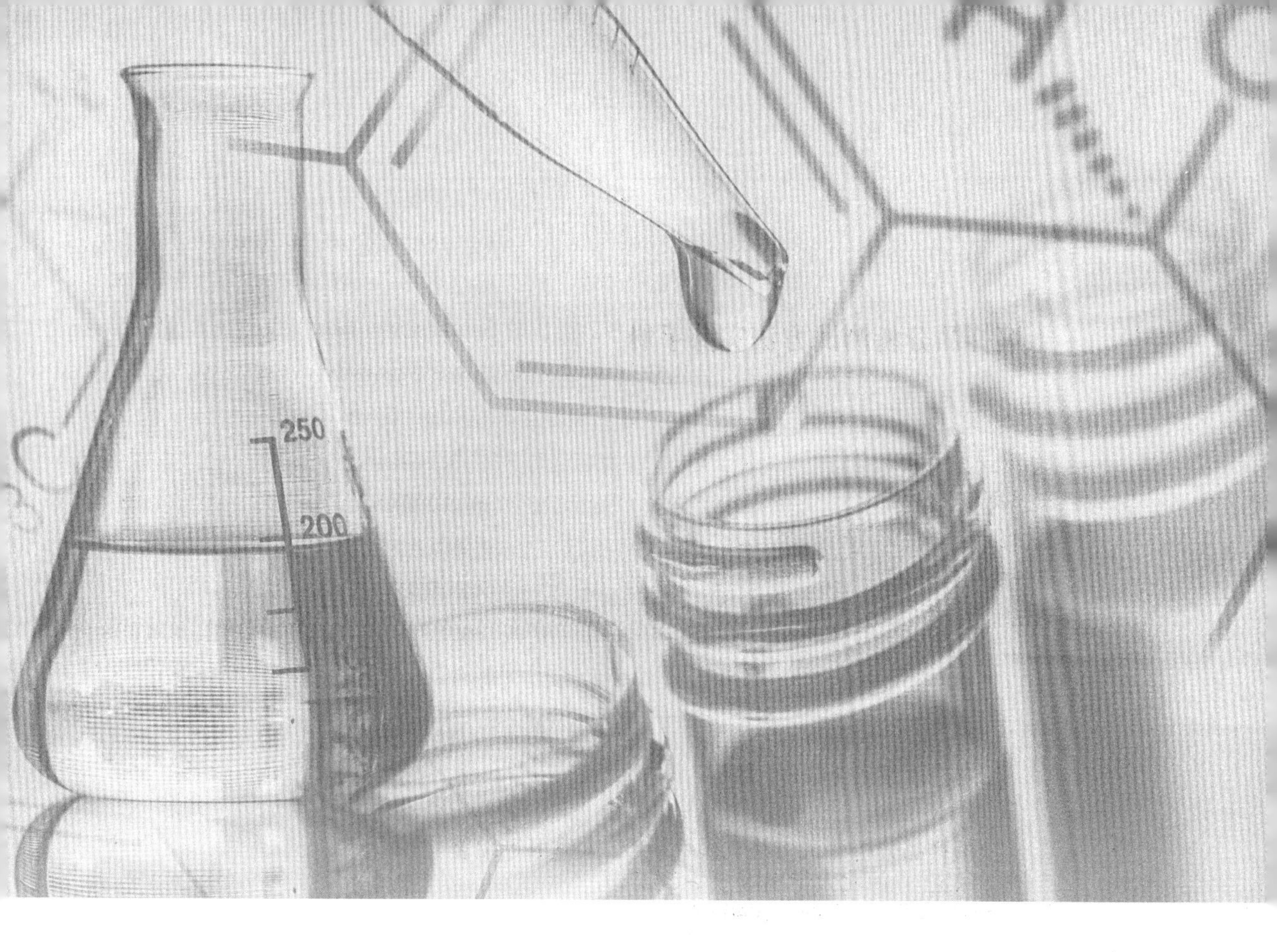

土壤样品分析
测试方法实操手册

编著　孟建卫　王立平　王磊　刘爱琴　安彩秀

河北大学出版社
·保定·

土壤样品分析测试方法实操手册

出 版 人：朱文富
责任编辑：张　磊
装帧设计：杨艳霞
责任校对：兰彩红
责任印制：常　凯

图书在版编目（CIP）数据

土壤样品分析测试方法实操手册 / 孟建卫等编著
. -- 保定 ：河北大学出版社，2022.7
ISBN 978-7-5666-2040-8

Ⅰ．①土… Ⅱ．①孟… Ⅲ．①土壤－环境标准样品－测试技术－手册 Ⅳ．① X530.2-62

中国版本图书馆 CIP 数据核字 (2022) 第 106541 号

出版发行：河北大学出版社
地址：河北省保定市七一东路 2666 号　邮编：071000
电话：0312-5073019　0312-5073029
邮箱：hbdxcbs818@163.com　网址：www.hbdxcbs.com
经　　销：全国新华书店
印　　刷：保定市文昌印刷有限公司
幅面尺寸：185 mm × 260 mm
印　　张：14
字　　数：250 千字
版　　次：2022 年 7 月第 1 版
印　　次：2022 年 7 月第 1 次印刷
书　　号：ISBN 978-7-5666-2040-8
定　　价：60.00 元

如发现印装质量问题，影响阅读，请与本社联系。
电话：0312-5073023

前　　言

本书是河北省地矿局科研项目《环境污染物识别和分析测试技术集成研究》的科研成果。项目组围绕全国重点行业企业用地土壤样品检测技术需求，在现行国家或者其他检测标准的基础上，经过归纳与实际操作建立了一套土壤样品中135种污染物分析测试方法和土壤样品中污染物快速筛查与识别方法，具有很强的实用性与适用性，并已应用于重点行业企业用地土壤污染状况调查样品测试项目中，推广性极强，本书还可为高等院校教学、环境检测、科研机构提供技术参考。

本书在编写时力图使各种分析方法保持完整，因而保留了适当的重复部分。

本书共分3篇。第一篇为有机分析测试方法，共有12个部分。第一、二、十、十一部分由孟建卫、刘爱琴、杨利娟、李然执笔；第三、四、五、七部分由王立平、安彩秀、赫彦涛、冉卓执笔；第六、八、九、十二部分由王磊、刘安、秦冲、徐麟执笔。第二篇为无机分析测试方法，共有6个部分，由孟建卫、王立平、金倩执笔。第三篇为污染物快速筛查与识别方法，由王磊、刘爱琴、金倩执笔。此外，施畅、刘淑红、康志娟、陈阳等人也参加了相关实验和编写工作。

初稿完成后，由孟建卫、王立平、王磊、刘爱琴、安彩秀进行统编，之后由《环境污染物识别和分析测试技术集成研究》项目顾问刘庆学进行复审。在项目的实施过程中，上海安谱实验科技股份有限公司、安捷伦科技（中国）有限公司、赛默飞世尔科技（中国）有限公司、北京百灵威科技有限公司、步琦实验室设备贸易（上海）有限公司、上海新拓分析仪器科技有限公司均提供了技术支持，在此表示衷心的感谢。由于作者水平有限，书中的错误在所难免，望广大专家和读者批评指正。

作者

2022年5月

前言

目　　录

第一篇　有机分析测试方法

第二篇　无机分析测试方法

第三篇　污染物快速筛查与识别方法

第一篇　有机分析测试方法

1　挥发性有机物的测定　吹扫捕集/气相色谱-质谱法

警告:实验中所使用的内标、替代物和标准样品均为易挥发的有毒化学品,其溶液配制须在通风橱中进行操作,操作时须按规定佩戴防护器具,同时避免接触皮肤和衣物。

1.1　适用范围

本方法适用于土壤和沉积物中 33 种挥发性有机物的测定。当取样量为 5 g,用标准四极杆质谱进行全扫描分析时,目标化合物的方法检出限为 0.40～1.89 μg/kg,测定下限为 1.60～7.56 μg/kg,见表 1-1。

表 1-1　各目标化合物的方法检出限及测定下限

目标化合物	方法检出限(μg/kg)	测定下限(μg/kg)
氯甲烷	1.00	4.00
氯乙烯	0.99	3.96
1,1-二氯乙烯	0.99	3.96
二氯甲烷	1.47	5.88
反式-1,2-二氯乙烯	1.28	5.12
1,1-二氯乙烷	1.18	4.72
顺式-1,2-二氯乙烯	1.29	5.16
氯仿	1.08	4.32
1,1,1-三氯乙烷	1.20	4.80
四氯化碳	1.28	5.12
苯	1.89	7.56
1,2-二氯乙烷	1.20	4.80
三氯乙烯	1.19	4.76
1,2-二氯丙烷	1.10	4.40

续表

目标化合物	方法检出限(μg/kg)	测定下限(μg/kg)
一溴二氯甲烷	1.10	4.40
甲苯	1.18	4.72
1,1,2-三氯乙烷	1.19	4.76
四氯乙烯	1.37	5.48
1,2-二溴乙烷	1.08	4.32
氯苯	1.18	4.72
1,1,1,2-四氯乙烷	1.20	4.80
乙苯	1.17	4.68
间二甲苯+对二甲苯	1.20	4.80
邻二甲苯	1.20	4.80
苯乙烯	1.08	4.32
溴仿	1.26	5.04
1,1,2,2-四氯乙烷	1.19	4.76
1,2,3-三氯丙烷	1.20	4.80
1,4-二氯苯	1.46	5.84
1,2-二氯苯	1.50	6.00
萘	0.40	1.60

1.2 方法原理

样品中的挥发性有机物经高纯氮气吹扫后富集于捕集管中,将捕集管加热,并以高纯氦气反吹,被热脱附出来的组分进入气相色谱并分离后,用质谱仪进行检测。通过与待测目标化合物标准质谱图相比较和保留时间进行定性,内标法定量。

1.3 试剂和材料

(1)甲醇(CH_3OH):色谱纯,赛默飞世尔科技(中国)有限公司。

(2)空白试剂水:依云天然矿泉水。

(3)33 种 VOCs 标准储备液:艾酷标准有限公司(Accu Standard 公司),ρ=200 μg/mL,甲醇介质,保存在冰箱冷冻,备用。

(4)内标标准溶液:艾酷标准有限公司,ρ=2000 μg/mL,选用氟苯、氯苯-d_5 和 1,4-二氯苯-d_4 作为内标。

(5)内标标准使用液：用甲醇稀释内标标准溶液到 10 mL，在 10 mL 的安培瓶中混匀，得到浓度为 200 μg/mL 的内标中间液。

(6)替代物标准溶液：上海安谱实验科技股份有限公司，ρ=2000 μg/mL，选用二溴氟甲烷、甲苯-d_8 和 4-溴氟苯作为替代物。

(7)替代物标准使用液：用甲醇稀释内标标准溶液到 10 mL，在 10 mL 的安培瓶中混匀，得到浓度为 200 μg/mL 的替代物中间液。

(8)4-溴氟苯溶液：ρ=200 μg/mL。

(9)氦气(He)：纯度为 99.999%。

(10)氮气(N_2)：纯度为 99.999%。

1.4　仪器和设备

(1)样品瓶：上海安谱实验科技股份有限公司，具聚四氟乙烯-硅胶衬垫螺旋盖的 40 mL 棕色玻璃瓶。

(2)气相色谱-质谱仪：安捷伦科技有限公司，7890B-5977B 气相色谱仪，具分流/不分流进样口，电子轰击电离源。

(3)吹扫捕集装置：美国泰克玛的 Atomx XYZ 吹扫装置，能够加热样品至 40 ℃，捕集管使用 1/3Tenax 吸附管、1/3 硅胶和 1/3 活性炭混合吸附剂。

(4)毛细管色谱柱：安捷伦科技有限公司，DB-624，30 m×0.25 mm×1.4 μm(6%腈丙苯基-94%二甲基聚硅氧烷固定液)。

(5)天平：精度为 0.01 g。

(6)微量注射器：10 μL、50 μL、100 μL 和 1 mL。

(7)气密性注射器：5 mL。

(8)一般实验室常用仪器和设备。

1.5　样品

1.5.1　取样

(1)低含量样品。测定前，先将称重后的样品瓶从冷藏设备中取出，使其恢复至室温。轻轻摇动样品瓶，确认样品瓶中的样品能够自由移动。依次摆入吹扫捕集装置的进样盘中，按照仪器参考条件进行测定。

(2)高含量样品。对于初步判定目标化合物含量大于 1000 μg/kg 的样品，采用加入甲醇提取剂的样品测定。将称重后的装有甲醇和样品的样品瓶摇匀，静置 30 min 左右，取上清液 100 μL 于装有 5 mL 空白试剂水和转子的 40 mL 样品瓶中。轻轻摇动样品瓶，使样品与水充分混合。若样品含量超出检测上限，则视情况吸取 10～100 μL 上清液于样品瓶，按照仪器参考条件进行测定。

注：若提取液不能立即分析，可于 4 ℃以下暗处保存，保存时间为 14 d，分析前应恢复至室温。

1.5.2　空白样品

以空白试剂水作为空白试样，用气密性注射器量取 5 mL 空白试剂水加入 40 mL 样品瓶中，加入转子，旋紧瓶盖，按照仪器参考条件进行测定。

1.6　分析步骤

1.6.1　仪器参考条件

(1)吹扫捕集装置条件。吹扫流量为 40 mL/min；吹扫温度为 20 ℃；预热时间为 2 min；吹扫时间为 11 min；干吹时间为 2 min；预脱附温度为 180 ℃；脱附温度为 250 ℃；脱附时间为 2 min；烘烤温度为 280 ℃；烘烤时间为 8 min。(如图 1-1 所示)

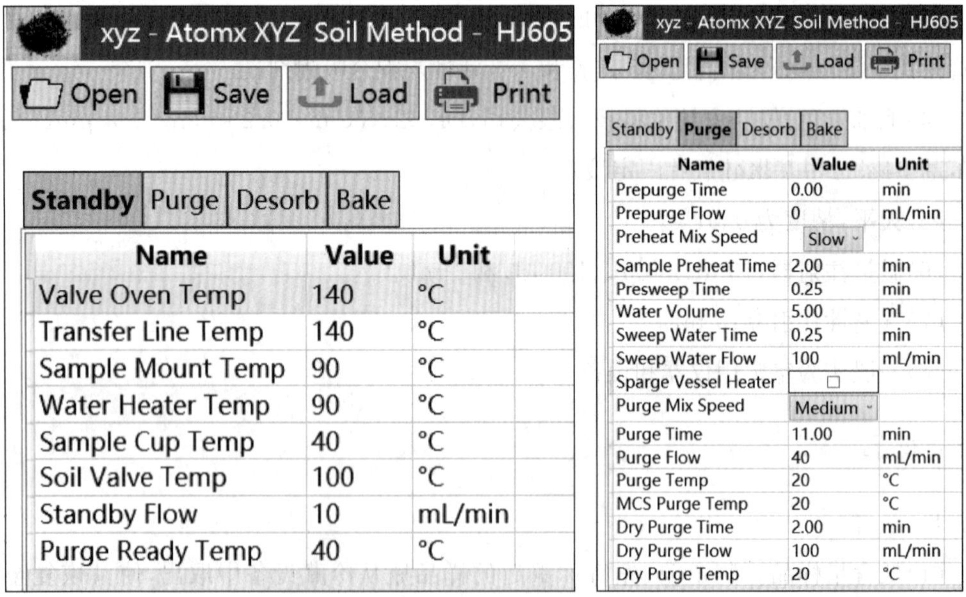

xyz - Atomx XYZ Soil Method - HJ605

Open　Save　Load　Print

Standby　Purge　Desorb　Bake

Name	Value	Unit
Valve Oven Temp	140	°C
Transfer Line Temp	140	°C
Sample Mount Temp	90	°C
Water Heater Temp	90	°C
Sample Cup Temp	40	°C
Soil Valve Temp	100	°C
Standby Flow	10	mL/min
Purge Ready Temp	40	°C

xyz - Atomx XYZ Soil Method - HJ605

Open　Save　Load　Print

Standby　Purge　Desorb　Bake

Name	Value	Unit
Prepurge Time	0.00	min
Prepurge Flow	0	mL/min
Preheat Mix Speed	Slow	
Sample Preheat Time	2.00	min
Presweep Time	0.25	min
Water Volume	5.00	mL
Sweep Water Time	0.25	min
Sweep Water Flow	100	mL/min
Sparge Vessel Heater	□	
Purge Mix Speed	Medium	
Purge Time	11.00	min
Purge Flow	40	mL/min
Purge Temp	20	°C
MCS Purge Temp	20	°C
Dry Purge Time	2.00	min
Dry Purge Flow	100	mL/min
Dry Purge Temp	20	°C

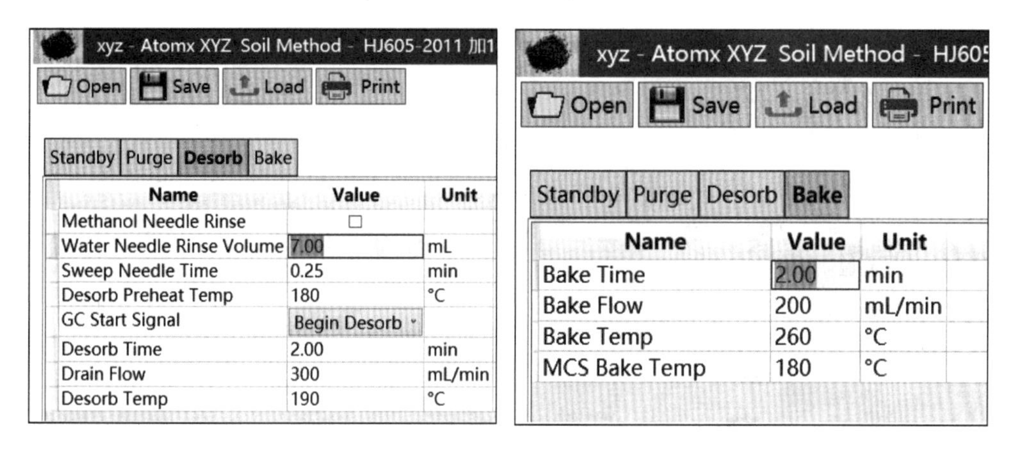

图 1-1　吹扫捕集装置条件设定

(2)气相色谱参考条件。毛细管色谱柱为 DB-624，30 m×0.25 mm×1.4 μm；进样口温度为 210 ℃；载气为氦气；分流比为 30∶1；柱流量为 1 mL/min(恒流)。(如图 1-2、图 1-3 所示)升温程序，38 ℃保持 3 min，以 8 ℃/min 的速率升至 100 ℃，以 15 ℃/min 的速率升至 240 ℃，保持 2 min。(如图 1-4 所示)

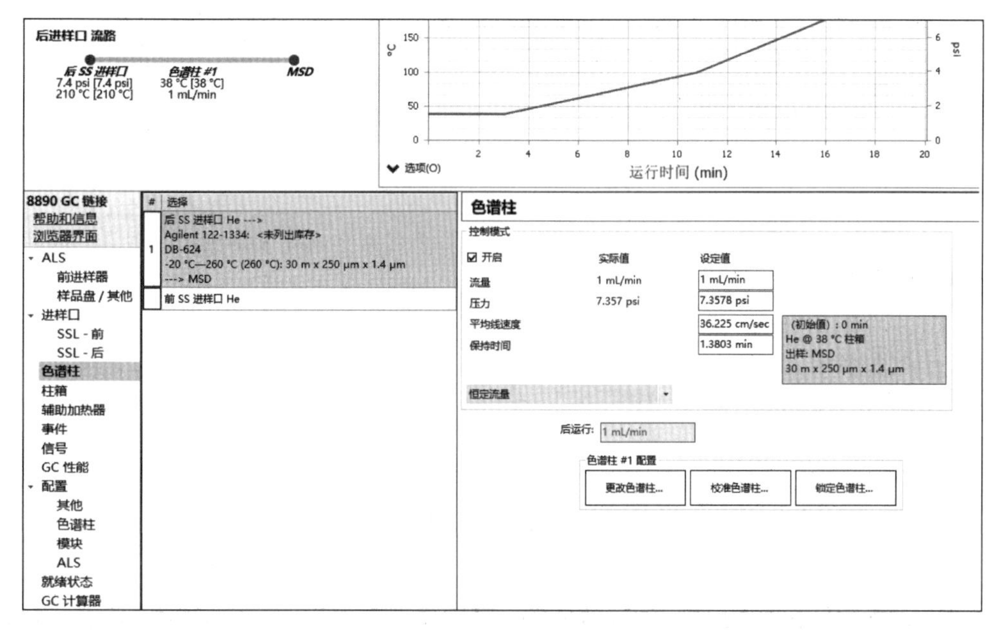

图 1-2　色谱柱条件设定

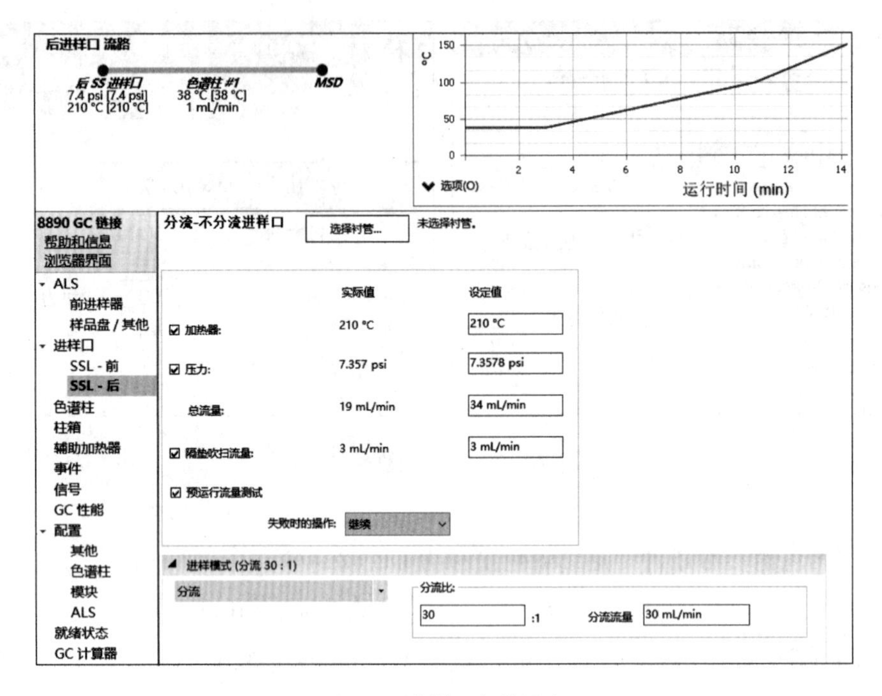

图 1-3　进样口条件设定

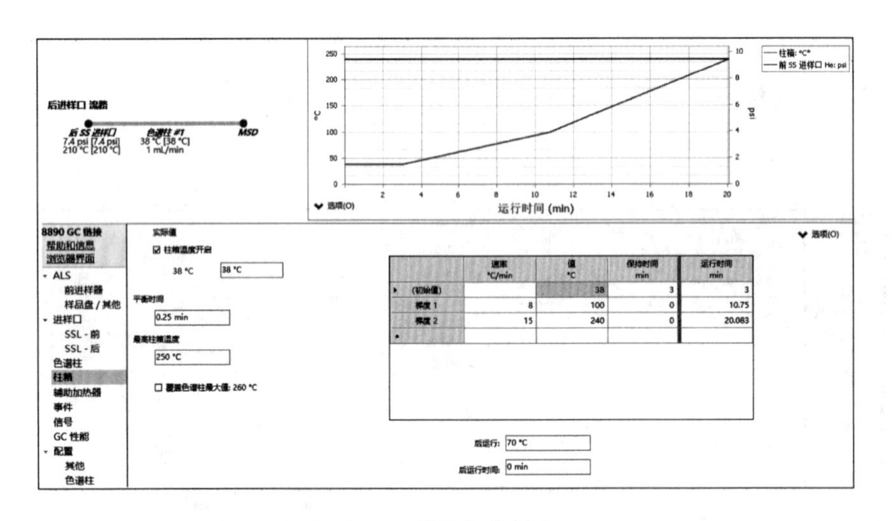

图 1-4　柱箱条件设定

(3)质谱参考条件。扫描方式为全扫描；扫描范围为 45～300 amu；离子源为 EI 源；离子源温度为 230 ℃；质谱接口温度为 235 ℃；调谐文件为 BFB. u；溶剂延迟为 1. 5 min。质谱参考条件如图 1-5 所示，质谱调谐结果如图 1-6 所示。

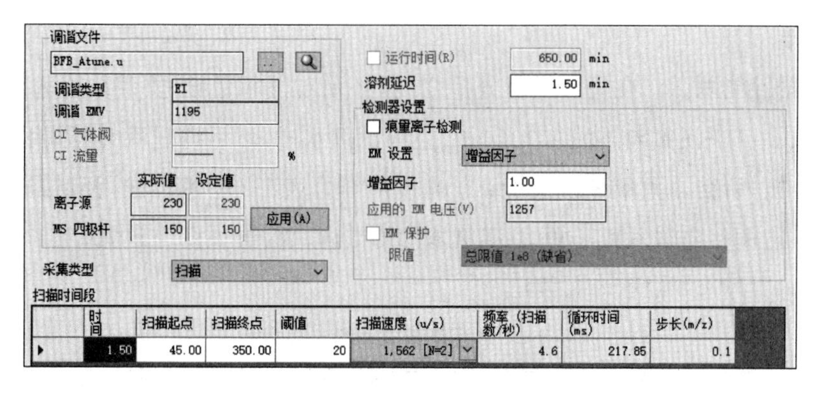

图 1-5 质谱参考条件设定

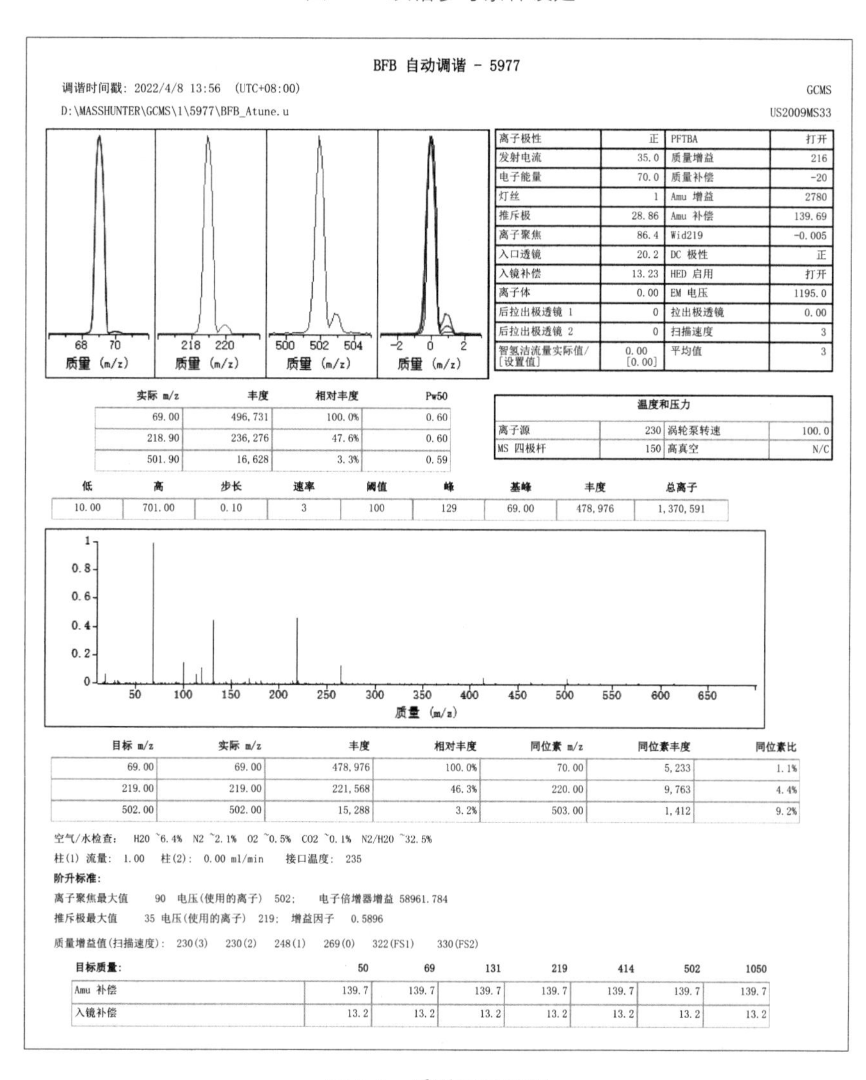

BFB 自动调谐 - 5977

调谐时间戳：2022/4/8 13:56 (UTC+08:00) GCMS

D:\MASSHUNTER\GCMS\1\5977\BFB_Atune.u US2009MS33

离子极性	正	PFTBA	打开
发射电流	35.0	质量增益	216
电子能量	70.0	质量补偿	-20
灯丝	1	Amu 增益	2780
推斥极	28.86	Amu 补偿	139.69
离子聚焦	86.4	Wid219	-0.005
入口透镜	20.2	DC 极性	正
入镜补偿	13.23	HED 启用	打开
离子体	0.00	EM 电压	1195.0
后拉出极透镜 1	0	拉出极透镜	0.00
后拉出极透镜 2	0	扫描速度	3
智氢洁流量实际值/[设置值]	0.00 [0.00]	平均值	3

实际 m/z	丰度	相对丰度	Pw50
69.00	496,731	100.0%	0.60
218.90	236,276	47.6%	0.60
501.90	16,628	3.3%	0.59

温度和压力			
离子源	230	涡轮泵转速	100.0
MS 四极杆	150	高真空	N/C

低	高	步长	速率	阈值	峰	基峰	丰度	总离子
10.00	701.00	0.10	3	100	129	69.00	478,976	1,370,591

目标 m/z	实际 m/z	丰度	相对丰度	同位素 m/z	同位素丰度	同位素比
69.00	69.00	478,976	100.0%	70.00	5,233	1.1%
219.00	219.00	221,568	46.3%	220.00	9,763	4.4%
502.00	502.00	15,288	3.2%	503.00	1,412	9.2%

空气/水检查： H20 ~6.4% N2 ~2.1% 02 ~0.5% C02 ~0.1% N2/H20 ~32.5%

柱(1) 流量： 1.00 柱(2)： 0.00 ml/min 接口温度： 235

阶升标准：

离子聚焦最大值 90 电压(使用的离子) 502； 电子倍增器增益 58961.784

推斥极最大值 35 电压(使用的离子) 219； 增益因子 0.5896

质量增益值(扫描速度)： 230(3) 230(2) 248(1) 269(0) 322(FS1) 330(FS2)

目标质量：	50	69	131	219	414	502	1050
Amu 补偿	139.7	139.7	139.7	139.7	139.7	139.7	139.7
入镜补偿	13.2	13.2	13.2	13.2	13.2	13.2	13.2

图 1-6 质谱调谐结果

1.6.2 校准

(1)仪器性能测试。在每天进行分析之前，必须对气相色谱-质谱系统进行仪器性能检查。吸取 2 μL4-溴氟苯溶液加入 5 mL 空白试剂水中，然后通过吹扫捕集装置进样，用仪器进行分析，所得 4-溴氟苯的关键离子丰度应符合表 1-2 中的标准，否则需对质谱仪的一些参数进行调整或清洗离子源，4-溴氟苯的调谐评估报告如图 1-7 所示。

表 1-2 4-溴氟苯离子的丰度标准

质荷比	离子丰度标准	质荷比	离子丰度标准
50	质量 95 的 8%～40%	174	大于质量 95 的 50%
75	质量 95 的 30%～80%	175	质量 174 的 5%～9%
95	基峰，100%相对丰度	176	质量 174 的 93%～101%
96	质量 95 的 5%～9%	177	质量 176 的 5%～9%
173	小于质量 174 的 2%	—	—

调谐评估报告

数据路径: D:\2020\HBLWKY14-19\BFB.D
采集时间: 2020/1/10 19:52:30
操作人员:
样品:
仪器名称: 8890-5977B
ALS 样品瓶: 1
方法:

BFB.D TIC
Retention Time (min)

+ 扫描 (rt: 14.178-14.184 min, 3 扫描数) BFB.D 3 扫描平均值 扣除 无 (自动)
m/z

目标质量	相对质量数	下限%	上限%	相对丰度 %	原始丰度	通过/失败
50	95	8	40	22.7	54989	Pass
75	95	30	80	49.9	121185	Pass
95	95	100	100	100.0	242721	Pass
96	95	5	9	7.0	17014	Pass
173	174	0	2	1.2	2775	Pass
174	95	50	100	92.2	223758	Pass
175	174	5	9	7.2	16188	Pass
176	174	93	101	93.2	208562	Pass
177	176	5	9	7.0	14605	Pass

图 1-7 4-溴氟苯的调谐评估报告

(2)校准曲线的绘制。用甲醇溶剂分别配制 10 mL 浓度为 5 μg/mL 的替代物使用液和 10 mL 浓度为 5 μg/mL 的内标使用液，倒入吹扫捕集装置的相应标样管中。用甲醇配制得到浓度为 1 μg/mL(含二溴氟甲烷、甲苯-d_8 和 4-溴氟苯等 3 种替代物)的混合标准使用液Ⅰ和浓度为 10 μg/mL 的混合标准使用液Ⅱ，用以绘制校准曲线，见表 1-3。仪器内加入的内标质量浓度为 50 ng/mL。

表 1-3　校准曲线配置的具体方法

混合标准使用液Ⅰ(μL)	混合标准使用液Ⅱ(μL)	浓度(ng/mL)
2	—	2
5	—	5
—	2	20
—	5	50
—	10	100
—	20	200

按照仪器参考条件，从低浓度到高浓度依次测定。以目标组分与内标的浓度比值为横坐标，以目标组分与内标的面积比值为纵坐标，进行线性回归，得到标准曲线的回归方程。校准曲线中目标化合物相对响应因子的相对偏差应小于或等于 20%。

连续进行分析时，每 24 h 分析一次校准曲线的中间浓度点，其测定结果与实际浓度值相对标准偏差应小于或等于 20%，否则须重新绘制校准曲线。各目标化合物的标准曲线如图 1-8～图 1-15 所示。

注：若标准系列中某个目标化合物相对响应因子的相对标准偏差大于 20%，则此目标化合物也可以采用非线性拟合曲线进行校准，其相关系数应大于或等于 0.99。

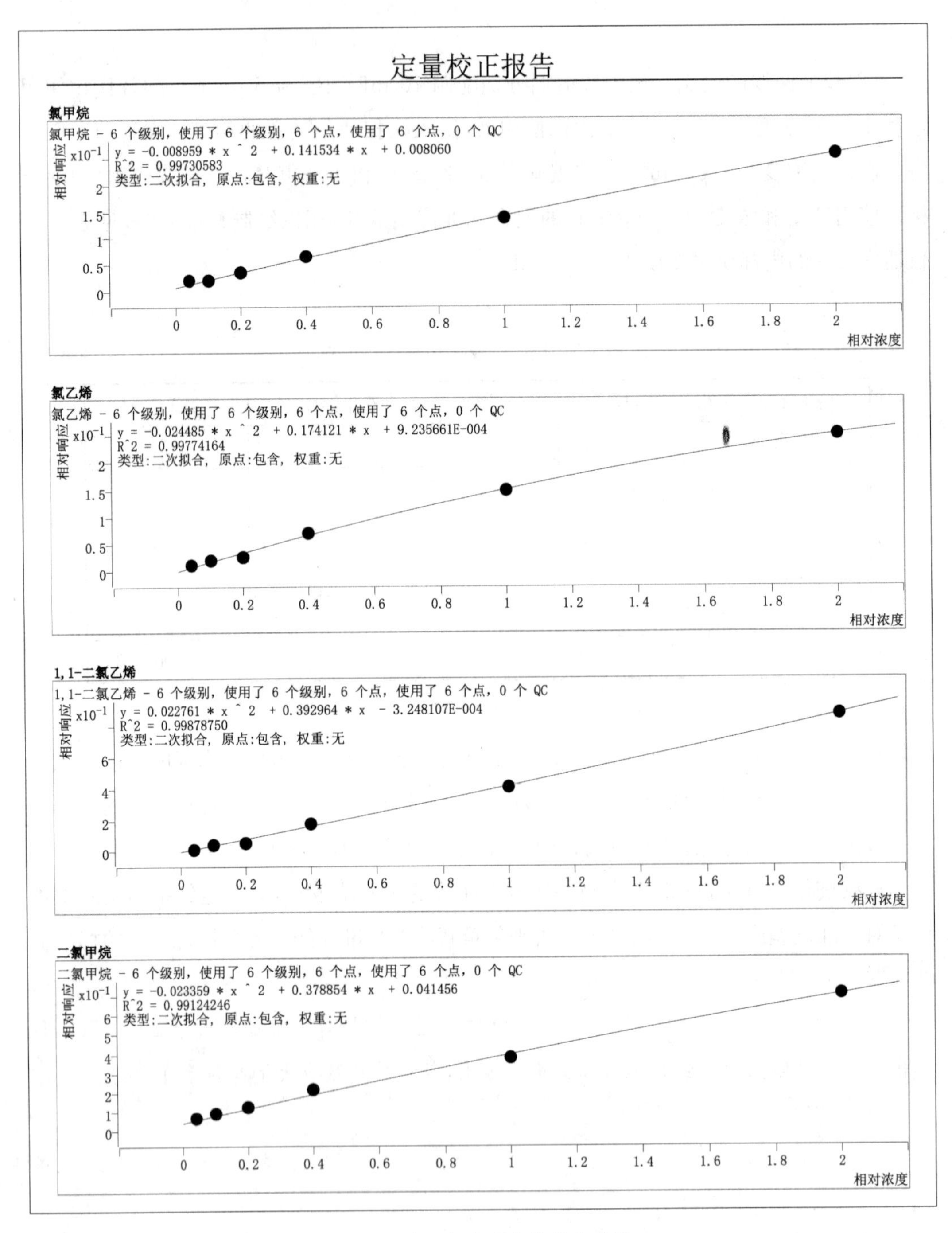

图 1-8 各目标化合物的校准曲线

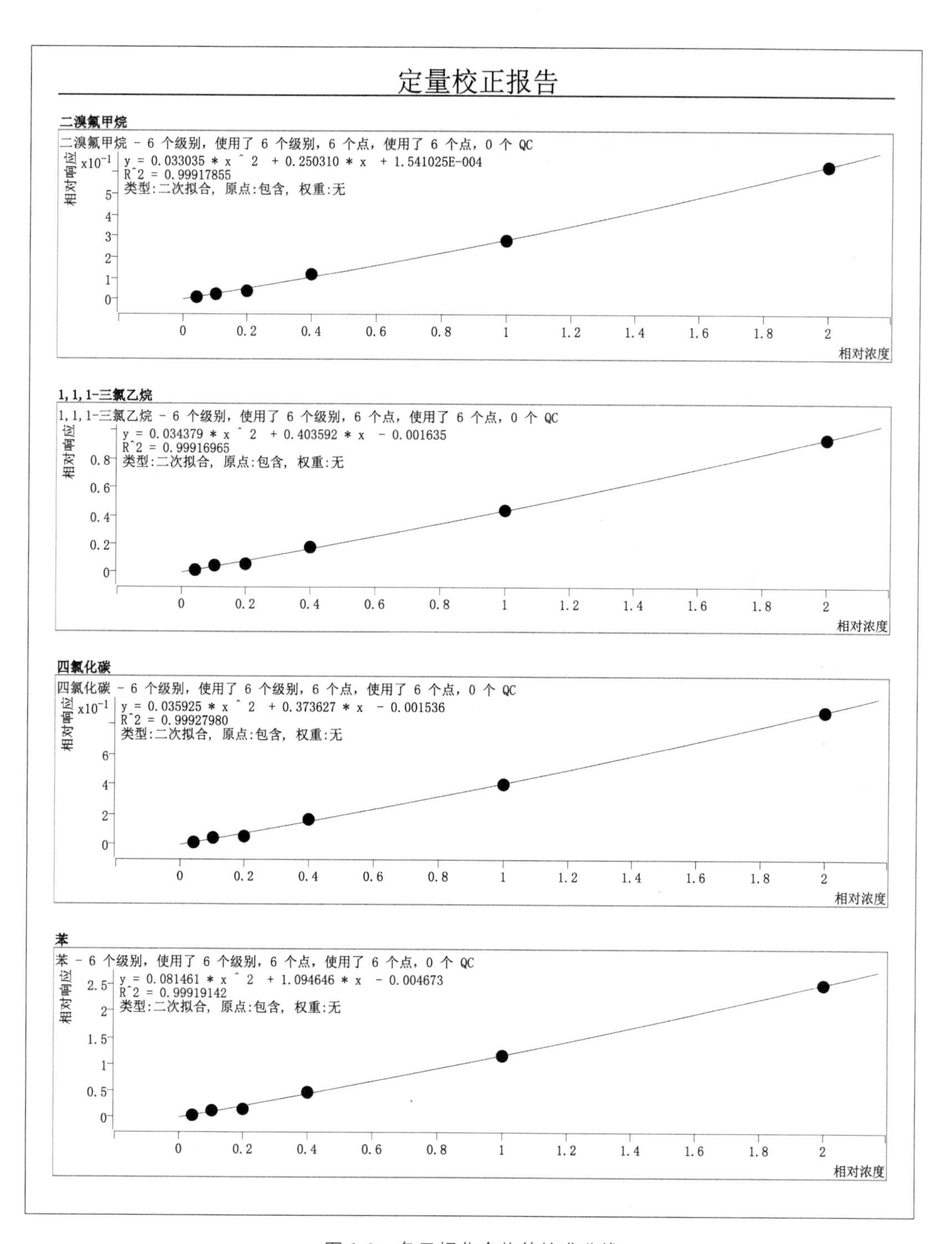

图 1-9　各目标化合物的校准曲线

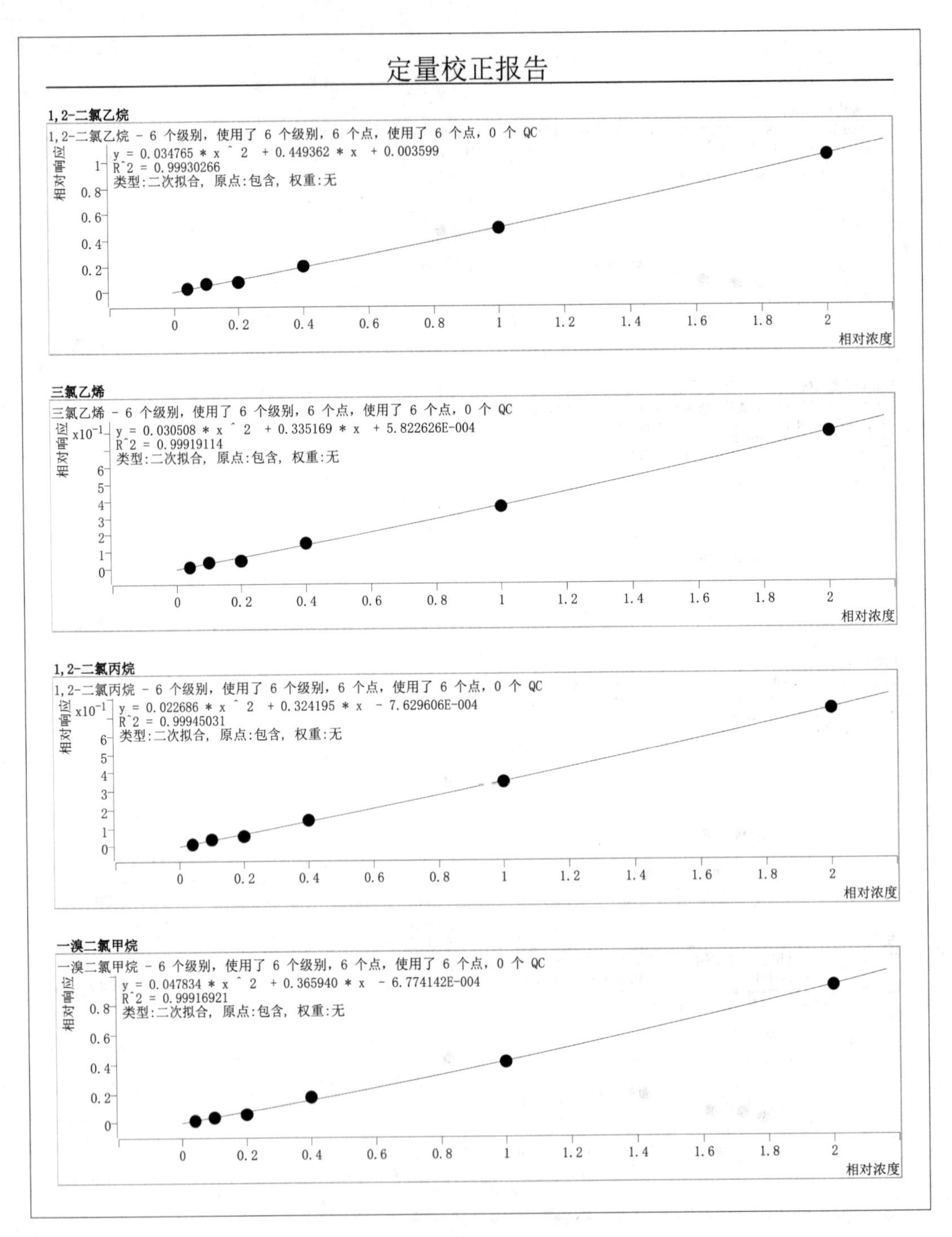

图 1-10 各目标化合物的校准曲线

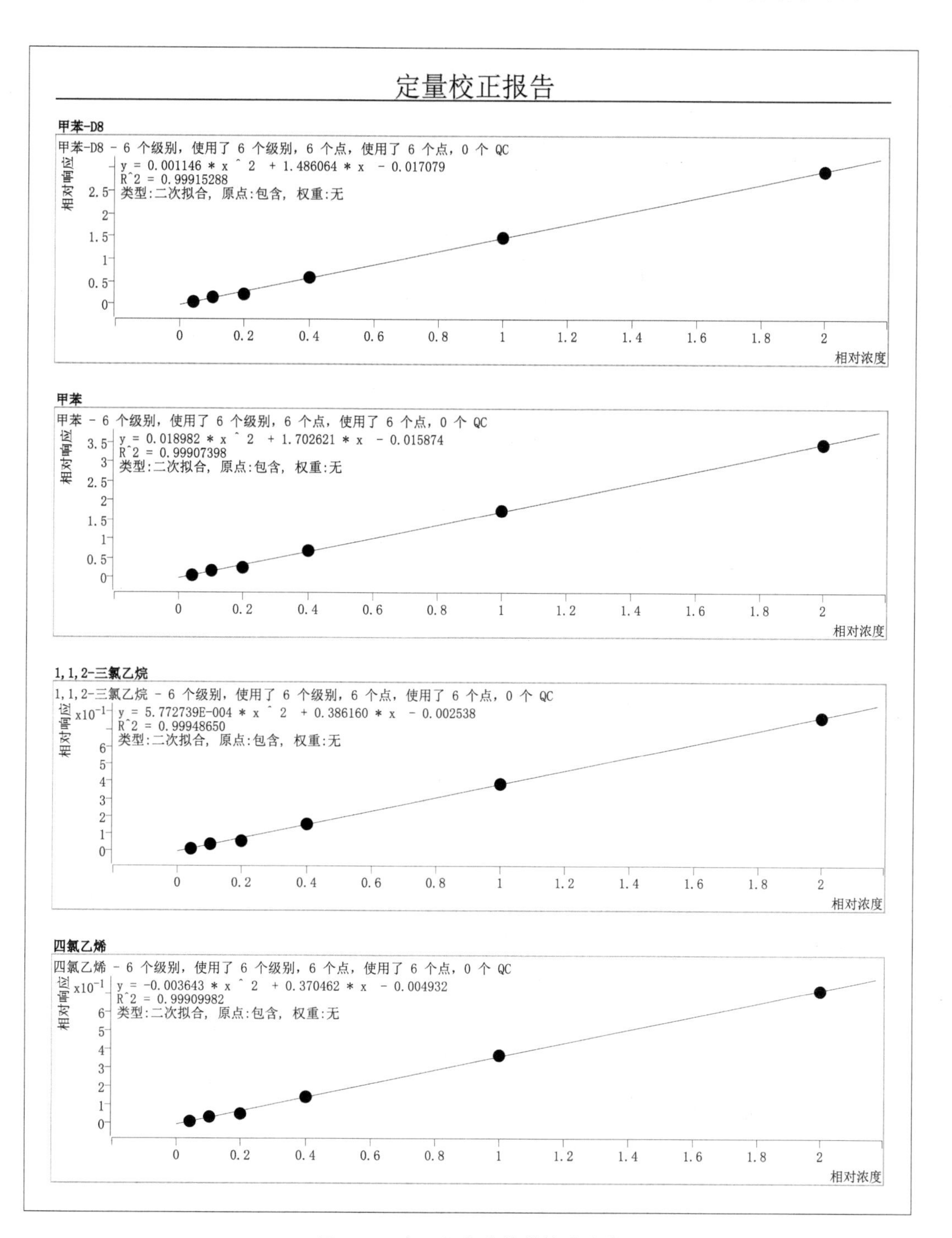

图 1-11　各目标化合物的校准曲线

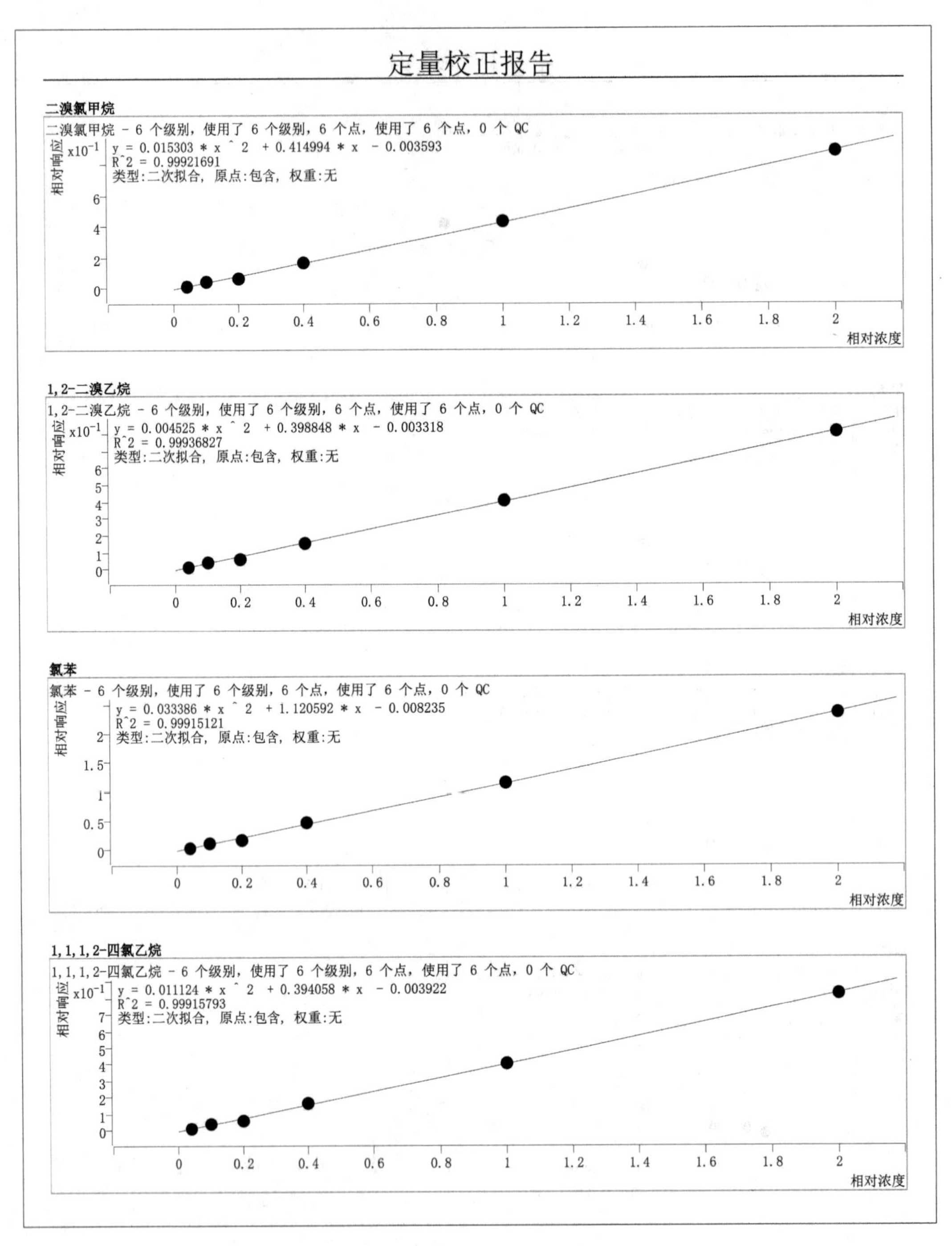

图 1-12 各目标化合物的校准曲线

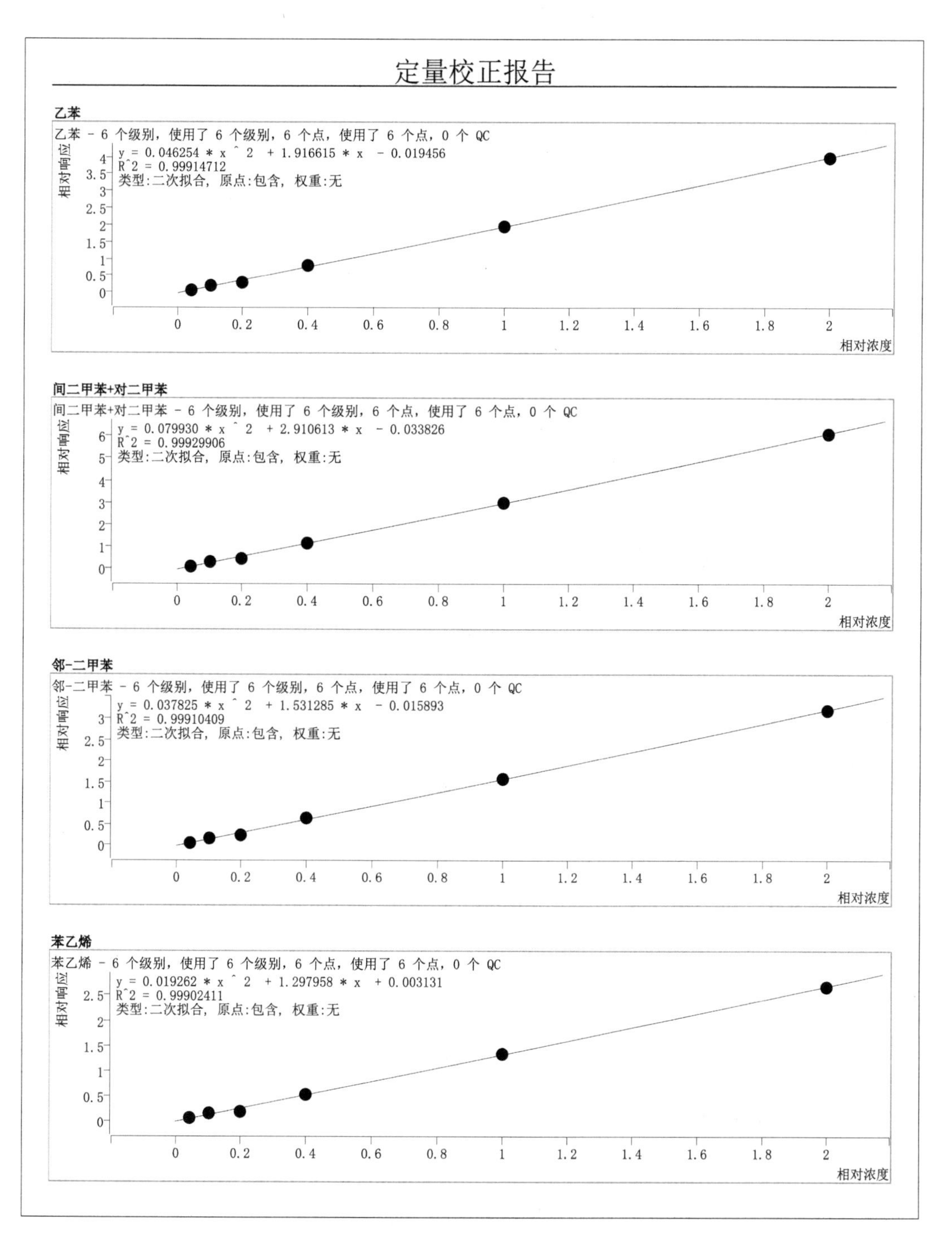

图 1-13　各目标化合物的校准曲线

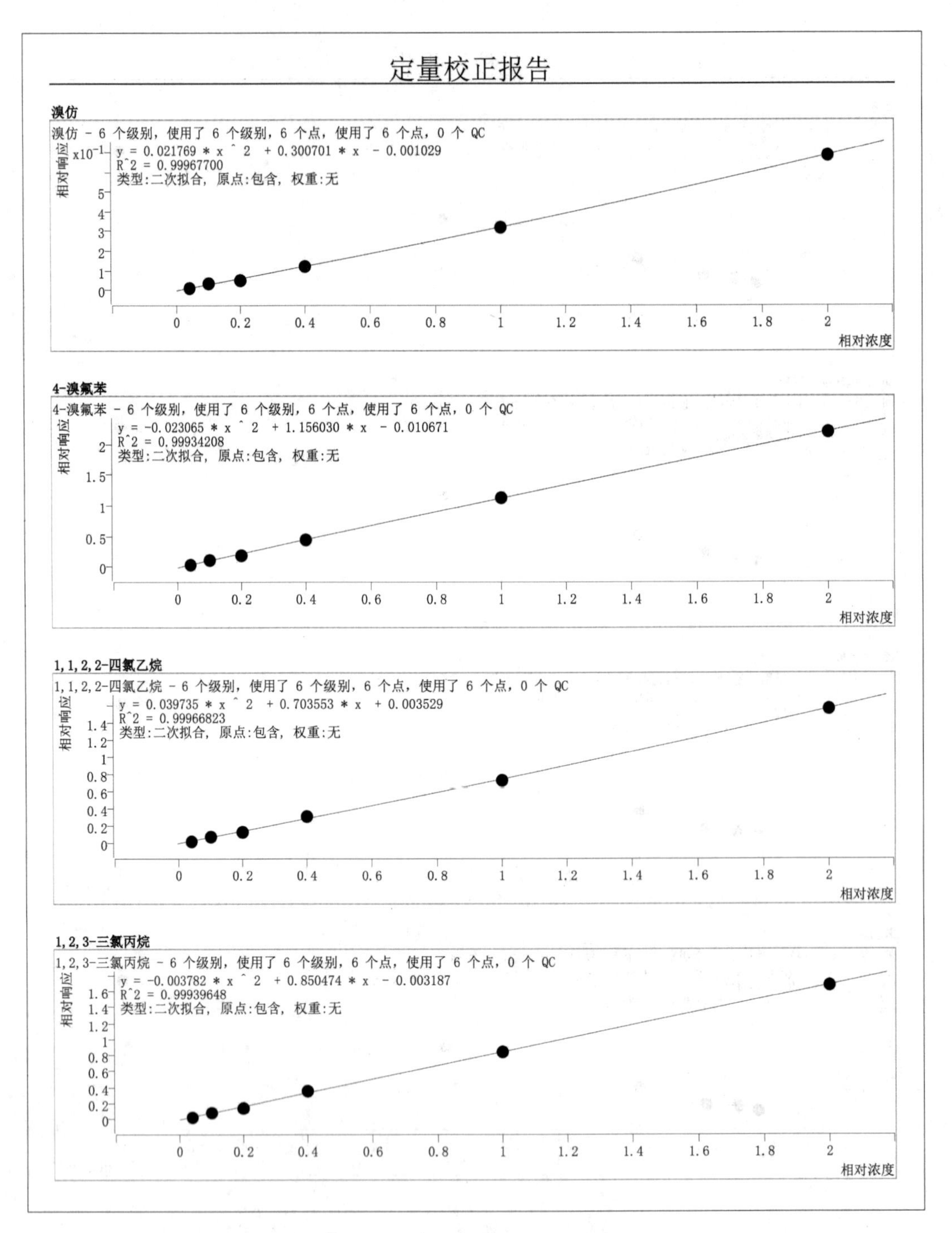

图 1-14　各目标化合物的校准曲线

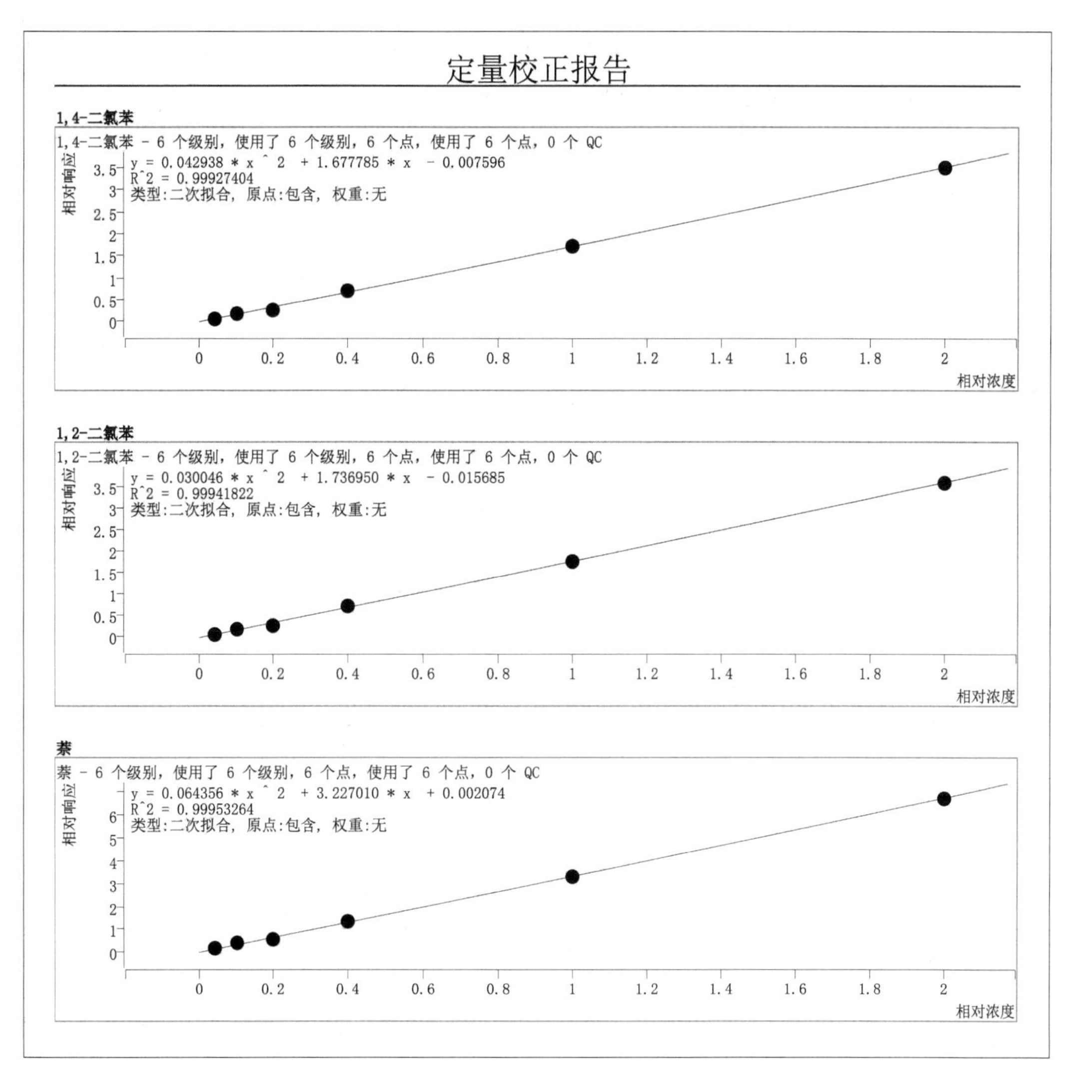

图 1-15　各目标化合物的校准曲线

1.7　结果计算与表示

1.7.1　定性分析

目标化合物以相对保留时间或保留时间与质谱图进行比较，进行定性，样品中目标化合物的相对保留时间与校准曲线中该目标化合物的相对保留时间的差值应在 0.06 min 以内。扣除谱图背景后，将实际样品的质谱图与校准确认标准溶液的质谱图进行比较，实际样品中目标化合物质谱图中特征离子的相对丰度变化应在校准确认标准溶液的 30%之内。

按照仪器参考条件进行分析，得到不同浓度各目标化合物的质谱总离子流图，记录目标化合物的保留时间和定量离子质谱峰的峰面积。33 种挥发性有机物的谱图如图 1-16 所示，各目标化合物的保留时间和质谱参数见表 1-4。

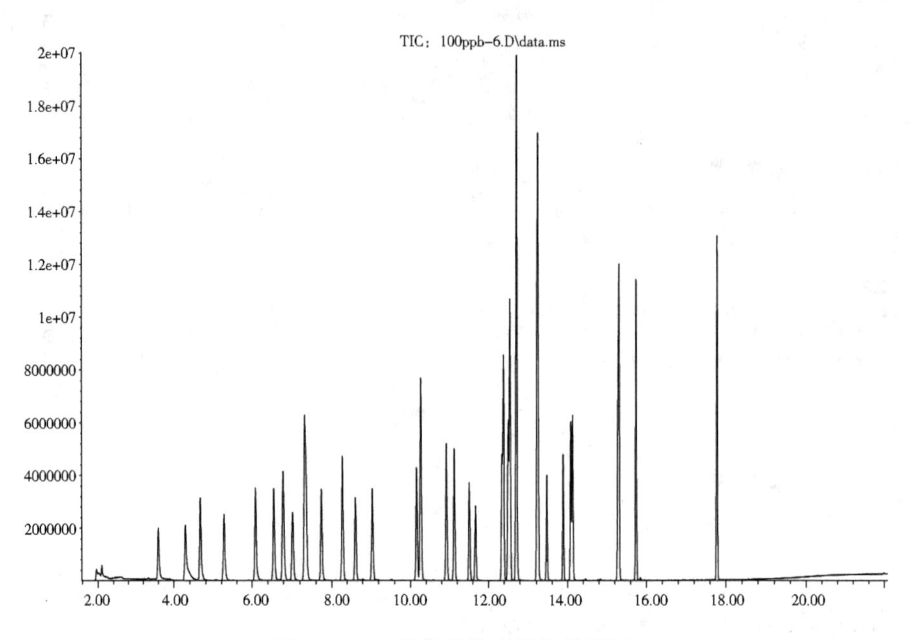

图 1-16　33 种挥发性有机物的谱图

表 1-4　各目标化合物的保留时间和质谱参数

目标化合物	保留时间(min)	定量离子(m/z)	限定离子(m/z)
氯甲烷	1.97	50	52
氯乙烯	2.10	62	64
1,1-二氯乙烯	3.61	96	61,63
二氯甲烷	4.30	84	86,49
反式-1,2-二氯乙烯	4.68	96	61,98
1,1-二氯乙烷	5.28	63	65,83
顺式-1,2-二氯乙烯	6.10	96	61,98
氯仿	6.56	83	85,47
二溴氟甲烷(SS)	6.79	113	111,192
1,1,1-三氯乙烷	6.80	97	99,61
四氯化碳	7.04	117	119,121
苯	7.34	78	77,51
1,2-二氯乙烷	7.38	62	64,98

续表

目标化合物	保留时间(min)	定量离子(m/z)	限定离子(m/z)
氟苯(IS)	7.76	96	77
三氯乙烯	8.30	95	130,132
1,2-二氯丙烷	8.64	63	41,112
一溴二氯甲烷	9.08	83	85,127
甲苯－d_8(SS)	10.18	98	100
甲苯	10.28	91	92
1,1,2-三氯乙烷	10.94	83	97,85
四氯乙烯	11.14	166	168,129
二溴氯甲烷(SS)	11.52	129	127,131
1,2-二溴乙烷	11.68	107	109,188
氯苯-d_5(IS)	12.35	117	—
氯苯	12.39	112	77,114
1,1,1,2-四氯乙烷	12.50	131	133,119
乙苯	12.55	91	106
间二甲苯＋对二甲苯	12.72	106	91
邻二甲苯	13.24	106	91
苯乙烯	13.26	104	78,103
溴仿	13.48	173	175,254
4-溴氟苯(SS)	13.90	95	174,176
1,1,2,2-四氯乙烷	14.09	83	131,85
1,2,3-三氯丙烷	14.14	75	110,77
1,4-二氯苯-d_4(IS)	15.32	152	115,150
1,4-二氯苯	15.32	146	111,148
1,2-二氯苯	15.75	146	111,148
萘	17.78	128	—

注：SS为替代物，IS为内标。

1.7.2　定量分析

根据目标化合物和内标第一特征离子的响应值进行计算。当样品中目标化合物的第一特征离子有干扰时，可以使用第二特征离子定量。当目标化合物采用线性或非线性校准曲线进行校准时，试料中目标化合物的质量浓度通过相应的校准曲线计算。

对于低含量样品，样品中目标化合物的含量按照公式(1-1)进行计算：

$$\omega=\frac{\rho_{ex}\times 5\times 100}{m\times(100-w)} \tag{1-1}$$

式中：

ω—— 样品中目标化合物的含量，μg/kg；

ρ_{ex}—— 试料中目标化合物的质量浓度，μg/L；

5—— 试料的体积，mL；

m—— 土壤试样的质量(湿重)，g；

w —— 土壤试样的含水率，%。

对于高含量样品，样品中目标化合物的含量按照公式(1-2) 进行计算：

$$\omega=\frac{\rho_{ex}\times V_c\times 5\times K\times 100}{m\times(100-w)\times V_s} \tag{1-2}$$

式中：

ω——样品中目标化合物的含量，μg/kg；

ρ_{ex}——试料中目标化合物的质量浓度，μg/L；

V_c——提取液的体积，mL；

5——试料的体积，mL；

K——提取液的稀释倍数；

m——土壤试样的质量(湿重)，g；

w——土壤试样的含水率，%；

V_s——用于吹扫的提取液体积，mL。

1.7.3 结果表示

当测定结果小于 100 μg/kg 时，保留小数点后 1 位；当测定结果大于或等于 100 μg/kg 时，保留 3 位有效数字；当使用本方法规定的毛细管色谱柱时，测定结果为间二甲苯和对二甲苯两者之和。

1.8 质量保证和控制

1.8.1 目标化合物定性

当使用相对保留时间定性时，样品中目标化合物的相对保留时间与校准曲线中该目标化合物的相对保留时间的差值应在 0.06 min 以内。扣除谱图背景后，将实际样品的质谱图与校准确认标准溶液的质谱图进行比较，实际样品中目标化合物质谱图中特征离子的相对丰度变化应在校准确认标准溶液的 30%之内。

注：特征离子指目标化合物质谱图中 3 个相对丰度最大的离子，若质谱图中没有 3 个相对丰度最大的离子，则指相对丰度超过 30%的所有离子。

1.8.2　仪器性能检查

对每批样品进行分析之前或 24 h 之内，需对仪器进行性能检查，测定校准确认标准溶液和空白试验样品。

1.8.3　校准

(1)校准曲线中所要定量的目标化合物的相对响应因子的相对标准偏差应小于或等于 20%，或线性、非线性校准曲线相关系数大于 0.99，否则需采取更换捕集管、色谱柱或其他措施，然后重新绘制校准曲线。

(2)应用校准确认标准溶液应在检查仪器性能之后进行分析，校准确认标准溶液中内标与校准曲线中间点内标进行比较时，保留时间的变化不超过 10 s，定量离子峰面积变化应在 50%～200%之间。

(3)校准确认标准溶液中监测方案要求测定的目标化合物，其测定值与加入浓度值的比值应在 80%～120%之间，否则在分析样品前应采取校正措施。若校正措施无效，则应重新绘制校准曲线。

1.8.4　样品

(1)空白试验分析结果应满足以下任一条件的最大者：

①目标化合物浓度小于方法检出限；

②目标化合物浓度小于相关环保标准限值的 5%；

③目标化合物浓度小于样品分析结果的 5%。

若空白试验未满足以上要求，则应采取措施排除污染，并重新分析同批样品。当分析空白试验样品时发现苯和苯乙烯出现异常高值，表明 Tenax 吸附管可能变质失效，需进行确认，必要时需更换捕集管。

(2)每批样品应至少测定一个运输空白和一个全程序空白样品。若怀疑样品受到污染，则需分析该空白样品，其测定结果应满足空白试验的控制指标，否则需查找原因，采取措施排除污染后重新采集样品进行分析。

(3)对每批样品进行分析之前或 24 h 之内，需对仪器性能进行检查，测定校准确认标准溶液和空白试验样品。

(4)每批样品(最多 20 个)应选择一个样品进行平行分析或基体加标分析。所有样品中，替代物加标回收率应在 70%～130%之间，否则应重复分析该样品。若重复测定替代物回收率仍不合格，说明样品存在基体效应。此时应分析一个空白加标样品，其目标化合物的回收率应在70%～130%之间。

(5)若初步判定样品中含有目标化合物，则须分析一个平行样品，平行样品中替代物的相对偏差应在25%以内；若初步判定样品中不含有目标化合物，则须分析该样品的加标样品，该样品及加标样品中替代物的相对偏差应在25%以内。

1.9 注意事项

(1)需要特别注意来自溶剂、试剂、不纯的惰性吹扫气体、玻璃器皿、其他样品处理设备的污染，实验室分析人员不得随意串岗，以免衣物被溶剂污染，特别是被二氯甲烷污染。

(2)在分析完高含量样品后，需分析一个或多个空白试验样品，检查是否存在交叉污染。

(3)程序升温完成后，气相色谱需设置烘烤时间，确保高沸点时有机化合物流出色谱柱。

2 丙烯腈和吡啶的测定 吹扫捕集/气相色谱-质谱法

警告：实验中所使用的内标、替代物和标准样品均为易挥发的有毒化学品，其溶液配制须在通风橱中进行操作，操作时须按规定佩戴防护器具，同时避免接触皮肤和衣物。

2.1 适用范围

本方法适用于土壤和沉积物中丙烯腈和吡啶这两种挥发性有机物的测定。当取样量为 5 g，用标准四极杆质谱进行全扫描分析时，丙烯腈的方法检出限为 0.98 μg/kg，测定下限为 3.92 μg/kg，吡啶的方法检出限为 20.01 μg/kg，测定下限为 80.04 μg/kg。

2.2 方法原理

样品中的挥发性有机物经高纯氦气或氮气吹扫后富集于捕集管中，将捕集管加热，并以高纯氦气反吹，被热脱附出来的组分进入气相色谱并分离后，用质谱仪进行检测。通过与待测目标化合物标准质谱图相比较和保留时间进行定性，内标法定量。

2.3 试剂和材料

(1)甲醇(CH_3OH)：色谱纯，赛默飞世尔科技(中国)有限公司。

(2)空白试剂水：依云天然矿泉水。

(3)内标标准溶液：艾酷标准有限公司，$\rho=200$ μg/mL，选用氟苯和氯苯-d_5 作为内标。

(4)替代物标准溶液：艾酷标准有限公司，$\rho=200$ μg/mL，选用二溴氟甲烷和甲苯-d_8 作为替代物。

(5)丙烯腈标准使用液：艾酷标准有限公司，$\rho=100$ μg/mL。

(6)吡啶标准使用液：艾酷标准有限公司，$\rho=2000$ μg/mL。

(7)4-溴氟苯溶液：$\rho=200$ μg/mL。

(8)氦气(He)：纯度为 99.999%。

2.4 仪器和设备

(1)样品瓶:具聚四氟乙烯-硅胶衬垫螺旋盖的 40 mL 棕色玻璃瓶。

(2)气相色谱-质谱仪:气相色谱仪具分流/不分流进样口,能对载气进行电子压力控制,可程序升温;质谱仪具有电子轰击电离源,1 s 内能从 35 u 扫描至 270 u;具 NIST 质谱图库、手动/自动调谐、数据采集、定量分析及谱库检索等功能。

(3)吹扫捕集装置:能够加热样品至 40 ℃,捕集管使用 1/3Tenax 吸附管、1/3 硅胶和 1/3 活性炭混合吸附剂或其他等效吸附剂。

(4)毛细管色谱柱:30 m×0.25 mm×1.4 μm(6%腈丙苯基-94%二甲基聚硅氧烷固定液)。

(5)天平:精度为 0.01 g。

(6)气密性注射器:5 mL。

(7)微量注射器:10 μL、50 μL、100 μL 和 1 mL。

(8)棕色玻璃瓶:1 mL,具聚四氟乙烯-硅胶衬垫和实心螺旋盖。

(9)一般实验室常用仪器和设备。

2.5 样品

2.5.1 样品的采集

土壤和沉积物的采集分别参照《土壤环境监测技术规范》(HJ/T166)和《海洋监测规范》(GB17378.3)的相关规定进行,可在采样现场使用测定挥发性土壤有机物的便携式仪器对样品进行目标化合物含量高低的初筛。

对于初步判定目标化合物含量小于或等于 1000 μg/kg 的样品,用采样器采集 5 g 左右的土壤样品,迅速转移至加入转子的 40 mL 样品瓶中,旋紧瓶盖。低温避光保存,并尽快运回实验室进行分析。

对于初步判定目标化合物含量大于 1000 μg/kg 的样品,用采样器采集 5 g 左右的土壤样品,迅速转移至加入 10 mL 甲醇的 40 mL 样品瓶中,旋紧瓶盖。低温避光保存,并尽快运回实验室进行分析。

所有样品均应至少采集 3 份平行样品,并用 60 mL 样品瓶(或大于 60 mL 的其他规格的样品瓶)另外采集一份样品,用于测定高含量样品中的挥发性有机物和样品中的含水率。

2.5.2 样品的保存

样品应于洁净的磨口棕色玻璃瓶中保存,运输过程中应密封、避光,并于 4 ℃以下的环境中冷藏。运回实验室后应尽快进行分析，若不能及时进行分析，应于 4 ℃以下的环境中冷藏、避光、密封保存，保存时间为 7 d。

2.5.3 样品含水率的测定

称取 5 g(精确至 0.01 g)样品在 105±5 ℃下干燥至少 6 h，以烘干前后样品质量的差值除以烘干前样品的质量，再乘以 100，计算样品含水率 w(%)，精确至 0.1%。

2.6 分析步骤

2.6.1 仪器参考条件

(1)吹扫捕集装置条件。吹扫流量为 40 mL/min；吹扫温度为 20 ℃；预热时间为 2 min；吹扫时间为 11 min；干吹时间为 2 min；预脱附温度为 180 ℃；脱附温度为 190 ℃；脱附时间为 2 min；烘烤温度为 260 ℃；烘烤时间为 8 min；传输线温度为 180 ℃。

(2)气相色谱参考条件。毛细管色谱柱为 DB-624，30 m×0.25 mm×1.4 μm；进样口温度为 210 ℃；载气为氦气；分流比为 30∶1；柱流量为 1 mL/min。升温程序，初始温度为 38 ℃，保持 3 min，以 8 ℃/min 的速率升至 100 ℃，不保持，以 15 ℃/min 的速率升至 240 ℃，保持 2 min。

(3)质谱参考条件。扫描方式为全扫描；扫描范围为 45～300 amu；离子源为 EI 源；离子源温度为 230 ℃；质谱接口温度为 235 ℃；调谐文件为 BFB.u；溶剂延迟为 1.5 min。

2.6.2 校准

(1)仪器性能测试。用微量注射器移取 2 μL 4-溴氟苯溶液加入 5 mL 空白试剂水中，通过吹扫捕集装置注入气相色谱仪进行分析。用四极杆质谱得到的 4-溴氟苯的关键离子丰度应符合表 2-1 中的标准，否则需对质谱仪的一些参数进行调整或清洗离子源。

表 2-1 4-溴氟苯离子的丰度标准

质荷比	离子丰度标准	质荷比	离子丰度标准
50	质量 95 的 8%～40%	174	大于质量 95 的 50%
75	质量 95 的 30%～80%	175	质量 174 的 5%～9%
95	基峰，100%相对丰度	176	质量 174 的 93%～101%
96	质量 95 的 5%～9%	177	质量 176 的 5%～9%
173	小于质量 174 的 2%	—	—

分别移取适量的丙烯腈标准使用液和替代物使用液配制成 1 μg/mL 和 10 μg/mL 中间浓度点溶液，用微量注射器分别移取一定量的中间浓度点溶液到 5 mL 空白试剂水中，使得丙烯腈和替代物的质量浓度分别为 0.4 μg/kg、1 μg/kg、4 μg/kg、10 μg/kg、

20 μg/kg、40 μg/kg。再移取适量的吡啶标准使用液配制成 20 μg/mL 和 200 μg/mL 中间浓度点溶液，用微量注射器分别移取一定量的中间浓度点溶液到已配好的溶液中，使得吡啶的质量浓度分别为 20 μg/kg、40 μg/kg、200 μg/kg、400 μg/kg、1000 μg/kg、2000 μg/kg。内标由吹扫捕集仪器自动加入，使每个点内标质量浓度均为 50 ng/mL。

按照仪器参考条件，从低浓度到高浓度依次测定，记录标准系列目标化合物及相对应内标的保留时间、定量离子的响应值，如图 2-1 所示。

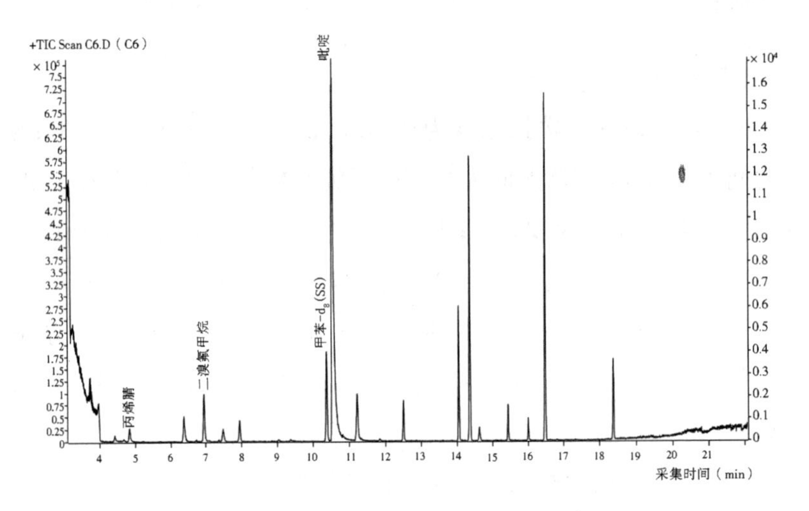

图 2-1 丙烯腈和吡啶的总离子流色谱图

两种挥发性有机物、替代物及内标的保留时间和质谱参数见表 2-2。

表 2-2 各目标化合物的保留时间和质谱参数

目标化合物	保留时间(min)	定量离子(m/z)	限定离子(m/z)
丙烯腈	4.84	53	52
二溴氟甲烷(SS)	6.79	113	111,192
氟苯(IS)	7.76	96	77
甲苯-d_8(SS)	10.18	98	100
吡啶	10.52	79	52
氯苯-d_5(IS)	12.10	117	—

注：SS 为替代物，IS 为内标。

(2)用最小二乘法绘制标准曲线。若标准系列中某个目标化合物相对响应因子的相对标准偏差大于 20%，则此目标化合物需用最小二乘法校准曲线进行校准，即以目标化合物和相对应内标的响应值比为纵坐标，浓度比为横坐标，绘制标准曲线。

注：若标准系列中某个目标化合物相对响应因子的相对标准偏差大于20%，则此目标化合物也可以采用非线性拟合曲线进行校准，其相关系数应大于或等于0.99。

(3)校准曲线的绘制。配制丙烯腈工作曲线为0.4 μg/kg、1 μg/kg、4 μg/kg、10 μg/kg、20 μg/kg、40 μg/kg；配制吡啶工作曲线为20 μg/kg、40 μg/kg、200 μg/kg、400 μg/kg、1000 μg/kg、2000 μg/kg。各组分线性关系良好，二次线性的相关系数均大于0.99，如图2-2所示。

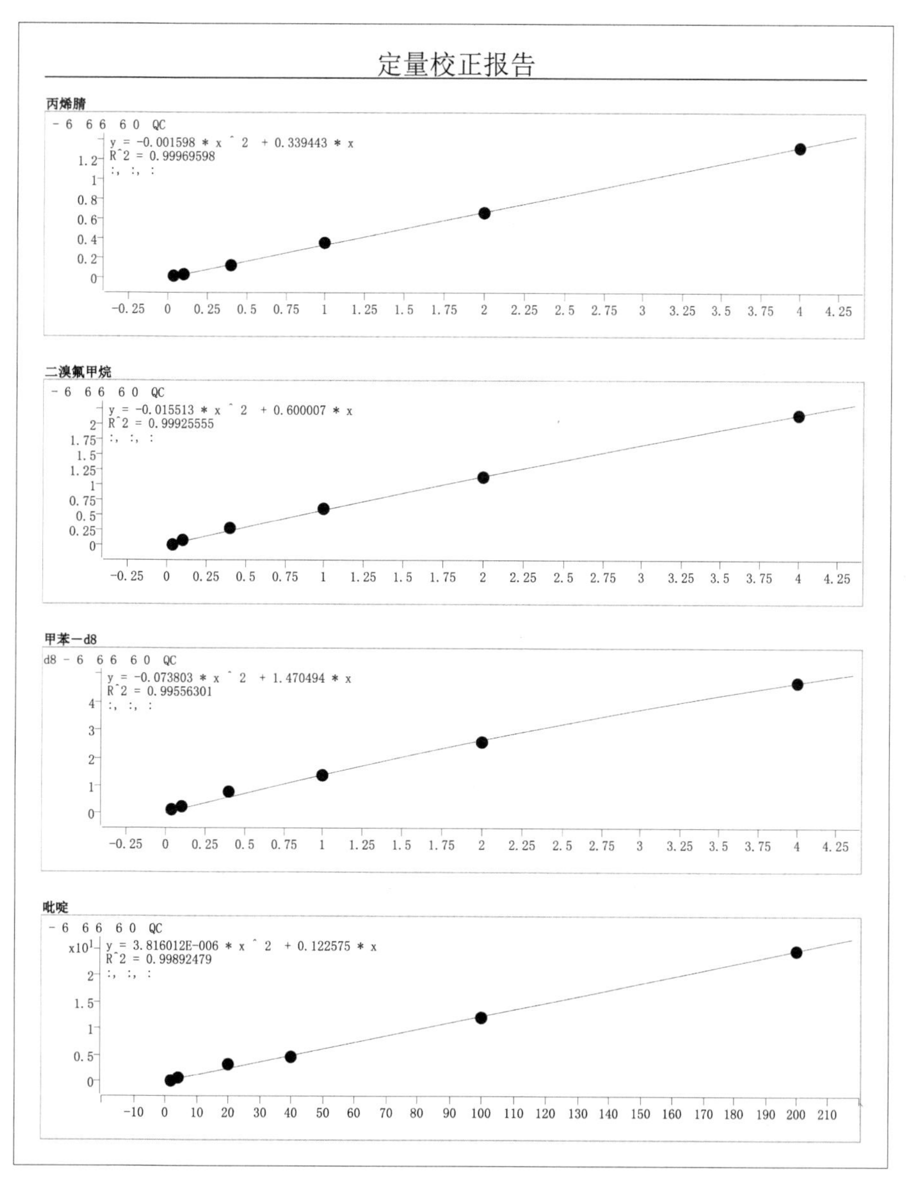

图2-2　各目标化合物的校准曲线

2.6.3 测定

测定前,先将样品瓶从冷藏设备中取出,使其恢复至室温。

(1)低含量样品的测定。若初步判定样品中挥发性有机物含量小于 1000 μg/kg,则用 5 g 样品直接测定。将样品瓶轻轻摇动,确认样品瓶中的样品能够自由移动,称量并记录样品瓶重量(精确至 0.01 g)。按照样品顺序摆入样品盘中,由吹扫捕集仪器自动加入 10 mL 水、10 μL 内标标准溶液和 10 μL 替代物标准溶液至样品瓶中,按照仪器参考条件进行测定。

(2)高含量样品的测定。对于初步判定目标化合物含量大于 1000 μg/kg 的样品,以及经直接测定含量超出曲线范围的样品,取装有甲醇溶剂的样品瓶,振摇 30 min 静置沉降后,用微量注射器量取 10～100 μL 提取液至用气密性注射器量取的 5 mL 空白试剂水中,由吹扫捕集仪器自动加入 10 μL 内标标准溶液和 10 μL 替代物标准溶液至 40 mL 样品瓶中,按照仪器参考条件进行测定。

(3)空白试验。用气密性注射器量取 5 mL 空白试剂水至 40 mL 样品瓶,由吹扫捕集仪器自动加入 10 mL 内标标准溶液和 10 mL 替代物标准溶液,作为空白试料,按照仪器参考条件进行测定。

2.7 结果计算与表示

2.7.1 定性分析

目标化合物以相对保留时间或保留时间与质谱图进行比较,进行定性。

2.7.2 定量分析

根据目标化合物和内标第一特征离子的响应值进行计算。当样品中目标化合物的第一特征离子有干扰时,可以使用第二特征离子定量。当目标化合物采用线性或非线性校准曲线进行校准时,试料中目标化合物质量浓度通过相应的校准曲线计算。

对于低含量样品,样品中目标化合物的含量按照公式(2-1)进行计算:

$$\omega = \frac{\rho_{ex} \times 5 \times 100}{m \times (100 - w)} \tag{2-1}$$

式中:

ω——样品中目标化合物的含量,μg/kg;

ρ_{ex}——试料中目标化合物的质量浓度,μg/L;

5——试料的体积,mL;

m——土壤试样的质量(湿重),g;

w——土壤试样的含水率,%。

对于高含量样品，样品中目标化合物的含量按照公式(2-2)进行计算：

$$\omega = \frac{\rho_{ex} \times V_c \times 5 \times K \times 100}{m \times (100 - w) \times V_s} \tag{2-2}$$

式中：

ω——样品中目标化合物的含量，μg/kg；

ρ_{ex}——试料中目标化合物的质量浓度，μg/L；

V_c——提取液的体积，mL；

5——试料的体积，mL；

K——提取液的稀释倍数；

m——土壤试样的质量，g；

w——土壤试样的含水率，%；

V_s——用于吹扫的提取液体积，mL。

注：若样品的含水率大于10%，则提取液体积应为甲醇与样品中水的体积之和；若样品的含水率小于或等于10%，则提取液体积应为10 mL。

2.7.3　结果表示

当测定结果小于100 μg/kg时，保留小数点后1位；当测定结果大于或等于100 μg/kg时，保留3位有效数字。

2.8　质量保证和控制

2.8.1　目标化合物定性

当使用相对保留时间定性时，样品中目标化合物的相对保留时间与校准曲线中该目标化合物的相对保留时间的差值应在0.06 min以内。扣除谱图背景后，将实际样品的质谱图与校准确认标准溶液的质谱图进行比较，实际样品中目标化合物质谱图中特征离子的相对丰度变化应在校准确认标准溶液的30%之内。

注：特征离子指目标化合物质谱图中3个相对丰度最大的离子，若质谱图中没有3个相对丰度最大的离子，则指相对丰度超过30%的所有离子。

2.8.2　仪器性能检查

对每批样品进行分析之前或24 h之内，需对仪器进行性能检查，测定校准确认标准溶液和空白试验样品。

2.8.3　校准

(1)校准曲线中所要定量的目标化合物相对响应因子的相对标准偏差应小于或等于20%，或线性、非线性校准曲线相关系数大于0.99，否则需采取更换捕集管、色谱柱或其他措施，然后重新绘制校准曲线。

(2)应用校准确认标准溶液应在检查仪器性能之后进行分析，校准确认标准溶液中内标与校准曲线中间点内标进行比较时，保留时间的变化不超过 10 s，定量离子峰面积变化应在 50%～200%之间。

(3)校准确认标准溶液中监测方案要求测定的目标化合物，其测定值与加入浓度值的比值应在 80%～120%之间，否则在分析样品前应采取校正措施。若校正措施无效，则应重新绘制校准曲线。

2.8.4 样品

(1)空白试验分析结果应满足以下任一条件的最大者：

①目标化合物浓度小于方法检出限；

②目标化合物浓度小于相关环保标准限值的 5%；

③目标化合物浓度小于样品分析结果的 5%。

若空白试验未满足以上要求，则应采取措施排除污染，并重新分析同批样品。当分析空白试验样品时发现苯和苯乙烯出现异常高值，表明 Tenax 吸附管可能变质失效，需进行确认，必要时需更换捕集管。

(2)每批样品应至少测定一个运输空白和一个全程序空白样品。若怀疑样品受到污染，则需分析该空白样品，其测定结果应满足空白试验的控制指标，否则需查找原因，采取措施排除污染后重新采集样品进行分析。

(3)对每批样品进行分析之前或 24 h 之内，需对仪器性能进行检查，测定校准确认标准溶液和空白试验样品。

(4)每批样品(最多 20 个)应选择一个样品进行平行分析或基体加标分析。所有样品中，替代物加标回收率应在 70%～130%之间，否则应重复分析该样品。若重复测定替代物回收率仍不合格，说明样品存在基体效应。此时应分析一个空白加标样品，其目标化合物的回收率应在 70%～130%之间。

(5)若初步判定样品中含有目标化合物，则须分析一个平行样品，平行样品中替代物的相对偏差应在 25%以内；若初步判定样品中不含有目标化合物，则须分析该样品的加标样品，该样品及加标样品中替代物的相对偏差应在 25%以内。

2.9 注意事项

(1)在分析完高含量样品后，需分析一个或多个空白试验样品，检查是否存在交叉污染。

(2)程序升温完成后，气相色谱需设置烘烤时间，确保高沸点时有机化合物流出色谱柱。

3　石油烃(C_{10}～C_{40})的测定　气相色谱法

警告：实验中所使用的内标、替代物和标准样品均为易挥发的有毒化学品，其溶液配制须在通风橱中进行操作，操作时须按规定佩戴防护器具，同时避免接触皮肤和衣物。

3.1　适用范围

本方法适用于土壤中石油烃(C_{10}～C_{40})总量的测定。当取样量为 20 g 时，石油烃(C_{10}～C_{40})总量的方法检出限为 6 mg/kg，测定下限为 24 mg/kg。

3.2　方法原理

利用机械振荡，使用正己烷和丙酮混合溶液提取土壤样品。经水洗分离有机相后，使用弗罗里硅土柱净化去除极性化合物，进行气相色谱法测定，计算正癸烷和正四十烷标准溶液限定范围内的所有峰面积总和，使用石油烃标准物质外标法定量。

3.3　试剂和材料

除非另有说明，分析时均使用符合国家标准的分析纯化学试剂，实验用水为二次蒸馏水或通过纯水设备制备的水。

(1)无水硫酸钠(Na_2SO_4)：在 400 ℃的环境下烘烤 4 h，置于干燥器中冷却至室温，转移至磨口玻璃瓶中，于干燥器中保存。

(2)二氯甲烷(CH_2Cl_2)：色谱纯，赛默飞世尔科技(中国)有限公司。

(3)正己烷(C_6H_{14})：色谱纯，赛默飞世尔科技(中国)有限公司。

(4)丙酮(C_3H_6O)：色谱纯，赛默飞世尔科技(中国)有限公司。

(5)正己烷与丙酮混合溶剂：1∶1(v/v)。

(6)正己烷-二氯甲烷混合溶剂：4∶1(v/v)。

(7)标准贮备液：ρ=31 000 mg/L(各正构烷烃质量浓度均为 1000 mg/L)，溶剂为正己烷。

(8)标准使用液：ρ=3100 mg/L(各正构烷烃质量浓度均为 100 mg/L)，用正己烷稀释标准贮备液，配制成浓度为 3100 mg/L 的标准使用液，于 4 ℃的环境下避光保存，密闭可保存一个月。

(9)氮气(N_2):纯度大于或等于 99.999%。

(10)氢气(H_2):纯度大于或等于 99.999%。

3.4 仪器和设备

(1)气相色谱仪:安捷伦科技有限公司,具分流/不分流进样口,带氢火焰检测器。

(2)毛细管色谱柱:安捷伦科技有限公司,DB-5,30 m×0.32 mm×0.25 μm。

(3)提取设备:机械振荡器,100 mL 收集瓶。

(4)分液漏斗:500 mL,具聚四氟乙烯塞子。

(5)浓缩装置:上海新拓分析仪器科技有限公司,氮吹浓缩仪。

(6)研钵:由玻璃、玛瑙或其他无干扰物的材质制成。

(7)微量注射器:10 μL、25 μL、100 μL、250 μL、500 μL 和 1000 μL。

(8)一般实验室常用仪器和设备。

3.5 样品

3.5.1 样品保存

样品采集后密闭储存于棕色玻璃瓶中,应尽快进行分析。若不能及时进行分析,应冷藏、避光保存,保存期为 10 d,同时注意避免有机物的十扰。样品提取液避光、冷藏保存,保存期为 40 d。

3.5.2 样品前处理

(1)样品准备。去除样品中的异物(石子、叶片等),称取 20 g(20.00~20.10 g)鲜样(如图 3-1),倒入玛瑙研钵,加入适量无水硫酸钠研磨成流沙状(如图 3-2),样品研磨脱水后倒入收集瓶。

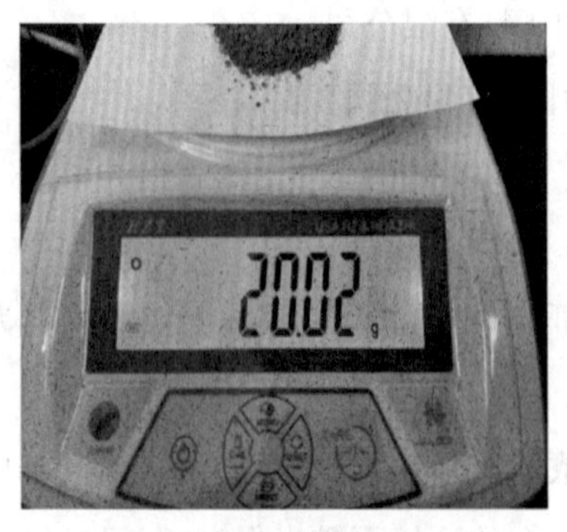

图 3-1 称样

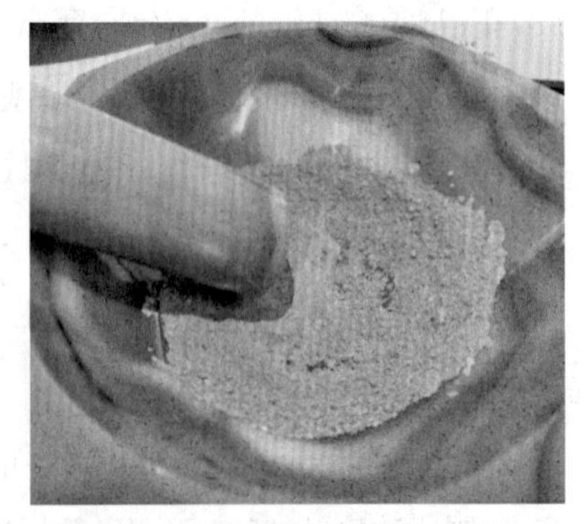

图 3-2 研磨为流沙状

(2)振荡提取。在收集瓶中分别加入 20 mL 丙酮和 20 mL 正己烷,将收集瓶放入振荡器中(如图 3-3、图 3-4),振荡提取 1 h,将提取液全部转移至分液漏斗,重复提取一次。全部转移至分液漏斗后,用 5 mL 丙酮清洗收集瓶 2 次,清洗液全部转移至分液漏斗,待浓缩。

图 3-3　振荡器

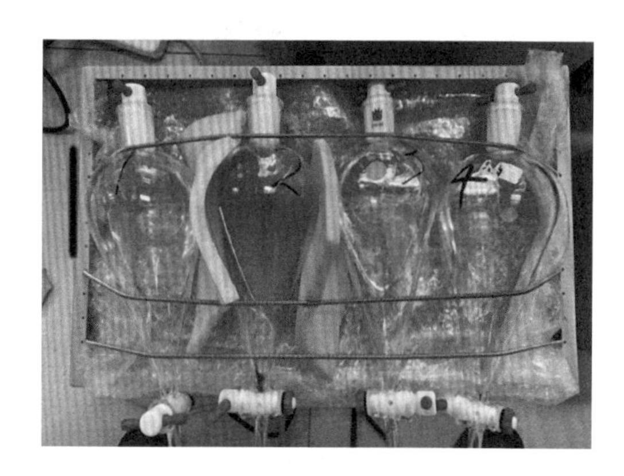
图 3-4　弹簧固定

(3)净化。

① 水洗。将振荡提取后得到的提取液转入分液漏斗中,加入 100 mL 含 2% 无水硫酸钠的水溶液,摇匀放气后,置于振荡器上,振荡 5 min。静置 10 min 后,弃去下层水相(如图 3-5),再加入 50 mL 含 2%无水硫酸钠的水溶液,置于振荡器上,振荡 5 min。静置 10 min 后,弃去下层水相,若发生乳化现象(如图 3-6),可用干净的玻璃棒轻轻搅拌破乳(如图 3-7)。在分液漏斗中加入无水硫酸钠干燥 40 min(如图 3-8)。

图 3-5　正常分层

图 3-6　乳化现象

图 3-7　玻璃棒搅拌破乳

图 3-8　干燥

② 浓缩。将水洗后得到的提取液分多次转移至氮吹管，保证氮吹管内的液体不超过氮吹管体积的 1/2(如图 3-9)，进行氮吹。浓缩至 2 mL 左右，氮吹温度为 35 ℃，氮吹压力设置为 1(如图 3-10)。

图 3-9　体积适量

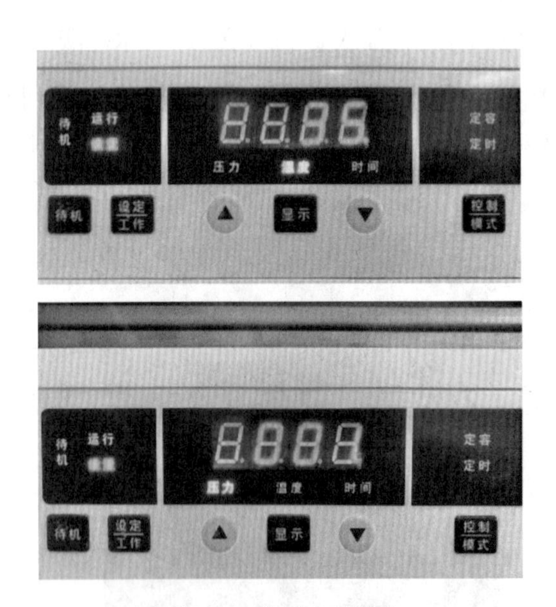

图 3-10　氮吹条件设定

③ 硅酸镁净化柱净化。依次用 10 mL 正己烷-二氯甲烷(4∶1)混合溶剂、10 mL 正己烷活化硅酸镁净化柱。待柱上正己烷近干时(如图 3-11),将浓缩液全部转移至净化柱中(如图 3-12),用约 2 mL 正己烷-二氯甲烷(4∶1)混合溶剂洗涤氮吹管,洗涤液一并上柱,用 10 mL 正己烷-二氯甲烷(4∶1)进行洗脱,靠重力自然流下,收集洗脱液。

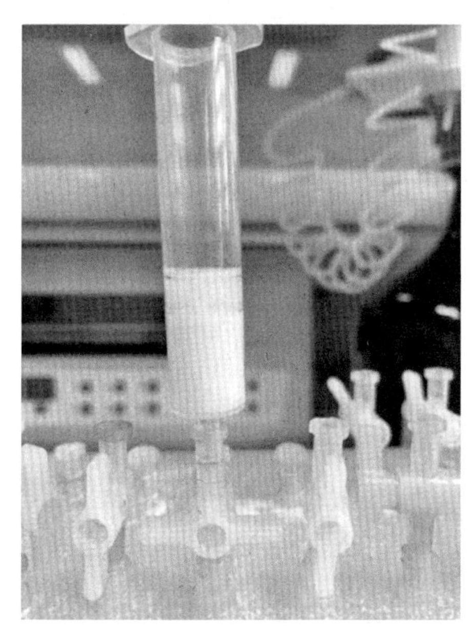

图 3-11　近干

图 3-12　上样

(4)浓缩。

① 将净化后的溶液转移至自动氮吹管,多次转移,保证氮吹管内的液体不超过氮吹管体积的 1/2,上机进行氮吹浓缩。

②自动氮吹仪设定温度为 35 ℃,氮吹压力不超过 2。

③用 2 mL 正己烷清洗收集管 2 次,合并溶液进行氮吹浓缩。

④ 将所有溶液浓缩至 1 mL 左右(0.8～1.0 mL),待定容(如图 3-13)。

图 3-13　浓缩至 1 mL 左右

(5)定容。把浓缩后的液体全部吸入 1 mL 精密注射器中,不足 1 mL 时采用正乙烷-二氯甲烷(4∶1)混合溶剂补至1 mL(如图3-14)。

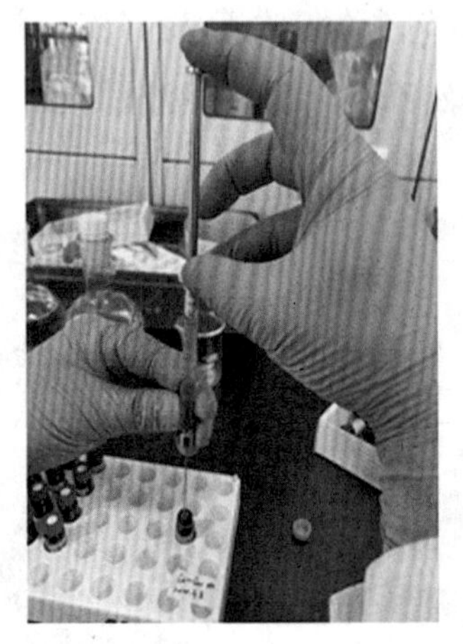
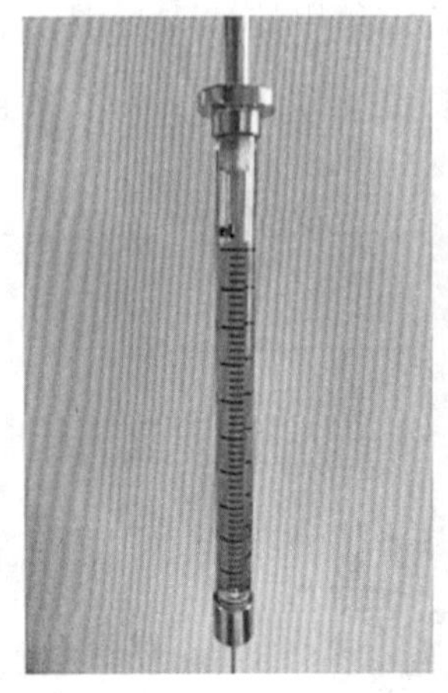
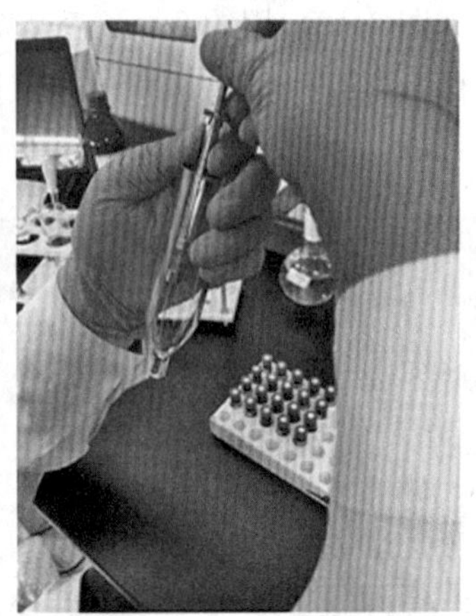

图3-14 定容

(6)前处理注意事项。

① 收集瓶、玻璃器皿、铁勺均需使用专用洗液清洗,蒸馏水冲净后放入烘箱,在105 ℃的环境下烘干,分液漏斗、量具无须烘干。(如图3-15)

图3-15 烘箱设定温度

②氮气气瓶安装前须先放气,安装后分压表调节至0.4 MPa(如图3-16),氮吹浓缩仪的开机顺序为先开气,再开机。

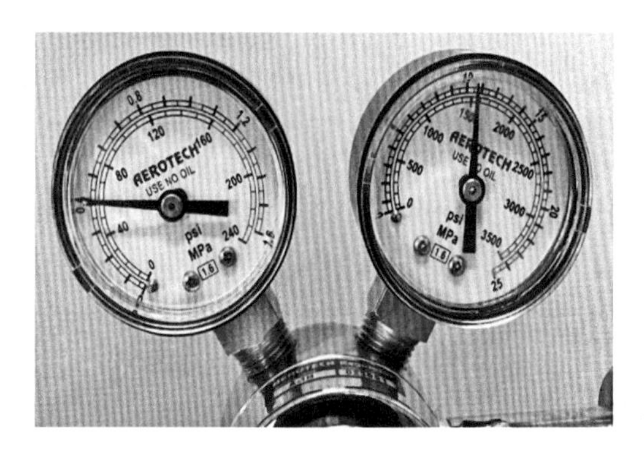

图 3-16 氮气分压表设定值

③称量铁勺洗净烘干后可重复使用，称量铝箔不可重复使用。

3.6 分析步骤

3.6.1 仪器参考条件

进样口温度为 320 ℃；色谱柱流速为 2 mL/min。升温程序，初始温度为 60 ℃，保持 1 min，以 8 ℃/min 的速率升至 290 ℃，不保持，再以 30 ℃/min 的速率升至 320 ℃，保持 9 min。检测器温度为 330 ℃，氢气流量为 40 mL/min，空气流量为 350 mL/min，尾吹气流量为 30 mL/min。进样方式为不分流进样；进样体积为 1 μL。（如图 3-17～图 3-20）

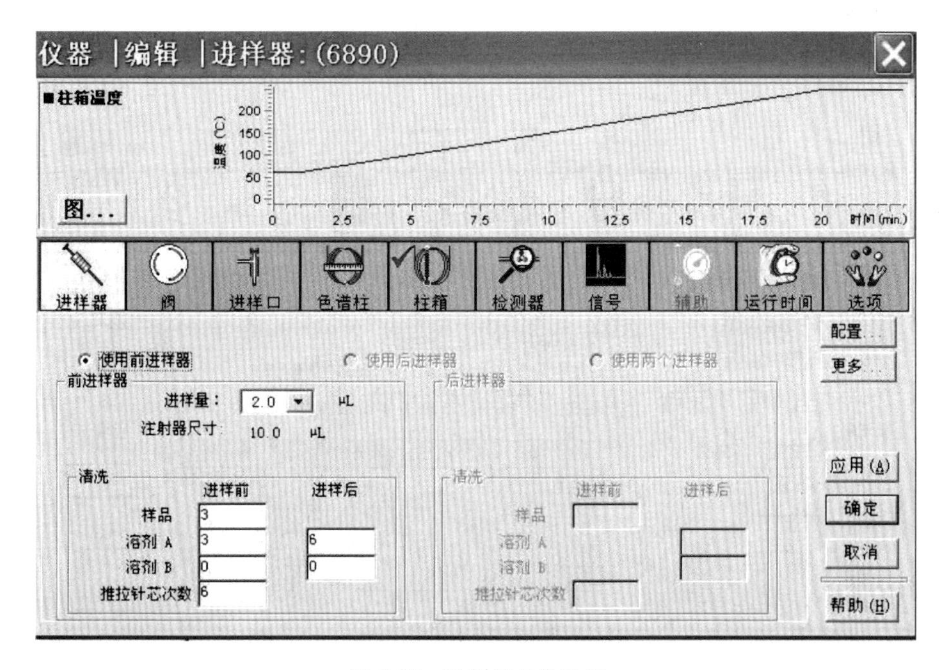

图 3-17 进样器条件设定

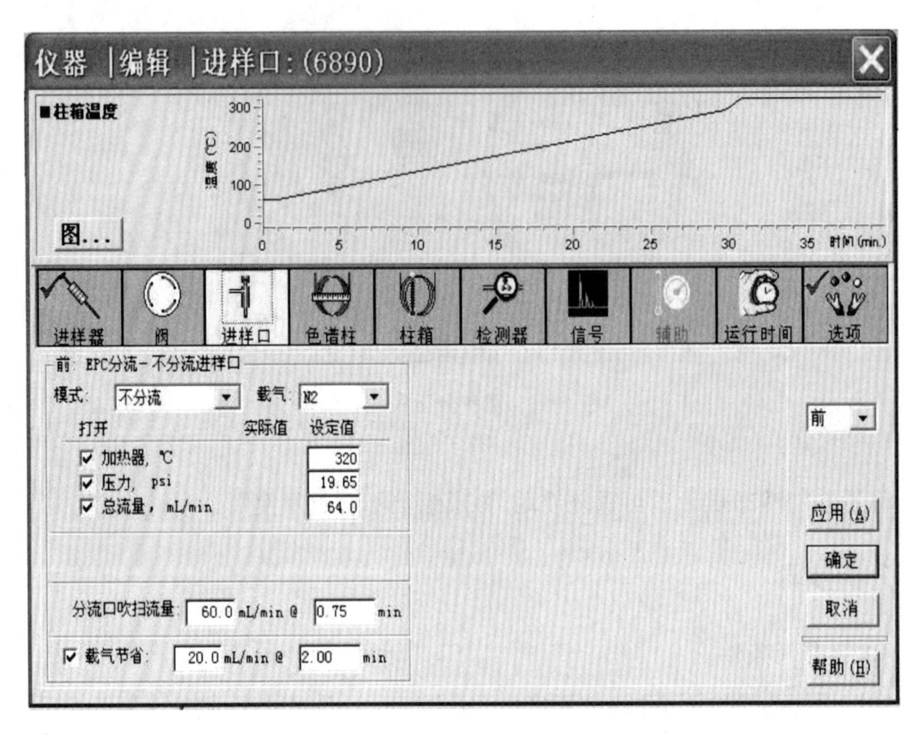

图 3-18 进样口条件设定

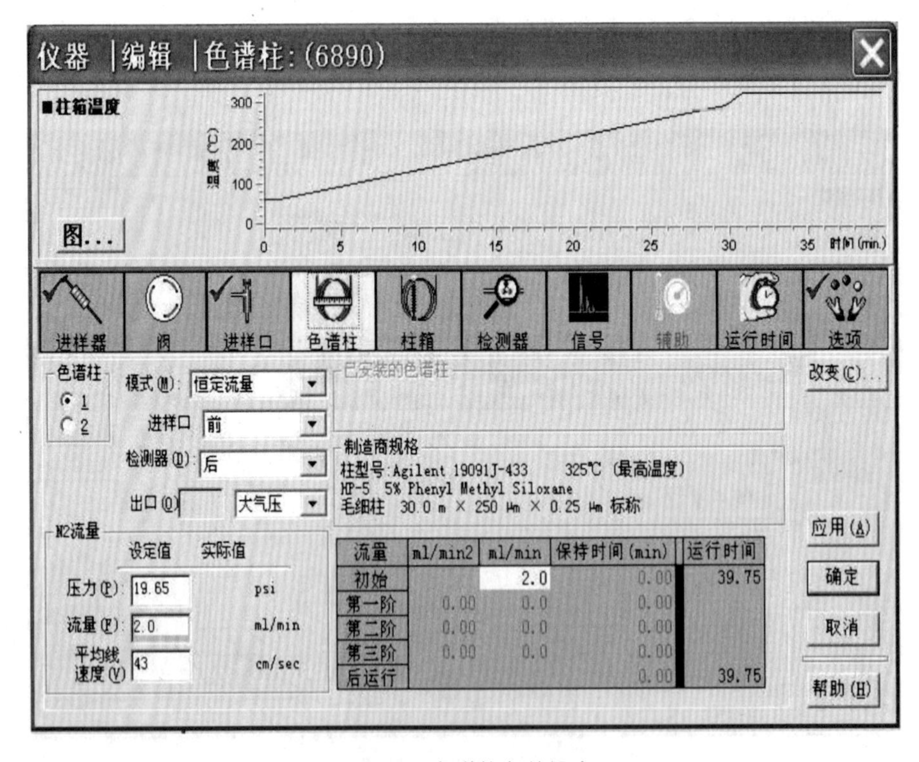

图 3-19 色谱柱条件设定

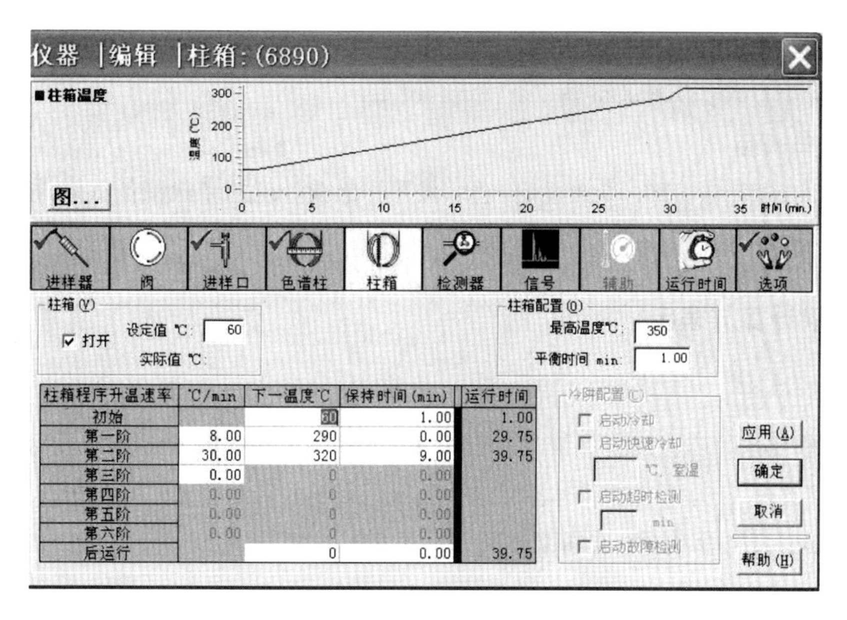

图 3-20　柱箱条件设定

3.6.2　校准

用微量注射器分别移取适量的石油烃(C_{10}～C_{40})标准溶液，用正己烷稀释，混匀，配制成总浓度分别为 0 mg/L、155 mg/L、310 mg/L、775 mg/L、1550 mg/L、3100 mg/L 的标准系列。

3.6.3　参考色谱图

按照仪器参考条件进行分析，石油烃(C_{10}～C_{40})的参考色谱图如图 3-21 所示。

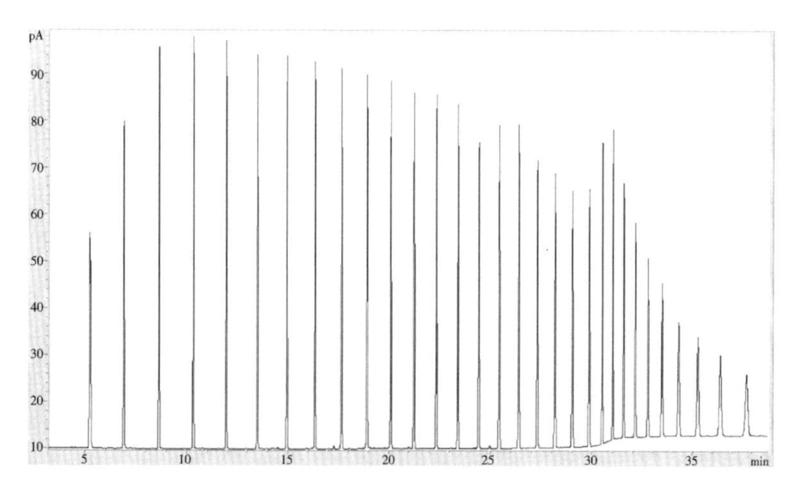

图 3-21　石油烃(C_{10}～C_{40})的参考色谱图

3.6.4 测定

将制备好的试样按照仪器参考条件进行测定。

3.6.5 空白试验

称取20 g(20.00～20.10 g)的石英砂，按照样品前处理的步骤制备试样，按照仪器参考条件进行测定。

3.7 结果计算与表示

3.7.1 定性分析

样品进行分析前，应建立保留时间窗口 t±3 S。t 为初次校准时各浓度标准物质保留时间的平均值，S 为初次校准时各标准物质保留时间的标准偏差。当分析样品时，目标化合物的保留时间应在保留时间窗口内。

3.7.2 定量分析

样品中目标化合物的含量按照公式(3-1)进行计算：

$$\omega_{i}=\frac{\rho_{i}\times V}{m\times W_{dm}} \tag{3-1}$$

式中：

ω_i——样品中目标化合物的含量，mg/kg；

ρ_i——由校准曲线计算所得目标化合物的质量浓度，mg/L；

V——试样的定容体积，mL；

m——土壤试样的质量(湿重)，g；

W_{dm}——土壤试样的干物质含量，%。

3.7.3 结果表示

测定结果小数点后位数的保留与方法检出限一致，最多保留3位有效数字。

3.8 质量保证和控制

3.8.1 校准曲线

用线性拟合曲线进行校准，其相关系数应大于或等于0.995，每分析20个样品或每批次(少于20个样品)进行一次校准，校准点测定值的相对误差应在10%以内。

校准时，若石油烃(C_{10}～C_{40})的保留时间窗与建立校准曲线时石油烃(C_{10}～C_{40})的保留时间窗不一致时，则需重新确定保留时间窗。

3.8.2 空白试验

每批样品应同时进行一次空白试验，空白结果中目标化合物的浓度应小于方法检出限。

3.8.3　平行样品

每批样品(最多 20 个)应至少进行一次平行样品测定,平行样品测定结果的相对偏差应在 25%以内。

3.8.4　实际样品加标

每 20 个样品或每批次(少于 20 个样品)应至少分析一个实际样品加标,实际样品加标中石油烃(C_{10}～C_{40})的加标回收率应在 50%～140%。

3.8.5　空白加标样品

每 20 个样品或每批次(少于 20 个样品)应至少分析一个空白加标样品,空白加标样品中石油烃(C_{10}～C_{40})的加标回收率应在 70%～120%。

3.9　注意事项

(1)校准曲线浓度范围可根据实际样品浓度做适当调整,低浓度曲线可用标准使用液配制。

(2)对于样品中超过校准曲线上限的目标化合物,应稀释或减少取样量后再重新进行分析。含目标化合物浓度较高的样品会对仪器产生记忆效应,应随后分析一个或多个空白样品,直至空白试验结果满足质控要求后才能分析下一个样品。

(3)实验中产生的含有机试剂的废物应集中收集、统一保管,并送具有资质的单位统一处理。

4 多氯联苯的测定 气相色谱法

警告:实验中所使用的内标、替代物和标准样品均为易挥发的有毒化学品,其溶液配制须在通风橱中进行操作,操作时须按规定佩戴防护器具,同时避免接触皮肤和衣物。

4.1 适用范围

本方法适用于土壤中12种多氯联苯的测定。当取样量为10 g时,多氯联苯的方法检出限为0.03~0.06 μg/kg,测定下限为0.12~0.24 μg/kg,见表4-1。

表4-1 各目标化合物的方法检出限及测定下限

目标化合物	方法检出限(μg/kg)	测定下限(μg/kg)
3,4,4′,5-四氯联苯	0.05	0.20
3,3′,4,4′-四氯联苯	0.05	0.20
2′,3,4,4′,5-五氯联苯	0.04	0.16
2,3′,4,4′,5-五氯联苯	0.04	0.16
2,3,4,4′,5-五氯联苯	0.06	0.24
2,3,3′,4,4′-五氯联苯	0.04	0.16
3,3′,4,4′,5-五氯联苯	0.04	0.16
2,3′ ,4,4′,5,5′-六氯联苯	0.04	0.16
2,3,3′,4,4′,5-六氯联苯	0.04	0.16
2,3,3′,4,4′,5′-六氯联苯	0.04	0.16
3,3′,4,4′,5,5′-六氯联苯	0.04	0.16
2,3,3′,4,4′,5,5′-七氯联苯	0.03	0.12

4.2　方法原理

土壤或沉积物中的多氯联苯经提取、净化、浓缩、定容后，用具电子捕获检测器的气相色谱检测，根据保留时间定性，外标法定量。

4.3　试剂和材料

(1)正己烷(C_6H_{14})：色谱纯。

(2)丙酮(CH_3COCH_3)：色谱纯。

(3)无水硫酸钠(Na_2SO_4)：优级纯，在马弗炉中 450 ℃的环境下烘烤 4 h，冷却后置于具磨口塞的玻璃瓶中，并放于干燥器内保存。

(4)碳酸钾(K_2CO_3)：优级纯。

(5)硫酸(H_2SO_4)：ρ=1.84 g/mL。

(6)丙酮-正己烷混合溶剂Ⅰ：1+1，用丙酮和正己烷按 1∶1 的体积比混合。

(7)丙酮-正己烷混合溶剂Ⅱ：1+9，用丙酮和正己烷按 1∶9 的体积比混合。

(8)碳酸钾溶液：ρ=0.1 g/mL，称取 100 g 碳酸钾溶于水中，定容至 1000 mL。

(9)多氯联苯标准贮备液：ρ=10～100 mg/L，购买市售有证标准溶液，在 4 ℃的环境下避光密闭，冷藏保存，使用时应恢复至室温并摇匀。

(10)多氯联苯标准使用液：ρ=1 mg/L，用正己烷稀释多氯联苯标准贮备液，在 4 ℃的环境下避光密闭，冷藏保存半年。

(11)硅酸镁固相萃取柱：市售，1000 mg/6 mL。

(12)石英砂：270～830 μm(50～20 目)，在马弗炉中 450 ℃的环境下烘烤 4 h，冷却后置于具磨口塞的玻璃瓶中，并放于干燥器内保存。

(13)硅藻土：37～150 μm(400～100 目)，在马弗炉中 450 ℃的环境下烘烤 4 h，冷却后置于具磨口塞的玻璃瓶中，并放于干燥器内保存。

(14)玻璃棉或玻璃纤维滤膜：在马弗炉中 400 ℃的环境下烘烤 1 h，冷却后置于具磨口塞的玻璃瓶中密封保存。

(15)氮气(N_2)：纯度大于或等于 99.999%。

4.4　仪器和设备

(1)气相色谱仪：安捷伦科技有限公司，安捷伦 8890，配 ECD 检测器。

(2)提取装置：加速溶剂萃取仪。

(3)浓缩装置:氮吹浓缩仪。

(4)毛细管色谱柱:安捷伦科技有限公司,DB-5,30 m×0.32 mm×0.25 μm。

(5)微量注射器:10 μL、25 μL、50 μL、100 μL、250 μL 和 1000 μL。

(6)采样瓶:广口棕色玻璃瓶或具聚四氟乙烯衬垫螺口玻璃瓶。

(7)收集瓶:250 mL。

(8)具聚四氟乙烯螺旋盖棕色小瓶:2 mL。

(9)浓缩管:60 mL、10 mL。

(10)天平:精度为 0.01 g。

(11)一般实验室常用仪器和设备。

4.5 样品

4.5.1 样品的保存

样品保存在预先清洗洁净的采样瓶中,尽快运回实验室进行分析,运输过程中应密封避光。若暂不能进行分析,应在 4 ℃以下的环境中冷藏保存,保存时间为 14 d。样品提取液应在 4 ℃以下的环境中避光冷藏保存,保存时间为 40 d。

4.5.2 干物质含量的测定

参照《土壤　干物质和水分的测定　重量法》(HJ613)执行。具盖容器和盖子于 105±5 ℃的环境下烘干 1 h,稍冷,盖好盖子,然后置于干燥器中至少冷却 45 min,测定带盖容器的质量 m_0,精确至 0.01 g。用样品勺将 30～40 g 试样转移至称重的具盖容器中,盖上容器盖,测定总质量 m_1,精确至 0.01 g。取下容器盖,将容器和样品一同放入烘箱中,在 105±5 ℃的环境下烘干至恒重,同时烘干容器盖,盖上容器盖,置于干燥器中冷却 45 min,取出后立即测定带盖容器和烘干土壤的总质量 m_2,精确至 0.01 g。

4.5.3 样品前处理

(1)萃取。去除样品中的异物(石子、叶片等),称取 10 g(10.00～10.10 g)鲜样(如图 4-1),倒入玛瑙研钵,加入适量硅藻土研磨成流沙状(如图 4-2)。样品研磨脱水后倒入 34 mL 萃取池中(如图 4-3),并用少量的硅藻土清洗烧杯 2 次,并转移至萃取池中。

按以下条件进行萃取(如图 4-4)。

①萃取溶剂为丙酮-正己烷(1∶1)溶液;

②加热温度为 100 ℃;

③萃取池压力为 1500 psi;

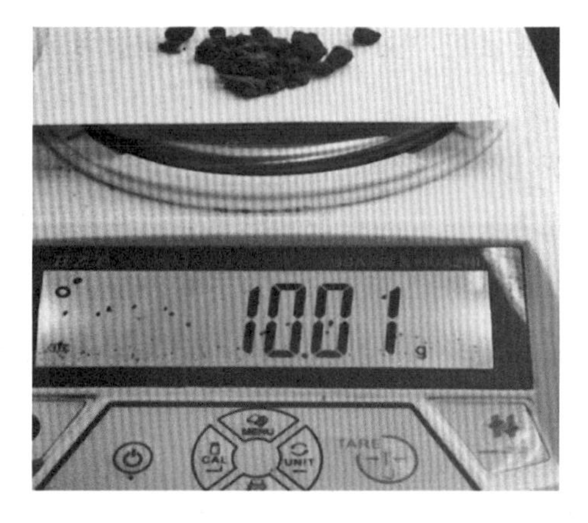

图 4-1　称样

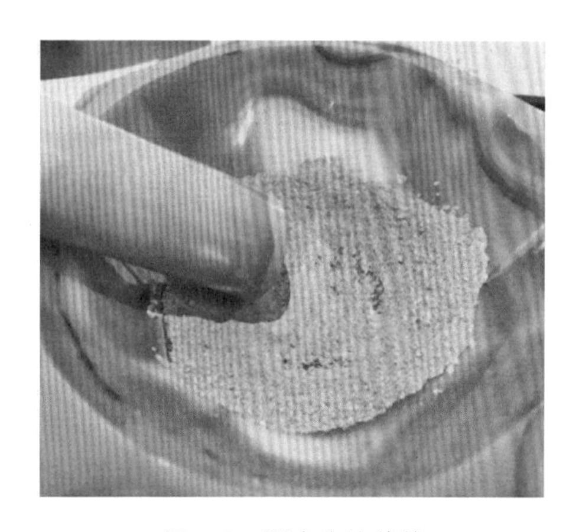

图 4-2　研磨为流沙状

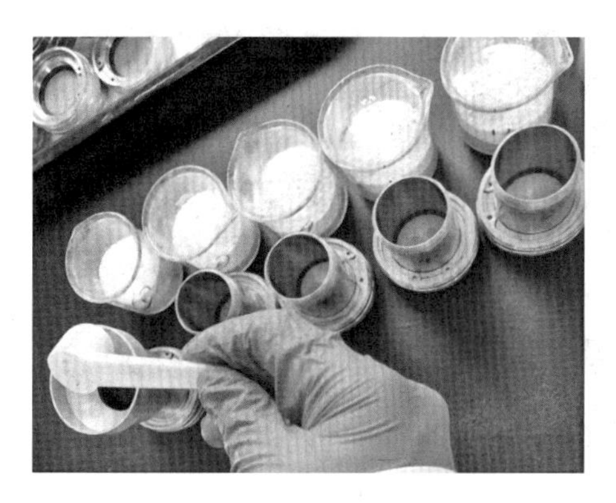

图 4-3　装填萃取池

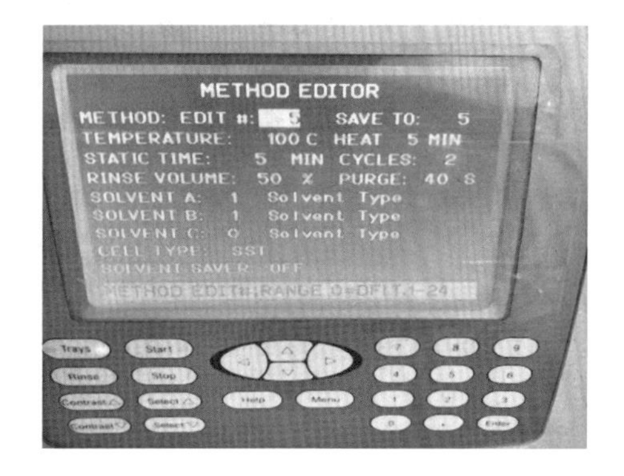

图 4-4　ASE 萃取条件设定

④预加热平衡时间为 5 min；

⑤静态萃取时间为 5 min；

⑥溶剂淋洗体积为 50％池体积；

⑦氮气吹扫时间为 40 s；

⑧静态萃取次数为 2 次。

(2)脱水。在收集瓶中加入适量无水硫酸钠干燥至少 40 min，中途多次观察无水硫酸钠的状态，若全部结块，则需再加入无水硫酸钠至有流沙状硫酸钠出现。

(3)浓缩。氮吹浓缩仪(如图 4-5)应在 35 ℃的环境下使用，开启氮气至溶剂表面有气流波动(避免形成气涡)，浓缩过程中每半小

图 4-5　氮吹浓缩仪

时需将萃取液摇匀一次，浓缩至 2 mL，加入 5 mL 正己烷，并浓缩至 1 mL，重复此浓缩过程 2 次，浓缩至 1 mL，待净化。

(4)硅酸镁固相萃取柱净化。用 8 mL 正己烷洗涤硅酸镁固相萃取柱(如图 4-6)，保持硅酸镁固相萃取柱内吸附剂表面浸润。用吸管将浓缩后的提取液转移到硅酸镁固相萃取柱上停留 1 min 后，弃去流出液。加入 2 mL 丙酮-正己烷混合溶剂Ⅱ并停留 1 min，用 10 mL 小型浓缩管接收洗脱液，继续用丙酮-正己烷混合溶剂Ⅱ洗涤小柱，至接收的洗脱液体积到 10 mL 为止。

(5)定容。净化后的试液再次氮吹浓缩至小体积，定容至 1 mL，转移至 2 mL 样品瓶中(如图 4-7)，待测。

图 4-6 净化

图 4-7 定容

(6)空白试验。用石英砂代替样品，按照与制备试样相同的步骤进行空白试样的制备，在相同的仪器参考条件下进行分析测定。

4.6 分析步骤

4.6.1 仪器参考条件

(1)气相色谱参考条件。进样口温度为 250 ℃；进样方式为不分流进样；分流出口流量为 60 mL/min；载气流量为高纯氮气，2 mL/min(恒流)；尾吹气流量为高纯氮气，20 mL/min。升温程序，初始温度为 100 ℃，不保持，以 15 ℃/min 的速率升温至 220 ℃，保持 5 min，以 15 ℃/min 的速率升温至 260 ℃，保持 20 min。检测器温度为 280 ℃；进样体积为 1 μL。(如图 4-8～图 4-11)

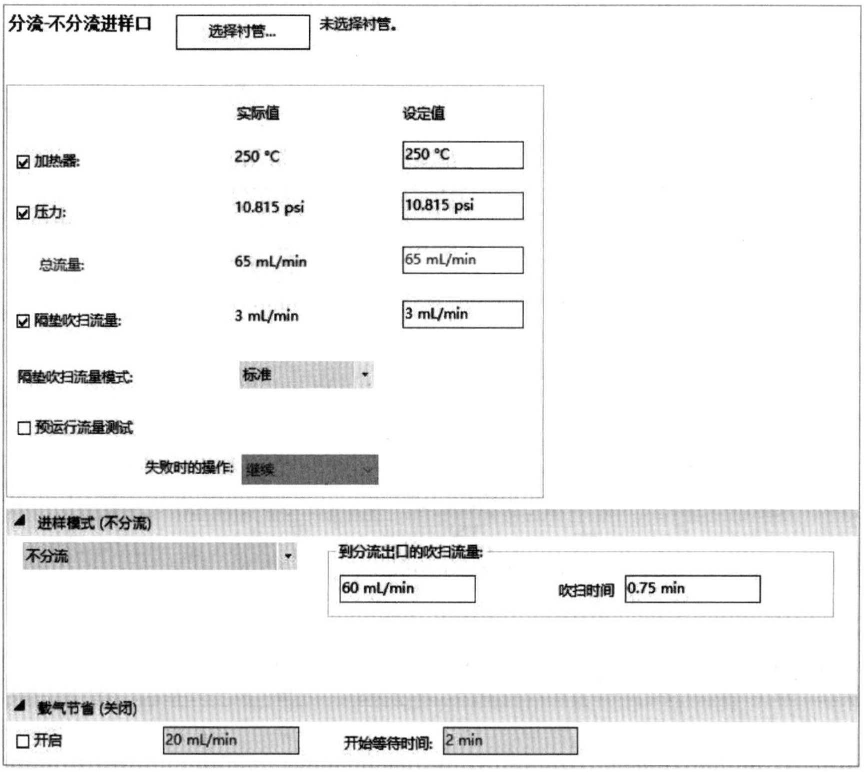

分流-不分流进样口　选择衬管...　未选择衬管。

	实际值	设定值
☑ 加热器:	250 °C	250 °C
☑ 压力:	10.815 psi	10.815 psi
总流量:	65 mL/min	65 mL/min
☑ 隔垫吹扫流量:	3 mL/min	3 mL/min

隔垫吹扫流量模式:　标准

☐ 预运行流量测试

失败时的操作:　继续

◢ 进样模式 (不分流)

不分流

到分流出口的吹扫流量:　60 mL/min　吹扫时间　0.75 min

◢ 载气节省 (关闭)

☐ 开启　20 mL/min　开始等待时间:　2 min

图 4-8　前进样器条件设定

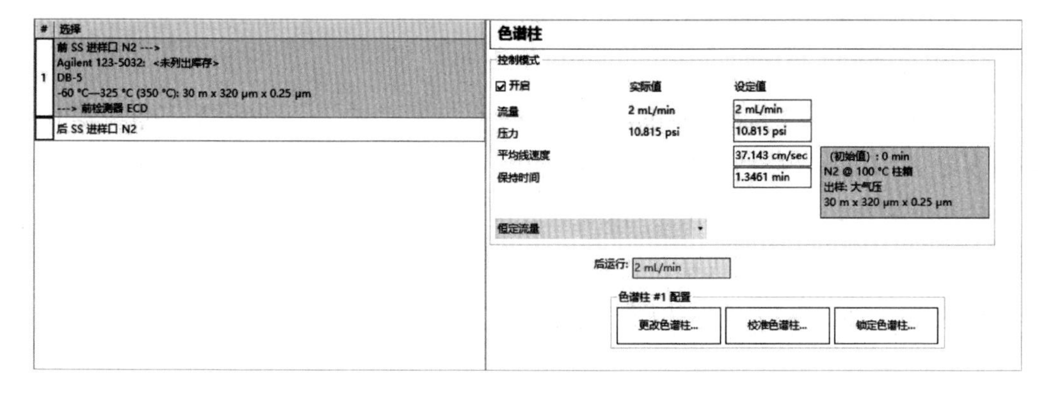

图 4-9　色谱柱条件设定

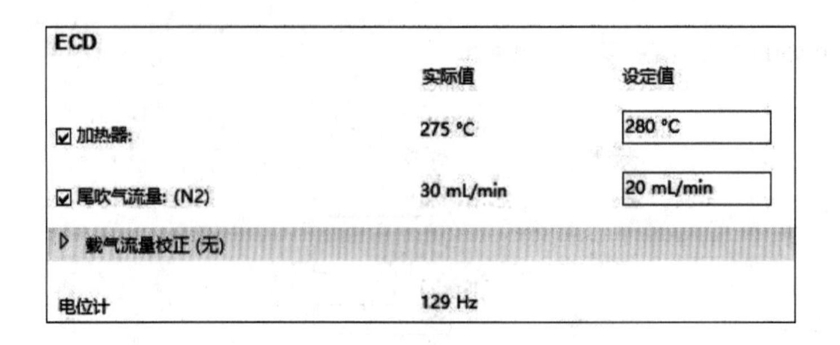

图 4-10 检测器条件设定

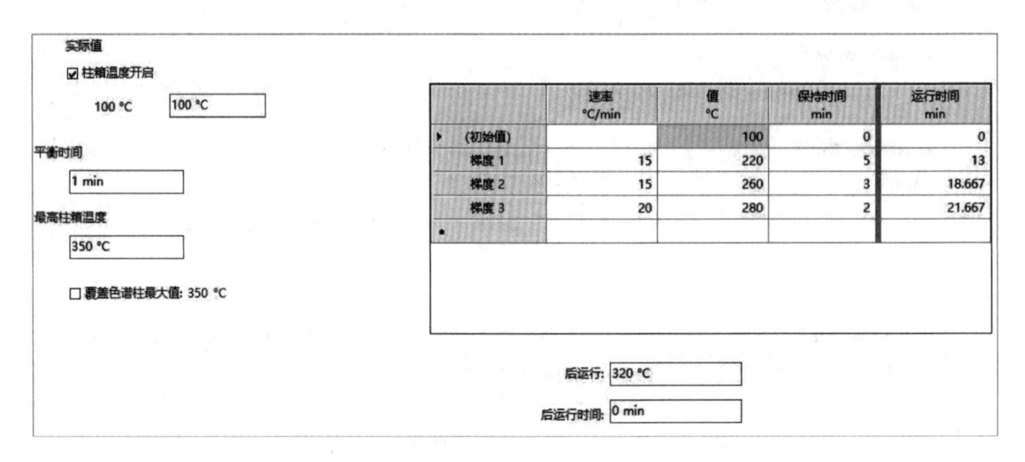

图 4-11 程序升温条件设定

4.6.2 工作曲线的建立

分别量取适量的多氯联苯标准使用液，用正己烷稀释，配制标准系列，多氯联苯的质量浓度分别为 5 μg/L、10 μg/L、20 μg/L、50 μg/L、100 μg/L、200 μg/L 和 500 μg/L。

按照仪器参考条件，由低浓度到高浓度依次对标准系列溶液进行进样、检测，记录目标化合物的保留时间、峰高或峰面积。以标准系列溶液中目标化合物浓度为横坐标，以其对应的峰高或峰面积为纵坐标，建立标准曲线。（如图 4-12～图 4-15）

化合物:　**PCB105**

信号:　ECD1D

预期保留时间:　14.213

残留:　1058.81760

R:　0.99984

R^2:　0.99969

公式:　y = ax + b

a: 324.3493

b: -1360.4847

c:

d:

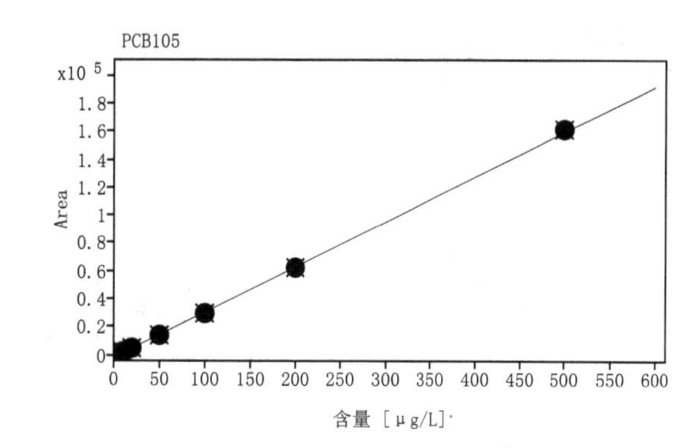

化合物:　**PCB114**

信号:　ECD1D

预期保留时间:　13.770

残留:　1118.73022

R:　0.99987

R^2:　0.99975

公式:　y = ax + b

a: 379.3718

b: -1538.0487

c:

d:

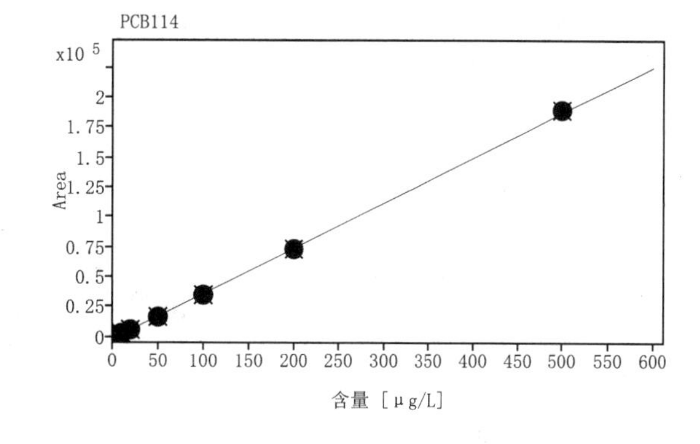

化合物:　**PCB118**

信号:　ECD1D

预期保留时间:　13.399

残留:　182.05778

R:　0.99999

R^2:　0.99997

公式:　y = ax + b

a: 195.1402

b: 117.3225

c:

d:

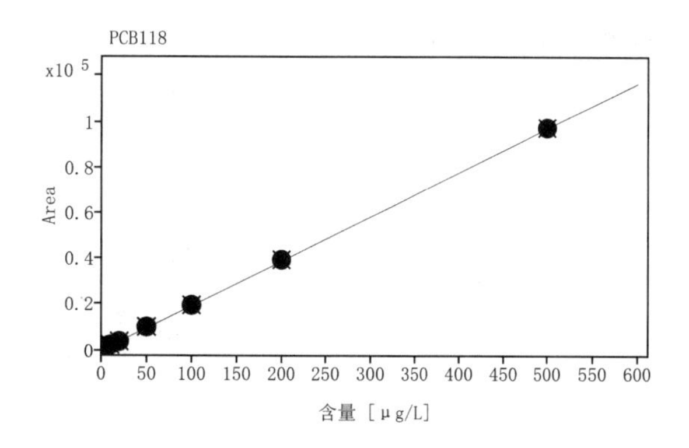

图 4-12　多氯联苯校准曲线

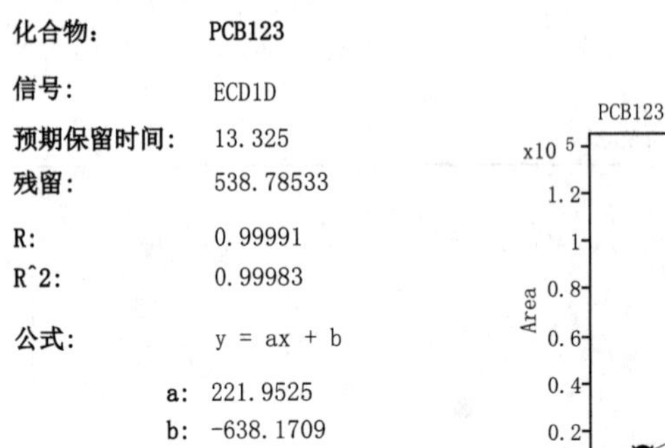

化合物： **PCB123**

信号： ECD1D

预期保留时间： 13.325

残留： 538.78533

R： 0.99991

R^2： 0.99983

公式： y = ax + b

a：221.9525

b：-638.1709

c：

d：

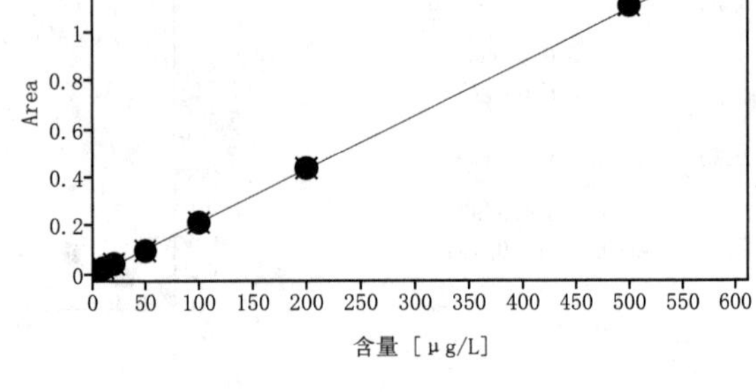

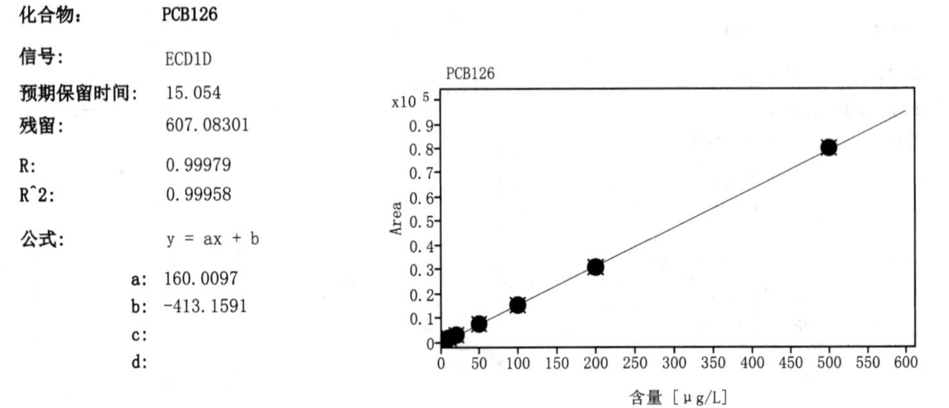

化合物： **PCB126**

信号： ECD1D

预期保留时间： 15.054

残留： 607.08301

R： 0.99979

R^2： 0.99958

公式： y = ax + b

a：160.0097

b：-413.1591

c：

d：

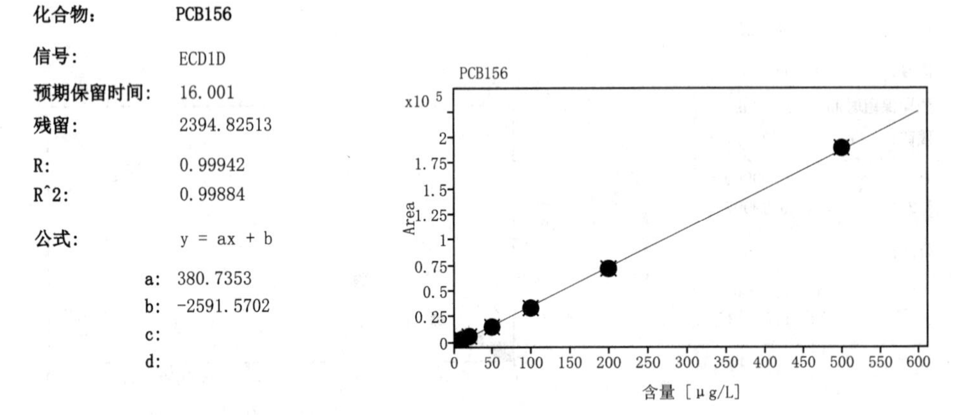

化合物： **PCB156**

信号： ECD1D

预期保留时间： 16.001

残留： 2394.82513

R： 0.99942

R^2： 0.99884

公式： y = ax + b

a：380.7353

b：-2591.5702

c：

d：

图 4-13　多氯联苯校准曲线

化合物:　**PCB157**

信号:　ECD1D

预期保留时间:　16.127

残留:　1139.77125

R:　0.99984

R^2:　0.99968

公式:　y = ax + b

a:　342.5242

b:　-1333.9666

c:

d:

化合物:　**PCB167**

信号:　ECD1D

预期保留时间:　15.501

残留:　865.50077

R:　0.99982

R^2:　0.99963

公式:　y = ax + b

a:　244.4737

b:　-782.4042

c:

d:

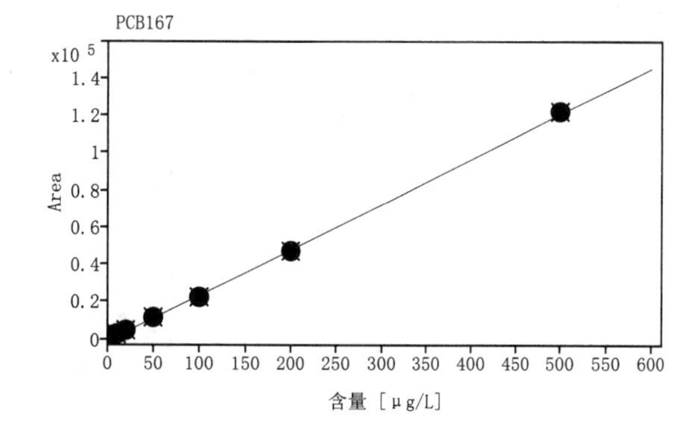

化合物:　**PCB169**

信号:　ECD1D

预期保留时间:　16.890

残留:　1179.03880

R:　0.99958

R^2:　0.99917

公式:　y = ax + b

a:　220.6381

b:　-1022.6292

c:

d:

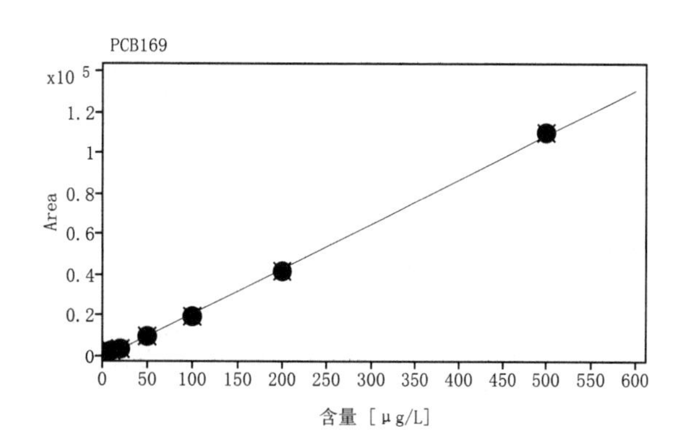

图 4-14　多氯联苯校准曲线

化合物： **PCB189**

信号： ECD1D

预期保留时间： 17.905

残留： 2053.47781

R: 0.99955

R^2: 0.99909

公式： y = ax + b

a: 368.7579

b: -2242.7375

c:

d:

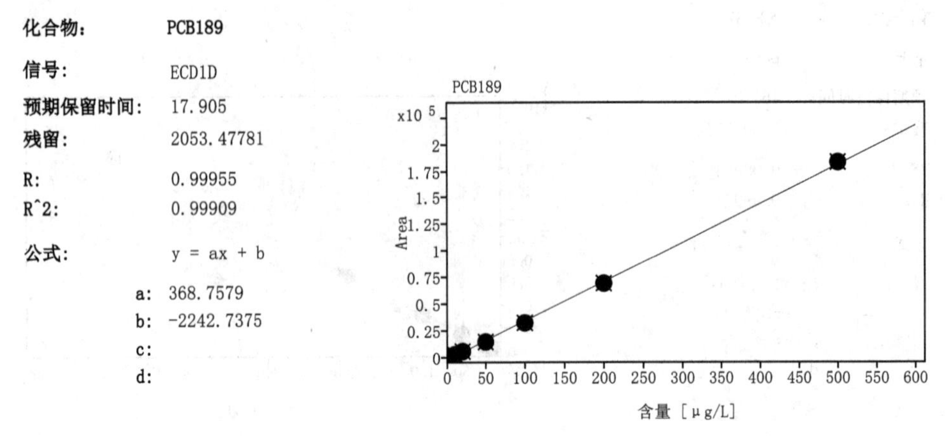

化合物： **PCB77**

信号： ECD1D

预期保留时间： 12.496

残留： 95.25254

R: 0.99999

R^2: 0.99998

公式： y = ax + b

a: 104.6480

b: 175.5662

c:

d:

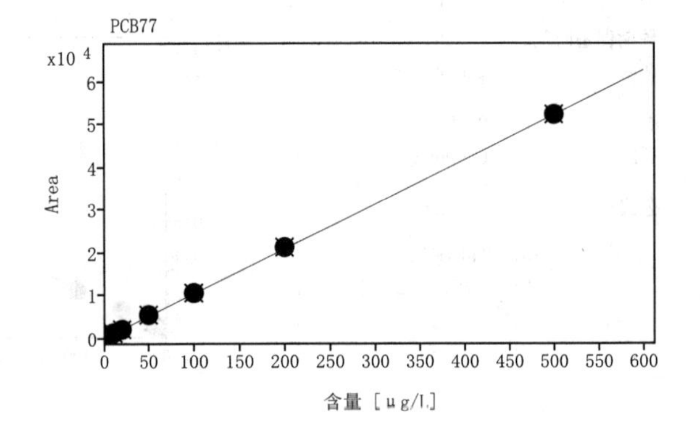

化合物： **PCB81**

信号： ECD1D

预期保留时间： 12.178

残留： 124.87244

R: 0.99999

R^2: 0.99997

公式： y = ax + b

a: 133.6327

b: -50.5391

c:

d:

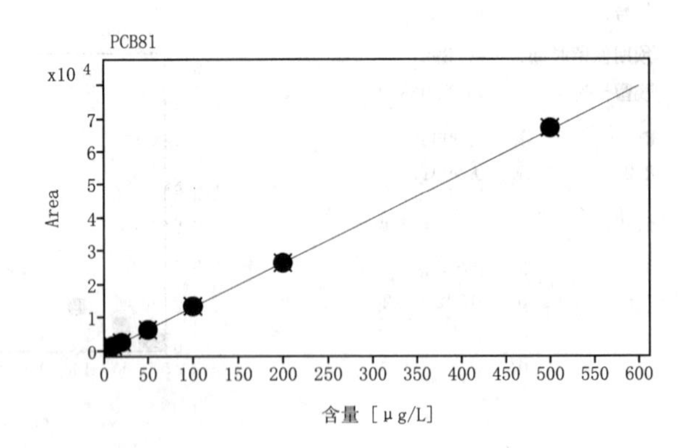

图 4-15 多氯联苯校准曲线

4.7 结果计算与表示

4.7.1 定性分析

根据目标化合物的保留时间定性。样品进行分析前，应建立保留时间窗口 t±3 S，t 为标准系列溶液中某目标化合物在 72 h 之内保留时间的平均值，S 为标准系列溶液中某目标化合物保留时间平均值的标准偏差。当分析样品时，目标化合物保留时间应在保留时间窗口内，图 4-16 为多氯联苯气相色谱谱图。

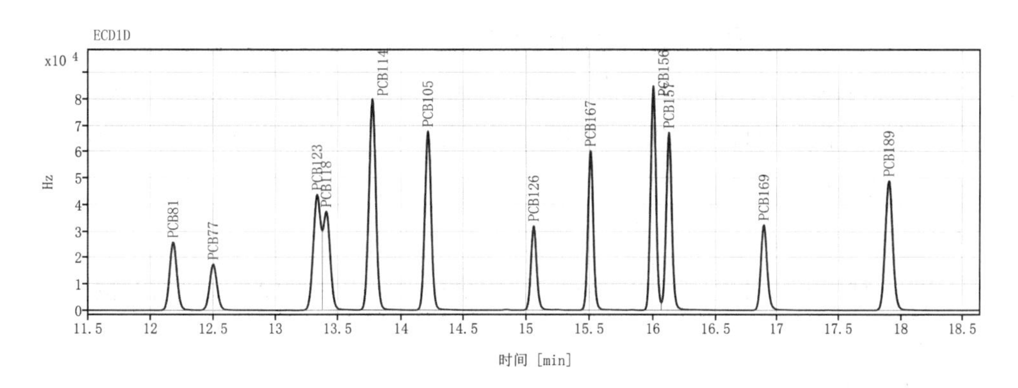

图 4-16 多氯联苯气相色谱谱图

4.7.2 定量分析

样品中目标化合物的含量按照公式(4-1)进行计算：

$$\omega_i = \frac{\rho_i \times V}{m \times W_{dm}} \tag{4-1}$$

式中：

ω_i——样品中目标化合物的含量，μg/kg；

ρ_i——由标准曲线计算所得目标化合物的质量浓度，μg/L；

V——试样的定容体积，mL；

m——土壤试样的质量(湿重)，g；

W_{dm}——土壤试样的干物质含量，%。

4.7.3 结果表示

当测定结果小于 1 μg/kg 时，保留小数点后 2 位；当测定结果大于或等于 1 μg/kg 时，保留 3 位有效数字。

4.8 质量保证和控制

4.8.1 空白实验

每20个样品或每批次(少于20个样品)应分析一个实验室空白,其目标化合物的测定值应低于方法检出限。

4.8.2 标准曲线

标准曲线的相关系数应大于或等于0.995。每20个样品或每批次(少于20个样品)应分析一个曲线中间浓度点标准溶液,其测定结果与初始曲线在该点测定浓度的相对偏差应小于或等于20%,否则应重新绘制标准曲线。

4.8.3 平行样品

每20个样品或每批次(少于20个样品)应分析一个平行样品,平行样品测定结果的相对偏差应在20%以内。

4.8.4 空白加标样品

每20个样品或每批次(少于20个样品)应分析一个空白加标样品,空白加标样品的回收率应在65%～120%。

4.8.5 基体加标

每20个样品或每批次(少于20个样品)应分析一个加标样品,加标浓度为原样品浓度的1～5倍,土壤和沉积物中加标样品的回收率应在60%～120%。

4.9 注意事项

实验中产生的所有废液和废物(包括检测后的残液)应集中收集、统一保管,并送具有资质的单位统一处理。

5　酚类化合物的测定　气相色谱法

警告：实验中所使用的内标、替代物和标准样品均为易挥发的有毒化学品，其溶液配制须在通风橱中进行操作，操作时须按规定佩戴防护器具，同时避免接触皮肤和衣物。

5.1　适用范围

本方法适用于土壤和沉积物中 21 种酚类化合物的测定，其他酚类化合物如果通过验证也可适用于本方法。当取样量为 10 g 时，21 种酚类化合物的方法检出限为 0.02～0.08 mg/kg，测定下限为 0.08～0.32 mg/kg，见表 5-1。

表 5-1　21 种酚类化合物的方法检出限及测定下限

目标化合物	方法检出限(mg/kg)	测定下限(mg/kg)
苯酚	0.04	0.16
2-氯酚	0.04	0.16
邻-甲酚	0.02	0.08
对/间-甲酚	0.02	0.08
2-硝基酚	0.02	0.08
2,4-二甲酚	0.02	0.08
2,4-二氯酚	0.03	0.12
2,6-二氯酚	0.03	0.12
4-氯-3-甲酚	0.02	0.08
2,4,6-三氯酚	0.03	0.12
2,4,5-三氯酚	0.03	0.12
2,4-二硝基酚	0.08	0.32
4-硝基酚	0.04	0.16
2,3,4,6-四氯酚	0.02	0.08
2,3,4,5-四氯酚/2,3,5,6-四氯酚	0.03	0.12
2-甲基-4,6-二硝基酚	0.03	0.12
五氯酚	0.07	0.28
2-(1-甲基-正丙基)-4,6-二硝基酚(地乐酚)	0.02	0.08
2-环己基-4,6-二硝基酚	0.02	0.08

5.2 方法原理

土壤样品用二氯甲烷与正己烷混合溶剂微波提取，提取液经酸碱分配净化，酚类化合物进入水相后，将水相调节至酸性，用二氯甲烷与乙酸乙酯混合溶剂萃取水相，萃取液经脱水、浓缩、定容后进行气相色谱分离，氢火焰检测器测定。根据保留时间定性，外标法定量。

5.3 试剂和材料

除非另有说明，分析时均使用符合国家标准的分析纯化学试剂，实验用水为二次蒸馏水或通过纯水设备制备的水。

(1)氢氧化钠(NaOH)。

(2)盐酸(HCl)：ρ=1.19 g/mL。

(3)无水硫酸钠(Na_2SO_4)：在400 ℃的环境下烘烤4 h，置于干燥器中冷却至室温，转移至磨口玻璃瓶中，于干燥器中保存。

(4)氢氧化钠溶液：c=5 mol/L，称取20 g氢氧化钠固体，用水溶解冷却后定容至100 mL。

(5)盐酸溶液：c=3 mol/L，量取125 mL盐酸，用水稀释至500 mL。

(6)二氯甲烷(CH_2Cl_2)：色谱纯，赛默飞世尔科技(中国)有限公司。

(7)乙酸乙酯($CH_3COOC_2H_5$)：色谱纯，赛默飞世尔科技(中国)有限公司。

(8)正己烷(C_6H_{14})：色谱纯，赛默飞世尔科技(中国)有限公司。

(9)二氯甲烷与乙酸乙酯混合溶剂：4+1(v/v)。

(10)二氯甲烷与正己烷混合溶剂：2+1(v/v)。

(11)标准贮备液：ρ=1000 mg/L，可直接购买包括所有相关分析组分的有证标准溶液，也可用纯标准物质制备。

(12)标准使用液：ρ=100 mg/L，用正己烷稀释标准贮备液，配制成浓度为100 mg/L的标准使用液，于4 ℃的环境下避光保存，密闭可保存一个月。

(13)氮气(N_2)：纯度大于或等于99.999%。

(14)氢气(H_2)：纯度大于或等于99.999%。

5.4 仪器和设备

(1)气相色谱仪：安捷伦科技有限公司，具分流/不分流进样口，带氢火焰检测器。

(2)毛细管色谱柱:30 m×0.25 mm×0.25 μm,100%甲基聚硅氧烷。

(3)提取设备:微波提取仪。

(4)分液漏斗:500 mL,具聚四氟乙烯塞子。

(5)浓缩装置:上海新拓分析仪器科技有限公司,氮吹浓缩仪。

(6)研钵:由玻璃、玛瑙或其他无干扰的材质制成。

(7)微量注射器:10 μL、25 μL、100 μL、250 μL、500 μL 和 1000 μL。

(8)一般实验室常用仪器和设备。

5.5　样品

5.5.1　样品保存

样品采集后密闭储存于棕色玻璃瓶中,应尽快进行分析。若不能及时进行分析,应冷藏避光保存,保存期为 10 d,注意避免有机物的干扰。样品提取液避光冷藏保存,保存时间为 40 d。

5.5.2　样品前处理

(1)样品准备。去除样品中的异物(石子、叶片等),称取 10 g(10.00～10.10 g)鲜样(如图 5-1),倒入玛瑙研钵,加入适量无水硫酸钠研磨成流沙状(如图 5-2),样品研磨脱水后倒入萃取罐。

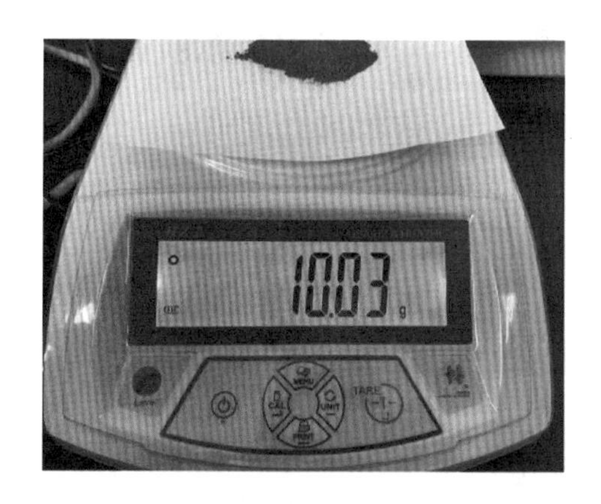

图 5-1　称样

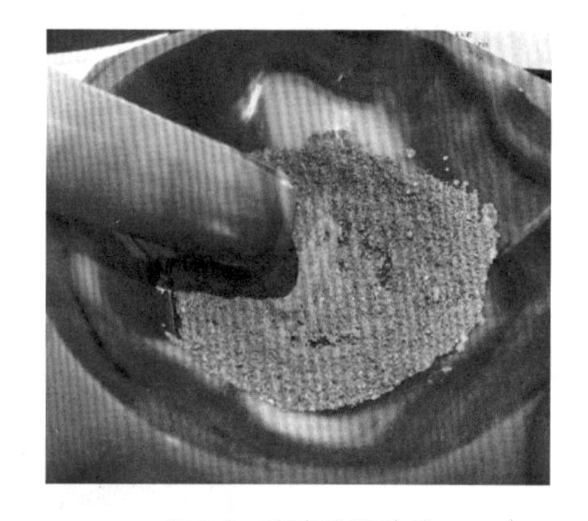

图 5-2　研磨为流沙状

(2)微波提取。在萃取罐中分别加入 20 mL 二氯甲烷和 10 mL 正己烷。将萃取罐按顺序放入微波转子中,上机萃取。按规定操作仪器进行萃取(如图 5-3～图 5-5),至少冷却 20 min,待样品降至 50 ℃以下,再进行开启萃取罐的操作。将萃取液全部转移至分液漏斗，用 5 mL 二氯甲烷清洗萃取罐 2 次，清洗液全部转移至分液漏斗，待净化。

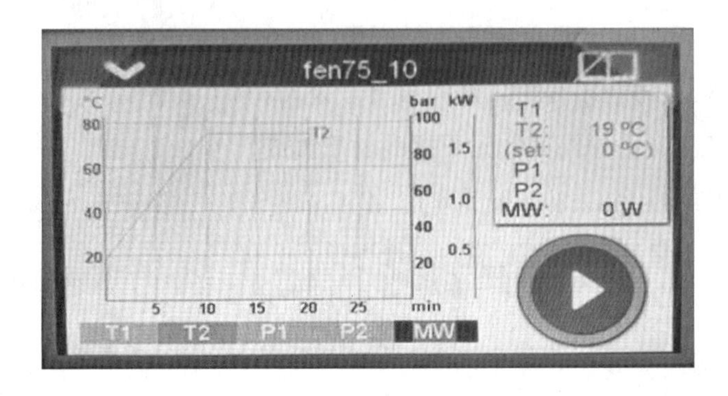

图 5-3 微波萃取升温图

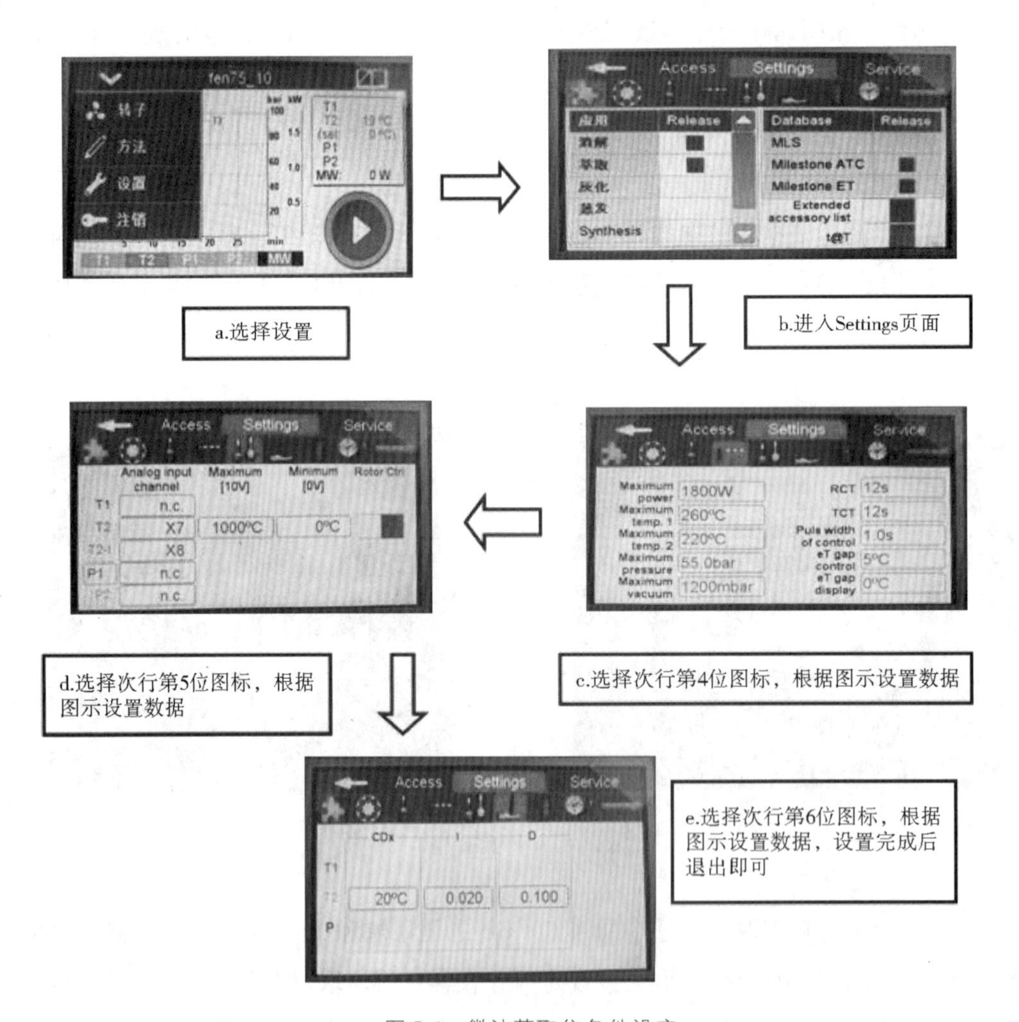

图 5-4 微波萃取仪条件设定

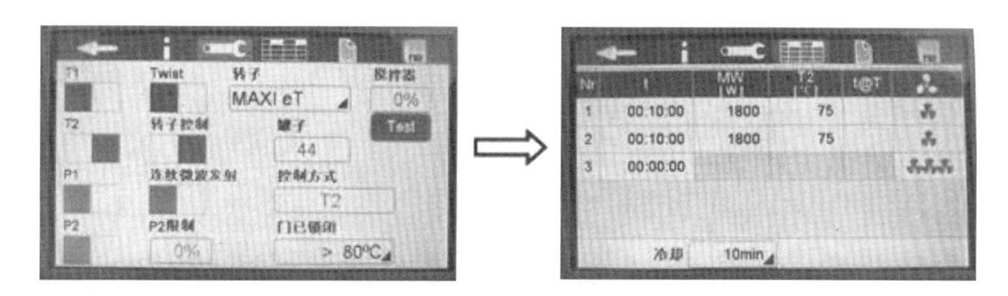

图 5-5　萃取方法的设置

(3)净化。

①碱洗。将微波提取得到的提取液转入分液漏斗中，加入 100 mL 含 2%无水硫酸钠的水溶液，并加入 1 mL 5 mol/L 氢氧化钠溶液，调节至 pH 大于 12，摇匀放气后，置于振荡器上(如图 5-6、图 5-7)，振荡 10 min。静置 10 min 后(如图 5-8)，弃去下层有机相，保留水相部分，若发生乳化现象，可用干净的玻璃棒轻轻搅拌破乳(如图 5-9、图 5-10)，下层有机相收集到废液瓶统一处理。

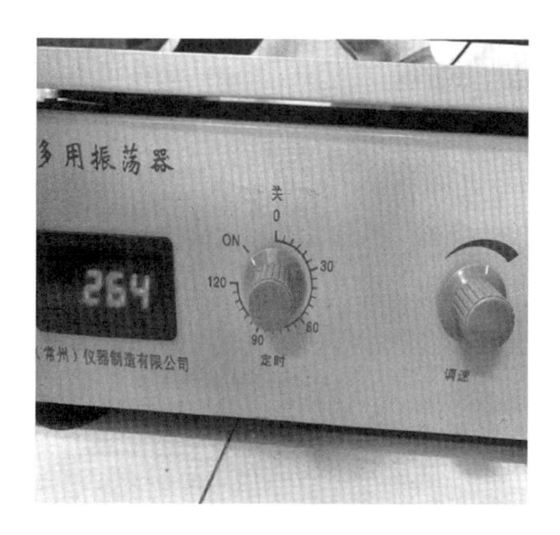

图 5-6　振荡器

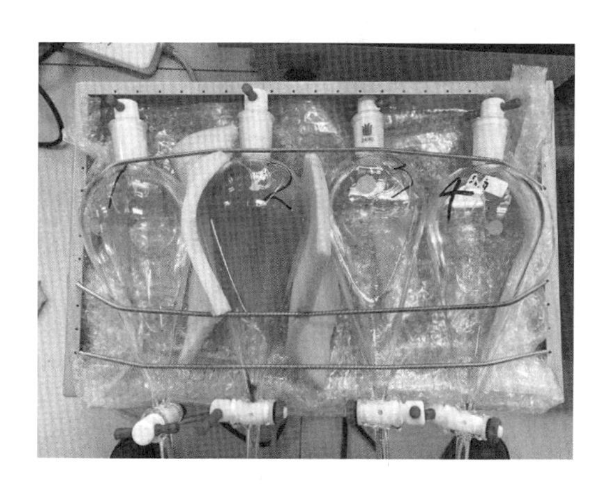

图 5-7　弹簧固定

图 5-8　正常分层

图 5-9　乳化现象

图 5-10　玻璃棒搅拌破乳

② 酸洗。将碱洗得到的水相部分加入 3 mL 3 mol/L 盐酸溶液，调节至 pH 小于 2，加入 50 mL 二氯甲烷与乙酸乙酯混合溶剂，摇匀放气后，置于振荡器上，振荡 10 min(本次操作产生的气体较多，注意盖紧漏斗塞，多次放气，防止液体溅出)。静置 10 min 后，将下层有机相由下口转移至锥形瓶中，加入适量无水硫酸钠干燥至少 40 min，干燥过程中注意观察硫酸钠的状态，若结块则需再加入适量盐酸溶液，直至有流沙状硫酸钠出现(如图 5-11、图 5-12)。

注：若有机相颜色较深，可将净化次数适当增加至 2～3 次。

图 5-11　无水硫酸钠干燥

图 5-12　干燥约 40 min

(4)浓缩。

①将干燥后的溶液转移至自动氮吹管，多次转移，保证氮吹管内的液体不超过氮吹管体积的 1/2(如图 5-13)，上机进行氮吹浓缩。

②自动氮吹仪设定温度为 35 ℃，氮吹压力不超过 2(如图 5-14)。

图 5-13　体积适量

图 5-14　氮吹条件设定

③用 5 mL 二氯甲烷清洗锥形瓶 2 次，合并溶液进行氮吹浓缩。

④将所有溶液浓缩至 1 mL 左右（0.8～1.0 mL）（如图 5-15），待定容。

（5）定容。把浓缩后的液体全部吸入 1 mL 精密注射器中，不足 1 mL 时采用二氯甲烷-乙酸乙酯（4∶1）溶液补至 1 mL（如图 5-16）。

图 5-15　浓缩至 1 mL 左右

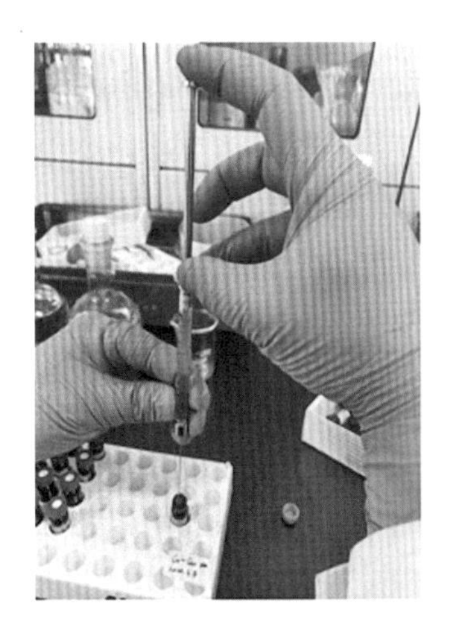

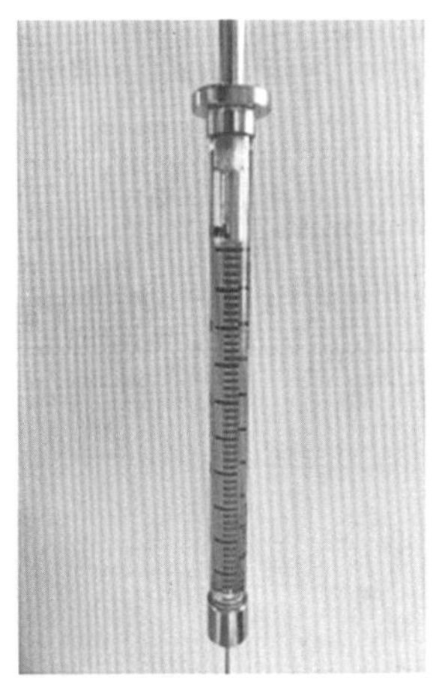

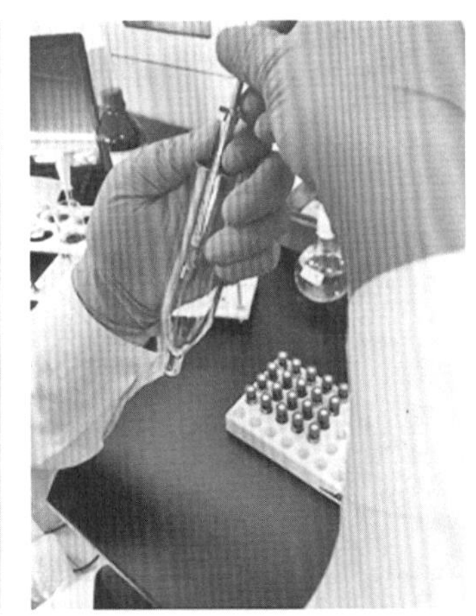

图 5-16　定容

（6）前处理注意事项。

① 萃取罐、玻璃器皿、铁勺均需使用专用洗液清洗，蒸馏水冲净后放入烘箱，在 105 ℃的环境下烘干，分液漏斗、量具无须烘干。

② 氮气气瓶安装前须先放气，安装后分压表调节至 0.4 MPa（如图 5-17），氮吹浓缩仪的开机顺序为先开气，再开机。

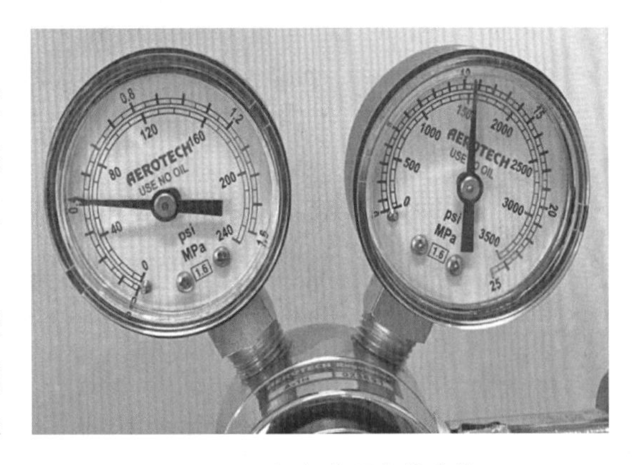

图 5-17　氮气分压表设定值

③称量铁勺洗净烘干后可重复使用，称量铝箔不可重复使用。

④萃取罐降至室温前会有一定压力，开罐前必须保证温度降至 50 ℃下，否则容易造成液体喷出。

5.6 分析步骤

5.6.1 仪器参考条件

气相色谱参考条件。进样口温度为 260 ℃;进样方式为不分流;进样体积为 2 μL。升温程序,初始温度为 60 ℃,保持 1 min,以 10 ℃/min 的速率升至 250 ℃,保持 3 min;氢火焰检测器温度为 280 ℃。色谱柱内载气流量为 1 mL/min;尾吹气为氮气,流量为 30 mL/min;氢气流量为 35 mL/min;空气流量为 300 mL/min。(如图 5-18～图 5-22)

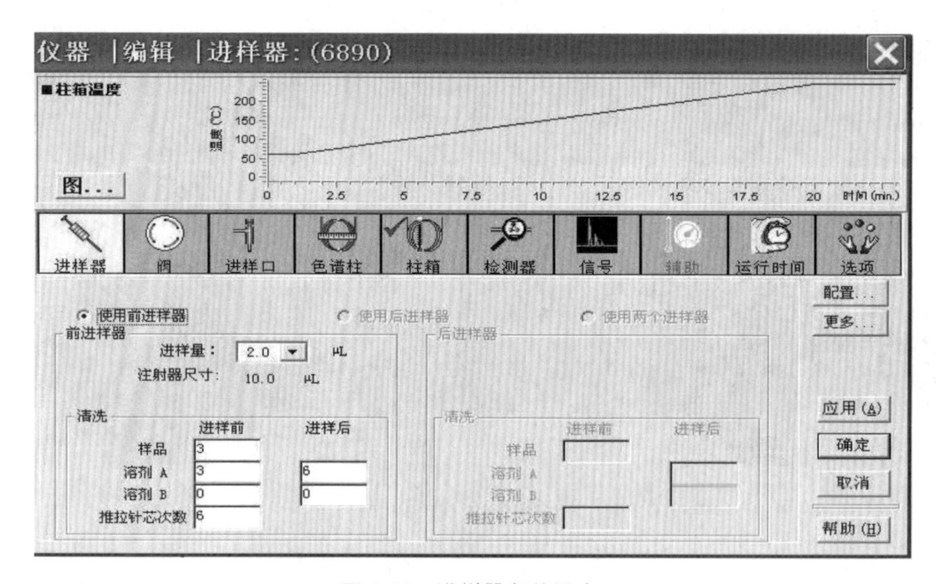

图 5-18 进样器条件设定

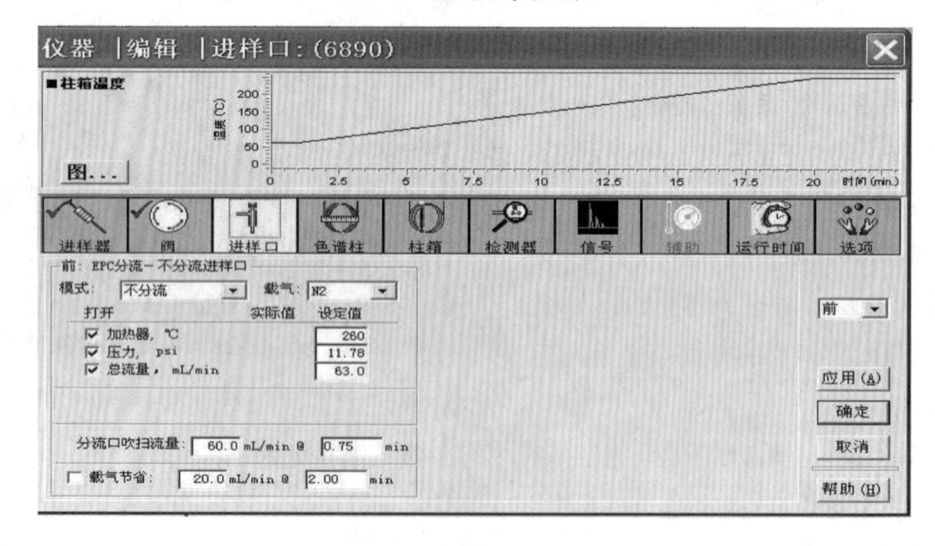

图 5-19 进样口条件设定

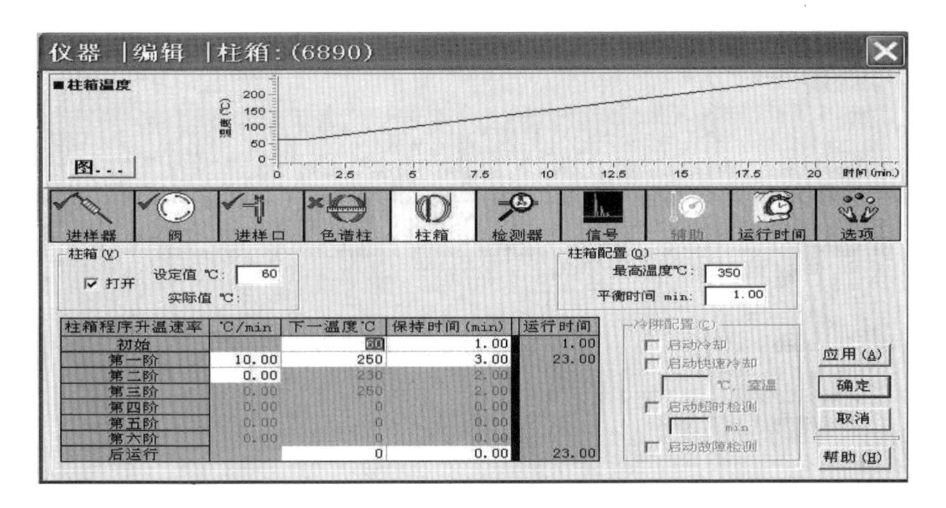

图 5-20　柱箱条件设定

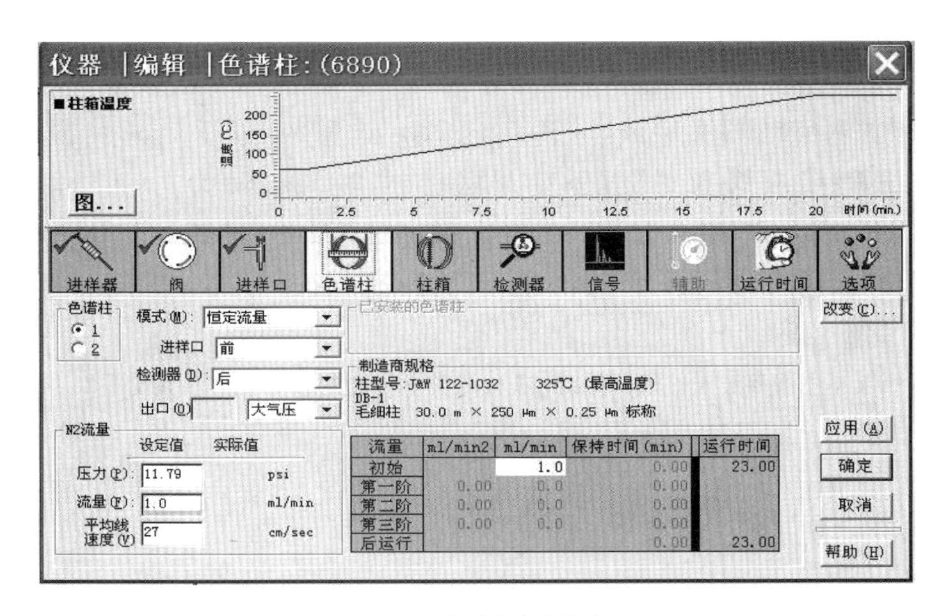

图 5-21　色谱柱条件设定

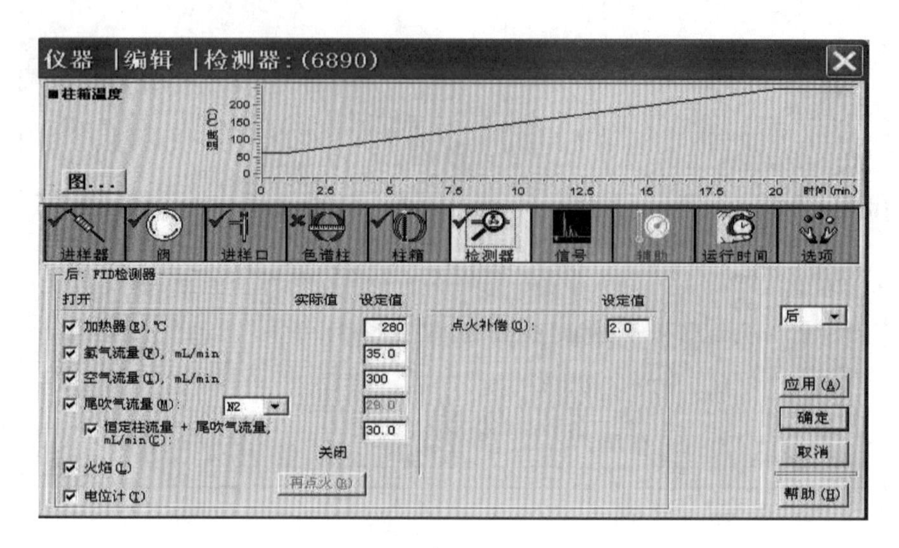

图 5-22　检测器条件设定

5.6.2　校准

精确移取标准使用液 10 μL、20 μL、50 μL、100 μL 和 200 μL 于 1 mL 容量瓶中，用二氯甲烷稀释至标线，配制校准系列，目标化合物的浓度分别为 1 mg/L、2 mg/L、5 mg/L、10 mg/L 和 20 mg/L。按照仪器参考条件进行测定，以各组分的质量浓度为横坐标，以该组分的色谱峰面积或峰高为纵坐标绘制校准曲线。

5.6.3　参考色谱图

按照气相色谱参考条件进行分析，21 种酚类化合物的参考色谱图如图 5-23 所示。

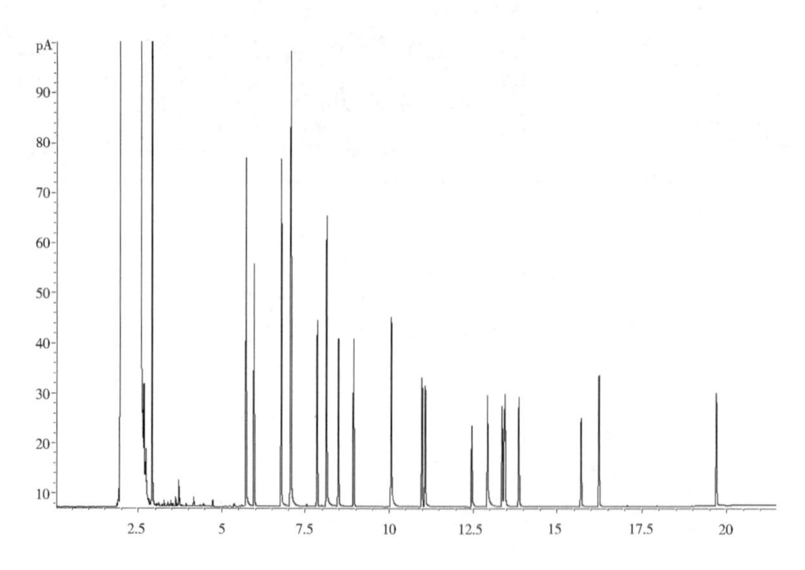

图 5-23　21 种酚类化合物的参考色谱图

5.6.4　测定

将制备好的试样按照气相色谱参考条件进行测定。

5.6.5　空白试验

称取 10 g(10.00～10.10 g)石英砂，按照样品前处理的步骤制备试样，按照气相色谱参考条件进行测定。

5.7　结果计算与表示

5.7.1　定性分析

样品进行分析前，应建立保留时间窗口 t±3 S，t 为初次校准时各浓度标准物质保留时间的平均值，S 为初次校准时各标准物质保留时间的标准偏差。当分析样品时，目标化合物的保留时间应在保留时间窗口内。目标化合物在分析色谱柱(非极性)上的保留时间见表 5-2。

表 5-2　21 种酚类化合物在非极性色谱柱上的参考保留时间

目标化合物	保留时间(min)
苯酚	4.59±0.05
2-氯酚	4.85±0.05
邻-甲酚	5.50±0.05
对/间-甲酚	5.76±0.05
2-硝基酚	6.55±0.05
2,4-二甲酚	6.74±0.05
2,4-二氯酚	7.11±0.05
2,6-二氯酚	7.54±0.05
4-氯-3-甲酚	8.58±0.05
2,4,6-三氯酚	9.53±0.05
2,4,5-三氯酚	9.62±0.05
2,4-二硝基酚	10.99±0.05
4-硝基酚	11.42±0.05
2,3,4,6-四氯酚	11.91±0.05
2,3,4,5-四氯酚/2,3,5,6-四氯酚	12.00±0.05
2-甲基-4,6-二硝基酚	12.41±0.05
五氯酚	14.24±0.05
2-(1-甲基-正丙基)-4,6-二硝基酚(地乐酚)	14.77±0.05
2-环己基-4,6-二硝基酚	18.24±0.05

5.7.2 定量分析

样品中目标化合物的含量按照公式(5-1)进行计算：

$$\omega_i = \frac{\rho_i \times V}{m \times W_{dm}} \tag{5-1}$$

式中：

ω_i——样品中目标化合物的含量，mg/kg；

ρ_i——由校准曲线计算所得目标化合物的质量浓度，mg/L；

V——试样的定容体积，mL；

m——土壤试样的质量(湿重)，g；

W_{dm}——土壤试样的干物质含量，%。

5.7.3 结果表示

当测定结果小于 1 mg/kg 时，保留小数点后 2 位；当测定结果大于或等于 1 mg/kg 时，保留 3 位有效数字；间-甲酚和对-甲酚、2,3,4,5-四氯酚和 2,3,5,6-四氯酚为难分离物质对，测定结果为难分离物质对两者之和。

5.8 质量保证和控制

5.8.1 校准曲线

用线性拟合曲线进行校准，其相关系数应大于或等于 0.995，否则需重新绘制校准曲线。

5.8.2 校准核查

每次分析样品前应选择校准曲线中间浓度进行校准曲线核查，其测定结果相对偏差应小于或等于 30%，否则应重新绘制校准曲线。

5.8.3 空白试验

每批样品应同时进行一次空白试验，空白结果中目标化合物的浓度应小于方法检出限。

5.8.4 平行样品

每批样品(最多 20 个)应至少进行一次平行样品测定，平行样品测定结果的相对偏差应在 30%以内。

5.8.5 实际样品加标和加标平行

每批样品(最多 20 个)应至少分析一个实际样品加标和一个加标平行，实际样品加标的回收率应在 50%～140%，加标平行的测定结果相对偏差应在 30%以内，若加标回收率达不到要求，而加标平行符合要求，说明样品存在基体效应，应在结果中注明。

5.9　注意事项

（1）校准曲线浓度范围可根据实际样品浓度做适当调整，低浓度曲线可用标准使用液配制。

（2）对于样品中超过校准曲线上限的目标化合物，需进行稀释或减少取样量后再重新进行分析。含酚类化合物浓度较高的样品会对仪器产生记忆效应，应随后分析一个或多个空白样品，直至空白试验结果满足质控要求后才能分析下一个样品，必要时可用质谱做进一步确认。

（3）实验中产生的含有机试剂的废物应集中收集、统一保管，并送具有资质的单位统一处理。

6 硝基苯和多环芳烃的测定 气相色谱-质谱法

警告:实验中所使用的内标、替代物和标准样品均为易挥发的有毒化学品,其溶液配制须在通风橱中进行操作,操作时须按规定佩戴防护器具,同时避免接触皮肤和衣物。

6.1 适用范围

本方法适用于土壤和沉积物中硝基苯和多环芳烃的筛查和定量分析。当取样量为20 g,浓缩后定容体积为1 mL时,采用全扫描方式测定,各目标化合物的方法检出限见表6-1。

表6-1 各目标化合物的方法检出限

目标化合物	方法检出限(mg/kg)
硝基苯	0.09
苯并[a]蒽	0.10
䓛	0.10
苯并[b]荧蒽	0.10
苯并[k]荧蒽	0.10
苯并[a]芘	0.05
茚并[1,2,3,-cd]芘	0.10
二苯并[a,h]蒽	0.05

6.2 方法原理

土壤和沉积物中的半挥发性有机物经提取、净化、浓缩、定容后,用气相色谱分离、质谱检测。根据标准物质谱图、保留时间、碎片离子质荷比及其丰度定性,内标法定量。

6.3　试剂和材料

(1)丙酮(C_3H_6O):色谱纯,赛默飞世尔科技(中国)有限公司。

(2)二氯甲烷(CH_2Cl_2):色谱纯,赛默飞世尔科技(中国)有限公司。

(3)正己烷(C_6H_{14}):色谱纯,赛默飞世尔科技(中国)有限公司。

(4)丙酮-正乙烷混合溶剂:1+1。

(5)正己烷-二氯甲烷-丙酮混合溶剂:47+47+6。

(6)干燥剂:优级纯无水硫酸钠,在马弗炉中 400 ℃的环境下烘烤 4 h,冷却后装入磨口玻璃瓶中密封,于干燥器中保存。

(7)硅藻土:上海安谱实验科技股份有限公司。

(8)铜粉(Cu):上海安谱实验科技股份有限公司。

(9)半挥发性有机物标准贮备液:ρ=2000 mg/L。

(10)半挥发性有机物标准使用液:ρ=200 mg/L,用二氯甲烷-丙酮(1+1)混合溶剂稀释配制。

(11)内标贮备液:ρ=2000 mg/L,用 1,4-二氯苯-d_4、萘-d_8、苊-d_{10}、菲-d_{10}、䓛-d_{12} 和苝-d_{12} 作为内标。

(12)内标使用液:ρ=50 mg/L,用二氯甲烷-丙酮混合溶剂稀释配制。

(13)替代物标准贮备液:ρ=4000 mg/L,用硝基苯-d_5、2-氟联苯、4,4′-三联苯-d_{14} 作为替代物。

(14)替代物标准使用液:ρ=10 mg/L,用二氯甲烷-丙酮混合溶剂稀释配制。

(15)十氟三苯基膦(DFTPP)标准溶液:ρ=50 mg/L。

(16)氮气(N_2):纯度大于或等于 99.999%。

(17)氦气(He):纯度大于或等于 99.999%。

(18)标准工作溶液:根据仪器灵敏度及线性范围的要求,配制标准工作溶液。

6.4　仪器和设备

(1)气相色谱质谱仪:安捷伦科技有限公司,8890-5977B 气相色谱-质谱联用仪。

(2)毛细管色谱柱:安捷伦科技有限公司,DB-5MSUI,30 m×0.25 mm×0.25 μm。

(3)加速溶剂萃取仪:赛默飞世尔科技(中国)有限公司。

(4)氮吹浓缩仪:上海安谱实验科技股份有限公司。

(5)固相萃取装置。

(6)一般实验室常用仪器和设备。

6.5 样品

6.5.1 样品的保存

样品采集后于洁净的磨口棕色玻璃瓶中保存。运输过程中,应于 4 ℃以下的环境冷藏、避光、密封保存。若不能及时进行分析,应于 4 ℃以下的环境冷藏、避光、密封保存,保存时间不超过 10 d。

6.5.2 干物质含量的测定

参照《土壤 干物质和水分的测定 重量法》执行。具盖容器和盖子于 105±5 ℃的环境下烘干 1 h,稍冷,盖好盖子,然后置于干燥器中至少冷却 45 min,测定带盖容器的质量 m_0,精确至 0.01 g。用样品勺将 10～15 g 冻干试样转移至称重的具盖容器中,盖上容器盖,测定总质量 m_1,精确至 0.01 g。取下容器盖,将容器和冻干样品一同放入烘箱,在 105±5 ℃的环境下烘干至恒重,同时烘干容器盖,盖上容器盖,置于干燥器中冷却 45 min,取出后立即测定带盖容器和烘干土壤的总质量 m_2,精确至 0.01 g。

6.5.3 试样的制备

(1)萃取。先在 34 mL 萃取池池底加入少量硅藻土,然后称取 20 g(20.00～20.10 g)样品于干净烧杯中(如图 6-1),加入 1 勺硅藻土分散混匀后,转移至萃取池中,并用少量的硅藻土清洗烧杯 2 次,并转移至萃取池中(如图 6-2)。

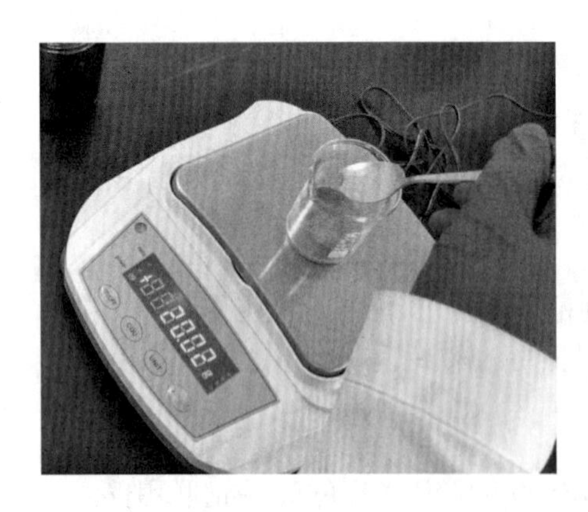

图 6-1 称样

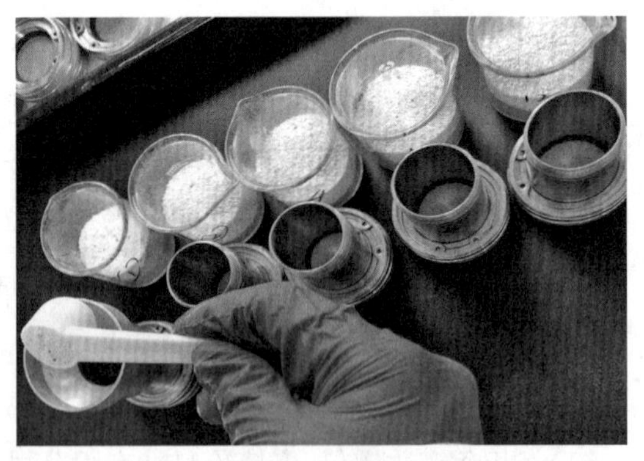

图 6-2 装填萃取池

样品中加入 100 μL 替代物，旋紧盖子，按以下条件使用加速溶剂萃取仪萃取（如图 6-3）。

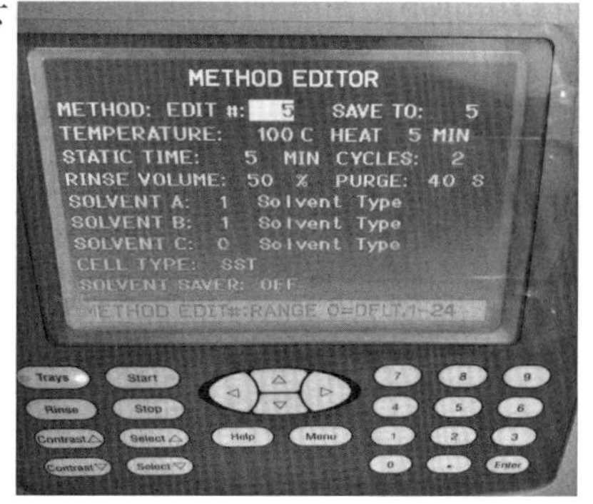

图 6-3　ASE 萃取条件设定

①萃取溶剂为丙酮-正己烷（1＋1）；

②加热温度为 100 ℃；

③萃取池压力为 1500 psi；

④预加热平衡时间为 5 min；

⑤静态萃取时间为 5 min；

⑥溶剂淋洗体积为 50％池体积；

⑦氮气吹扫时间为 40 s；

⑧静态萃取次数为 2 次。

（2）浓缩。提取剂用无水硫酸钠干燥，干燥后转移至氮吹管，使用氮吹浓缩仪（如图 6-4）进行氮吹浓缩。氮气浓缩仪应在 35 ℃的环境下使用，开启氮气至溶剂表面有气流波动（避免形成气涡），浓缩过程中每半小时需将萃取液摇匀一次，浓缩至 2 mL，加入 5 mL 正己烷，并浓缩至约 1 mL，重复此浓缩过程 2 次，浓缩至 1 mL，待净化。若提取液中含硫过多，需要在干燥时加入铜粉脱硫。

图 6-4　氮吹浓缩仪

（3）净化。将硅酸镁净化小柱固定在固相萃取装置上（如图 6-5），用 10 mL 二氯甲烷淋洗小柱，加入 5 mL 正己烷，待柱充满后关闭流速控制阀，浸 5 min，缓慢打开控制阀，继续加入 5 mL 正己烷。在填料暴露于空气之前，关闭控制阀，弃去流出液。将浓缩后的提取液转移至小柱中，用 2 mL 洗脱剂分 2 次洗涤浓缩器皿，洗液全部转入小柱中。缓慢打开控制阀，在填料暴露于空气之前关闭控制阀，加入 10 mL 正乙烷-二氯甲烷-丙酮混合溶剂（47＋47＋6），浸 1 min，缓缓打开控制阀，保持约 2 mL/min 的速率，收集全部洗脱液。

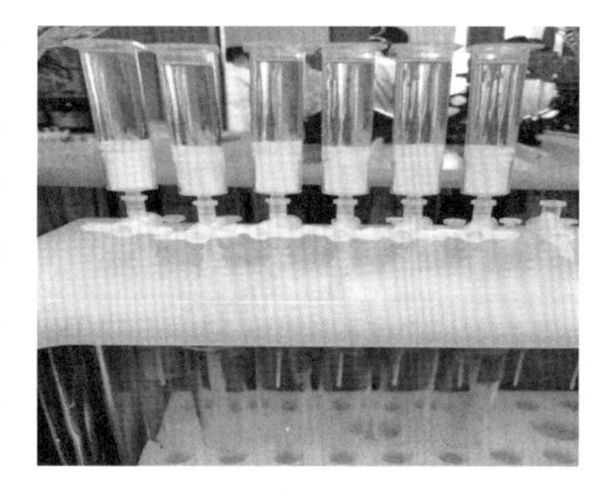

图 6-5　净化

（4）定容、加内标。净化后的试液再次氮吹浓缩至小体积，定容至 1 mL，转移至 2 mL 样品瓶中（如图 6-6），加入 20 μL 内标液，待测。

图 6-6　定容

(5)空白试验。用石英砂代替样品,按照与试样的制备相同的步骤进行空白试样的制备,在相同的仪器参考条件下进行分析测定。

6.6　分析步骤

6.6.1　仪器参考条件

(1)气相色谱参考条件。进样口温度为 250 ℃;载气为氦气;不分流进样;柱流量为 1 mL/min(恒流)。升温程序,初始温度为 80 ℃,不保持,以 10 ℃/min 的速率升至 320 ℃,保持 1 min,以 20 ℃/min 的速率升至 340 ℃,保持 2 min。(如图 6-7～图 6-10)

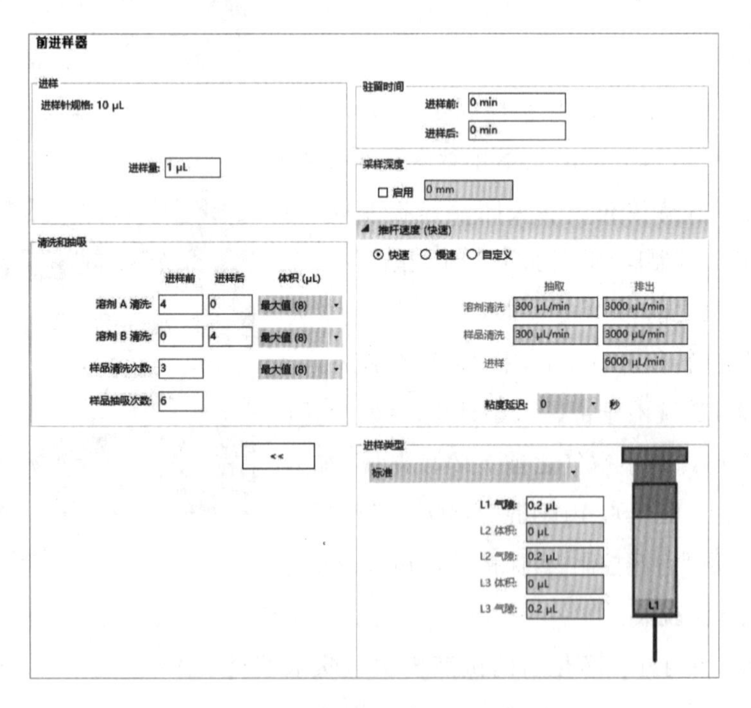

图 6-7　前进样器条件设定

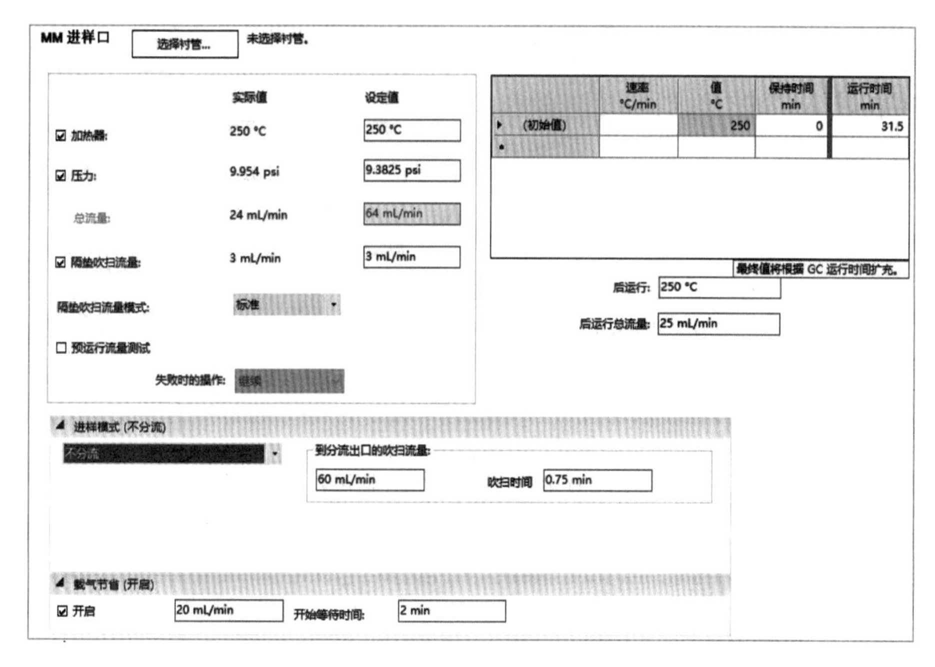

图 6-8　进样口条件设定

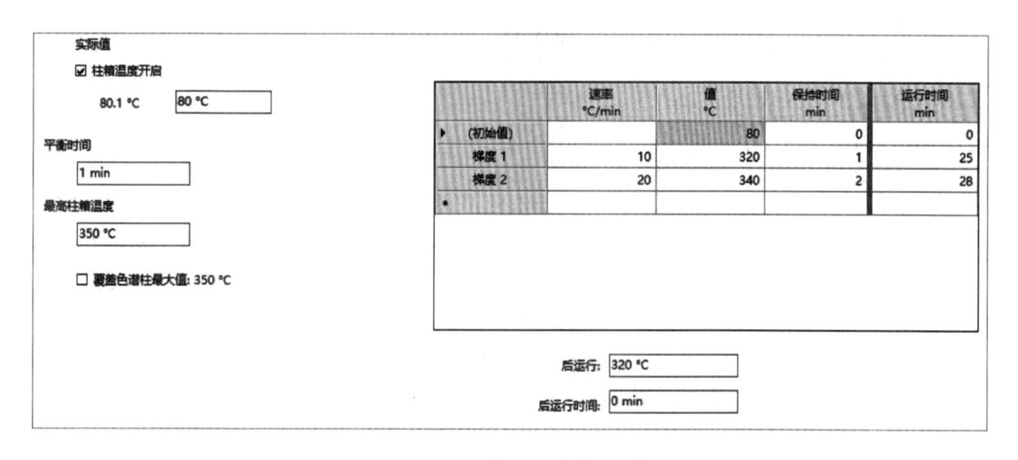

图 6-9　程序升温条件设定

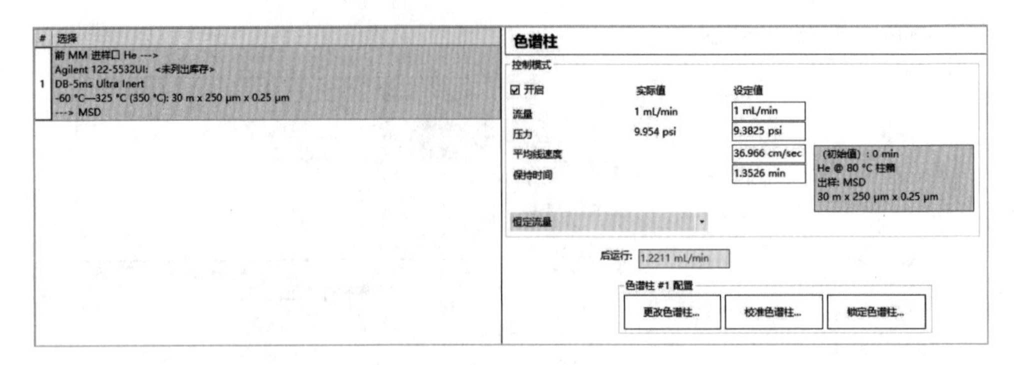

图 6-10　色谱柱条件设定

(2)质谱参考条件。扫描方式为全扫描;离子源温度为 230 ℃;接口温度为 250 ℃;离子化能量为 70 eV;调谐文件为 DFTPP. u。质谱参考条件如图 6-11 所示,质谱调谐结果如图 6-12 所示。

图 6-11　质谱参考条件

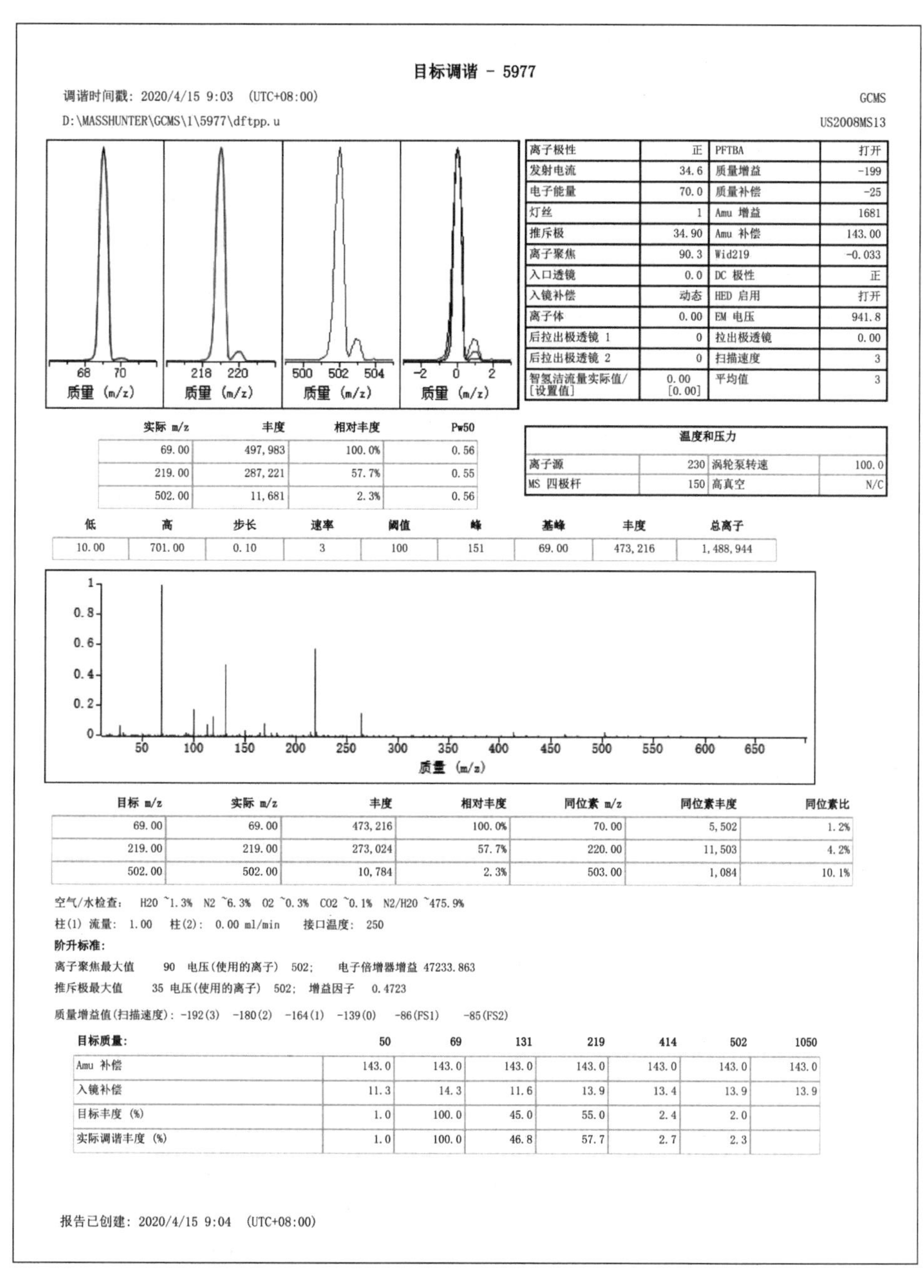

目标调谐 - 5977

调谐时间戳: 2020/4/15 9:03 (UTC+08:00)　　GCMS

D:\MASSHUNTER\GCMS\1\5977\dftpp.u　　US2008MS13

离子极性	正	PFTBA	打开
发射电流	34.6	质量增益	-199
电子能量	70.0	质量补偿	-25
灯丝	1	Amu 增益	1681
推斥极	34.90	Amu 补偿	143.00
离子聚焦	90.3	Wid219	-0.033
入口透镜	0.0	DC 极性	正
入镜补偿	动态	HED 启用	打开
离子体	0.00	EM 电压	941.8
后拉出极透镜 1	0	拉出极透镜	0.00
后拉出极透镜 2	0	扫描速度	3
智氢洁流量实际值/[设置值]	0.00 [0.00]	平均值	3

实际 m/z	丰度	相对丰度	Pw50
69.00	497,983	100.0%	0.56
219.00	287,221	57.7%	0.55
502.00	11,681	2.3%	0.56

温度和压力			
离子源	230	涡轮泵转速	100.0
MS 四极杆	150	高真空	N/C

低	高	步长	速率	阈值	峰	基峰	丰度	总离子
10.00	701.00	0.10	3	100	151	69.00	473,216	1,488,944

目标 m/z	实际 m/z	丰度	相对丰度	同位素 m/z	同位素丰度	同位素比
69.00	69.00	473,216	100.0%	70.00	5,502	1.2%
219.00	219.00	273,024	57.7%	220.00	11,503	4.2%
502.00	502.00	10,784	2.3%	503.00	1,084	10.1%

空气/水检查: H20 ~1.3% N2 ~6.3% 02 ~0.3% C02 ~0.1% N2/H20 ~475.9%

柱(1) 流量: 1.00　柱(2): 0.00 ml/min　接口温度: 250

阶升标准:

离子聚焦最大值　90 电压(使用的离子) 502;　电子倍增器增益 47233.863

推斥极最大值　35 电压(使用的离子) 502; 增益因子 0.4723

质量增益值(扫描速度): -192(3) -180(2) -164(1) -139(0) -86(FS1) -85(FS2)

目标质量:	50	69	131	219	414	502	1050
Amu 补偿	143.0	143.0	143.0	143.0	143.0	143.0	143.0
入镜补偿	11.3	14.3	11.6	13.9	13.4	13.9	13.9
目标丰度 (%)	1.0	100.0	45.0	55.0	2.4	2.0	
实际调谐丰度 (%)	1.0	100.0	46.8	57.7	2.7	2.3	

报告已创建: 2020/4/15 9:04 (UTC+08:00)

图 6-12　质谱调谐结果

6.6.2　校准

(1)仪器性能测试。取 1 μL 质谱调谐溶液直接进样，对气相色谱-质谱系统进行仪器性能测试，所得质量离子的丰度应符合表 6-2 的标准，否则需对质谱仪的一些参数进行调整或清洗离子源，十氟三苯基膦的调谐评估报告如图 6-13 所示。

表 6-2 十氟三苯基膦离子的丰度标准

质荷比	离子丰度标准	质荷比	离子丰度标准
51	强度为 198 碎片的 30%～60%	199	强度为 198 碎片的 5%～9%
68	强度小于 69 碎片的 2%	275	强度为 198 碎片的 10%～30%
70	强度小于 69 碎片的 2%	365	强度大于 198 碎片的 1%
127	强度为 198 碎片的 40%～60%	441	存在但不超过 443 碎片的强度
197	强度小于 198 碎片的 1%	442	强度大于 198 碎片的 40%
198	基峰，相对强度 100%	443	强度为 442 碎片的 17%～23%

调谐评估报告

数据路径: D:\2020\HBLQYXC29A-19\DFTPP.D
采集时间: 2020/1/5 9:49:09
操作人员:
样品: DFTPP
仪器名称: GCMS
ALS 样品瓶: 37
方法:

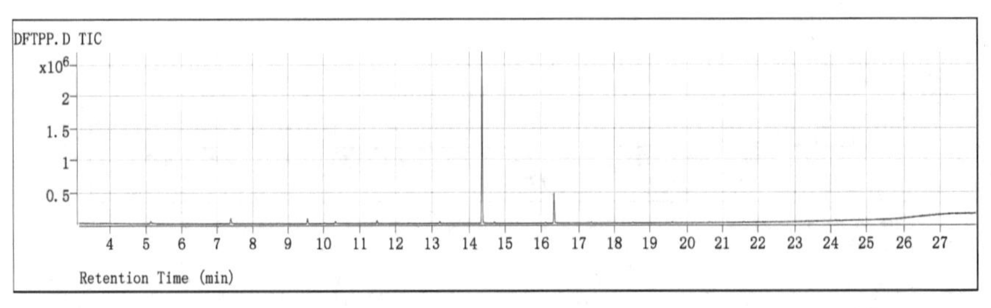

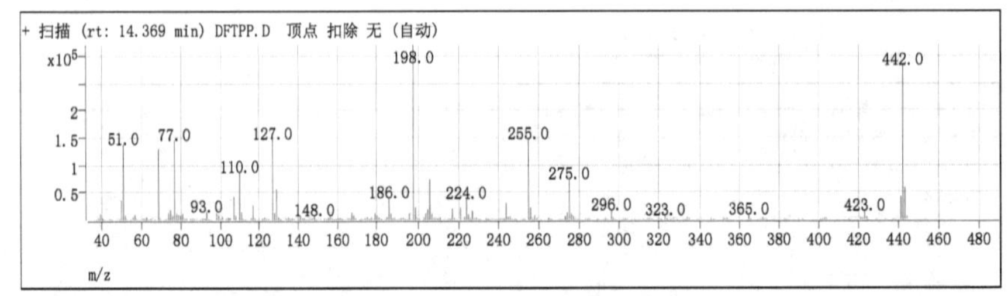

目标质量	相对质量数	下限%	上限%	相对丰度 %	原始丰度	通过/失败
51	198	30	60	42.8	137367	Pass
68	69	0	2	0.0	0	Pass
70	69	0	2	0.5	658	Pass
127	198	40	60	45.9	147230	Pass
197	198	0	1	0.0	0	Pass
198	198	100	100	100.0	321034	Pass
199	198	5	9	6.8	21686	Pass
275	198	10	30	22.8	73225	Pass
365	198	1	100	2.5	7979	Pass
441	443	1E-10	100	71.0	41399	Pass
442	198	40	100	88.0	282396	Pass
443	442	17	23	20.7	58341	Pass

图 6-13 十氟三苯基膦的调谐评估报告

(2)校准曲线的绘制。分别移取适量的半挥发性有机物标准使用液、替代物标准使用液和内标使用液，用二氯甲烷定容后混匀。按照仪器参考条件，从低浓度到高浓度依次进样分析。以目标化合物的质量浓度为横坐标，以目标化合物与内标化合物定量离子响应值的比值和内标化合物质量浓度的乘积为纵坐标，建立校准曲线，各目标化合物的校准曲线如图 6-14～图 6-16 所示。

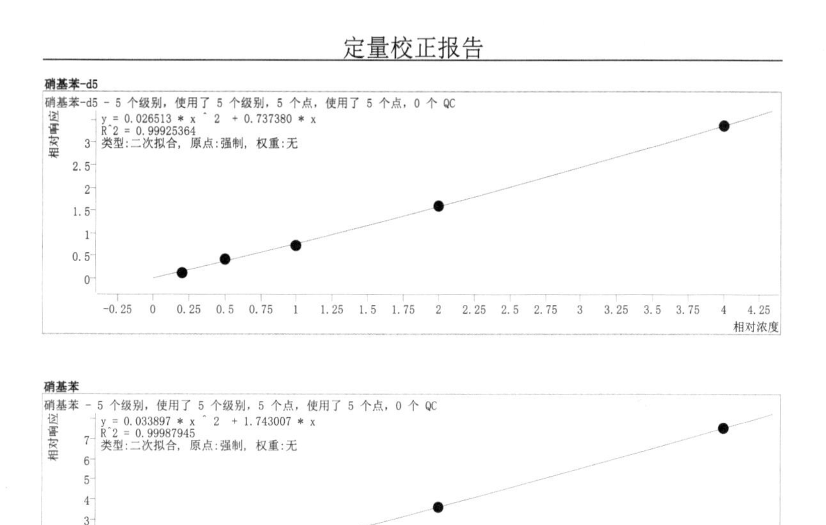

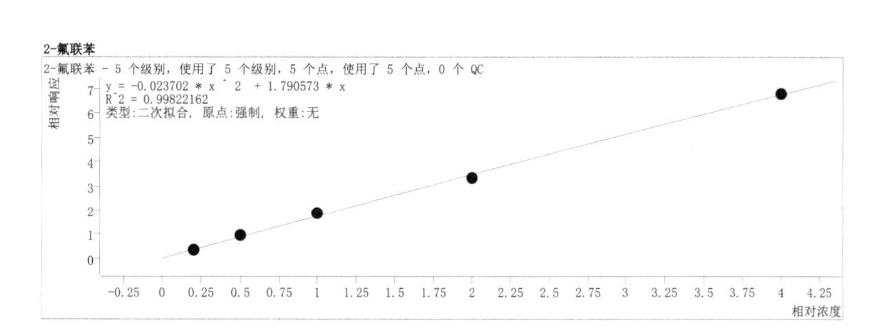

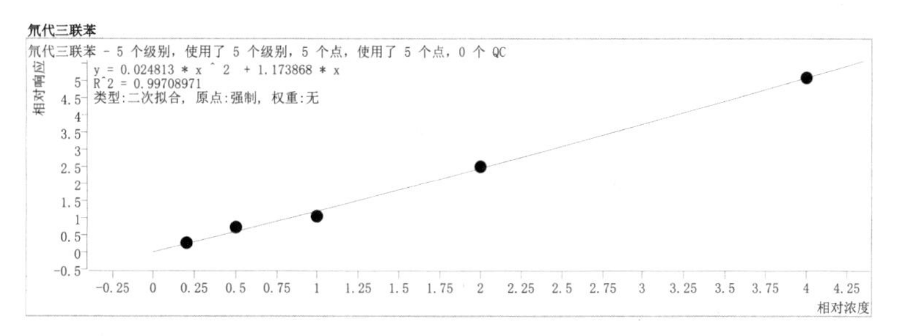

图 6-14　各目标化合物的校准曲线

定量校正报告

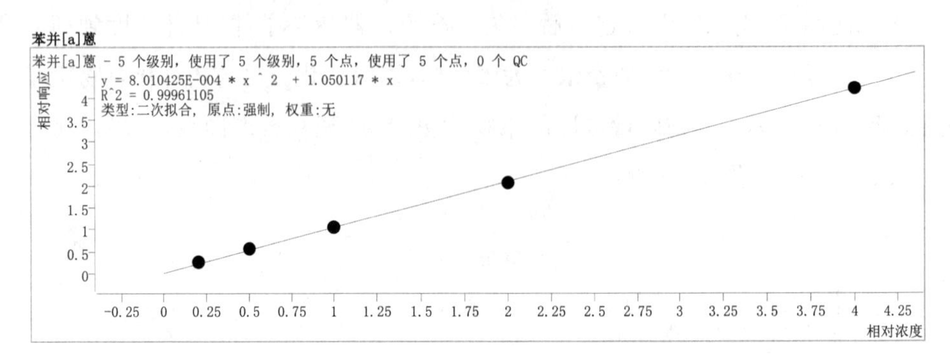

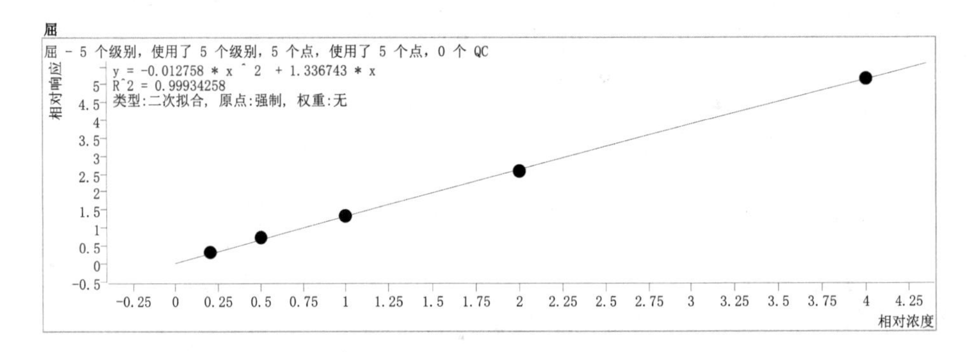

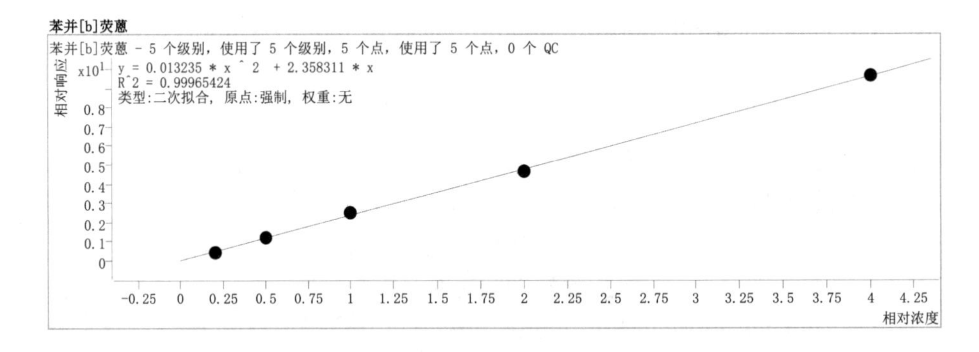

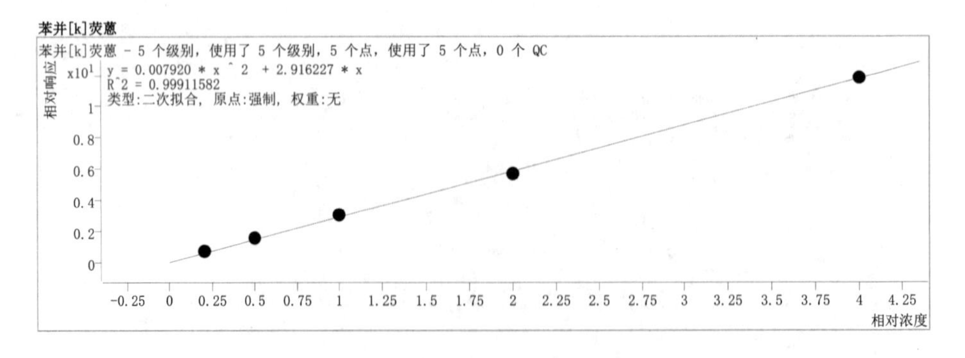

图 6-15 各目标化合物的校准曲线

定量校正报告

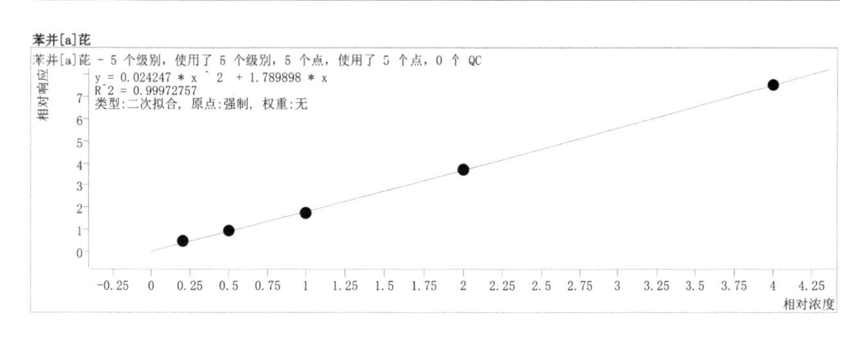

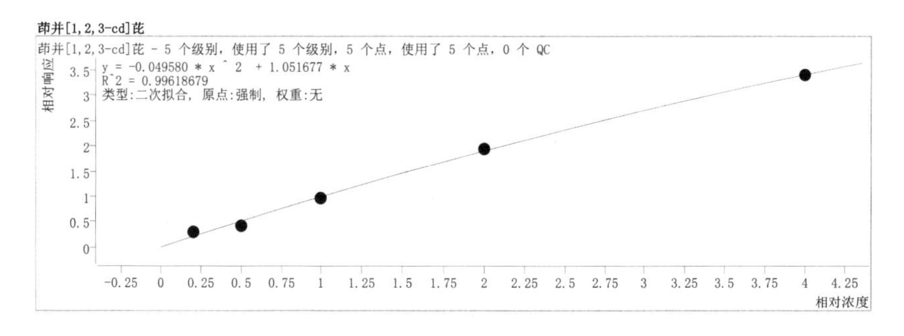

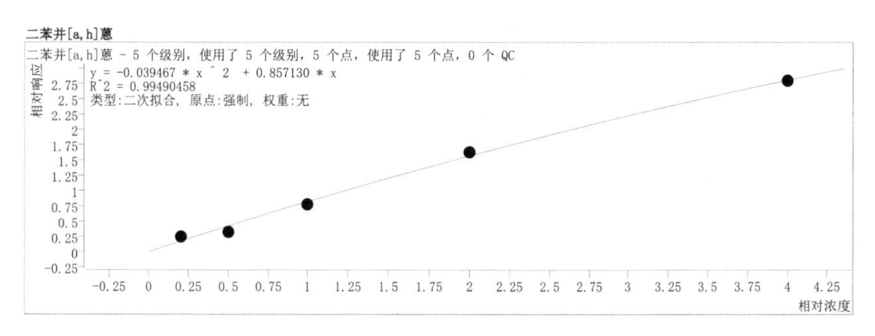

图 6-16　各目标化合物的校准曲线

6.7　结果计算与表示

6.7.1　定性分析

目标化合物以相对保留时间或保留时间与质谱图进行比较，进行定性，样品中目标化合物的相对保留时间与校准曲线中该目标化合物的相对保留时间的差值应在 0.06 min 以内。扣除谱图背景后，将实际样品的质谱图与校准确认标准溶液的质谱图进行比较，实际样品中目标化合物质谱图中特征离子的相对丰度变化应在校准确认标准溶液的 30%之内。

按照仪器参考条件进行分析，得到不同浓度各目标化合物的质谱总离子流图，记录目标化合物的保留时间和定量离子质谱峰的峰面积。硝基苯和多环芳烃的标准物质总离子流图如图 6-17 所示,各目标化合物的质谱参数见表 6-3。

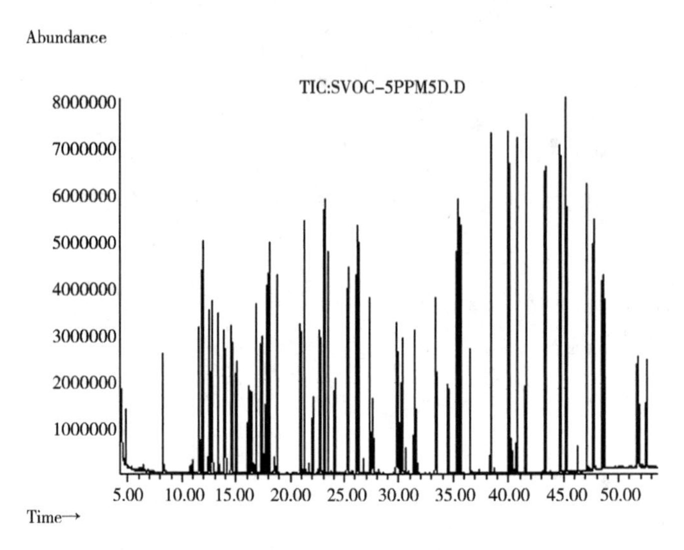

图 6-17 硝基苯和多环芳烃的总离子流图

表 6-3 各目标化合物的质谱参数

目标化合物	定量离子(m/z)	限定离子(m/z)
硝基苯-d_5(SS)	82	128,54
硝基苯	77	123,51
萘-d_8(IS)	136	108
萘	128	129
2-氟联苯(SS)	172	171,170
苊-d_8(IS)	164	162,160
菲-d_8(IS)	188	80
4,4′-三联苯-d_{14}(SS)	244	245,243
苯并[a]蒽	228	226,229
䓛-D_{12}(IS)	240	236,241
䓛	228	226,229
苯并[b]荧蒽	252	126,250
苯并[k]荧蒽	252	126,250
苯并[a]芘	252	250,253
苝-D_{12}(IS)	264	260,263
茚并[1,2,3,-cd]芘	276	138,274
二苯并[a,h]蒽	278	139,276

注:SS 为替代物,IS 为内标。

6.7.2　定量分析

在对目标化合物进行定性判断的基础上，根据定量离子的峰面积，采用内标法进行定量。当样品中目标化合物的定量离子有干扰时，允许使用辅助离子定量。根据样品溶液中目标化合物的峰面积，由校准曲线计算得到样品溶液中该化合物的浓度。

校准系列中第 i 点目标化合物的相对响应因子按照公式(6-1)进行计算：

$$RRF_{\mathrm{i}}=\frac{A_{\mathrm{i}}}{A_{\mathrm{ISi}}}\times\frac{\rho_{\mathrm{ISi}}}{\rho_{\mathrm{i}}} \tag{6-1}$$

式中：

RRF_{i}—— 校准系列中第 i 点目标化合物的相对响应因子；

A_{i}—— 校准系列中第 i 点目标化合物定量离子的响应值；

A_{ISi}—— 校准系列中第 i 点与目标化合物相对内标定量离子的响应值；

ρ_{ISi}—— 校准系列中内标物的质量浓度，μg/mL；

ρ_{i}—— 校准系列中第 i 点目标化合物的质量浓度，μg/mL。

校准系列中目标化合物的平均相对响应因子按照公式(6-2) 进行计算：

$$\overline{RRF}=\frac{\sum_{i=1}^{n}RRF_{\mathrm{i}}}{n} \tag{6-2}$$

式中：

$\overline{RRF}$—— 校准系列中目标化合物的平均相对响应因子；

RRF_{i}—— 校准系列中第 i 点目标化合物的相对响应因子；

n—— 校准系列点数。

土壤样品中目标化合物的含量按照公式(6-3) 进行计算：

$$\omega=\frac{A_{\mathrm{x}}\times\rho_{\mathrm{IS}}\times V_{\mathrm{x}}}{A_{\mathrm{IS}}\times\overline{RRF}\times \mathrm{m}\times W_{\mathrm{dm}}} \tag{6-3}$$

式中：

ω—— 样品中目标化合物的含量，mg/kg；

A_{x}—— 试样中目标化合物定量离子的峰面积；

ρ_{IS}—— 试样中内标的浓度，μg/mL；

V_{x}—— 试样的定容体积，mL；

A_{IS}—— 试样中内标化合物定量离子的峰面积；

$\overline{RRF}$—— 校准系列中目标化合物的平均相对响应因子；

m—— 土壤试样的质量(湿重)，g；

W_{dm}—— 土壤试样的干物质含量,%。

6.7.3 结果表示

当测定结果小于 1 mg/kg 时,小数点后位数的保留与方法检出限一致;当测定结果大于或等于 1 mg/kg 时,最多保留 3 位有效数字。

6.8 质量保证和控制

6.8.1 空白试验

每 20 个样品应至少分析一个空白试验,测定结果中目标化合物的浓度应不超过方法检出限,否则需检查试剂空白、仪器系统,以及前处理过程。

6.8.2 校准曲线

校准曲线中目标化合物相对响因子的相对偏差应小于或等于 20%,否则说明进样口或色谱柱存在干扰,需进行必要的维护。

连续进行分析时,每 24 h 分析一次校准曲线的中间浓度点,其测定结果与实际浓度值相对标准偏差应小于或等于 20%,否则须重新绘制校准曲线。

6.8.3 平行样品

每 20 个样品应至少分析一对平行样品,平行样品测定结果的相对偏差应小于 30%。

6.8.4 基体加标

每 20 个样品应至少分析一个基体加标样品,土壤加标样品回收率应控制在 40%~150%。

6.8.5 替代物的回收率

实验室应建立替代物加标回收率控制图,按同一批样品(20~30 个)进行统计,剔除离群值,计算替代物的平均回收率及相对标准偏差 S,替代物的平均回收率应控制在 p±3 S 内。

6.9 注意事项

(1)在对未知高浓度样品进行分析前,应在相同条件的气相色谱仪上进行初步筛查,防止高浓度有机物对气相色谱-质谱系统的污染。

(2)半挥发性有机物中属于较易挥发的化合物(如苯酚、萘、硝基苯等)在浓缩时会有损失。采用氮吹浓缩时应注意控制氮气流量,不要有明显涡流。

(3)彻底清洗所用的玻璃器皿,以消除干扰物质。先用热水加清洁剂清洗,再用自来水和不含有机物的试剂水淋洗,在 130 ℃的环境下烘干 2~3 h,在干净的环境中保存。

(4)实验中产生的废液和废物应集中收集、统一保管,并送具有资质的单位统一处理。

7　苯胺和3,3′-二氯联苯胺的测定　气相色谱-质谱法

警告：实验中所使用的内标、替代物和标准样品均为易挥发的有毒化学品，其溶液配制须在通风橱中进行操作，操作时须按规定佩戴防护器具，同时避免接触皮肤和衣物。

7.1　适用范围

本方法适用于土壤和沉积物中苯胺和3,3′-二氯联苯胺的筛查和定量分析。当取样量为10 g，浓缩后定容体积为1 mL时，采用全扫描方式测定，苯胺的方法检出限为0.3 mg/kg，测定下限为1.2 mg/kg；3,3′-二氯联苯胺的方法检出限为0.1 mg/kg，测定下限为0.4 mg/kg。

7.2　方法原理

土壤中的苯胺采用加压流体萃取法提取，根据样品基体干扰情况选择合适的净化方法，对提取液净化、浓缩、定容后，经气相色谱分离、质谱检测。根据标准物质质谱图、保留时间、碎片离子质荷比及其丰度定性，内标法定量。

7.3　试剂和材料

(1)二氯甲烷(CH_2Cl_2)：色谱纯，赛默飞世尔科技(中国)有限公司。

(2)正己烷(C_6H_{14})：色谱纯，赛默飞世尔科技(中国)有限公司。

(3)丙酮(CH_3COCH_3)：色谱纯，赛默飞世尔科技(中国)有限公司。

(4)五水合硫代硫酸钠($Na_2S_2O_3 \cdot 5H_2O$)：优级纯。

(5)氨水($NH_3 \cdot H_2O$)：$\omega=10\%$，分析纯。

(6)正己烷-丙酮混合溶剂：1+1(v/v)。

(7)二氯甲烷-丙酮混合溶剂：2+1(v/v)。

(8)苯胺标准贮备液：$\rho=100$ mg/L，市售有证标准溶液，环己烷介质，于20 ℃的环境下密封、避光保存。

(9)苯胺标准使用液：ρ＝40 mg/L，用二氯甲烷稀释苯胺标准贮备液配制，浓度为40 mg/L，密封、避光保存，保质期为3个月。

(10)3,3′-二氯联苯胺标准贮备液：ρ＝100 mg/L，市售有证标准溶液，环己烷介质，于20 ℃的环境下密封、避光保存。

(11)3,3′-二氯联苯胺标准使用液：ρ＝40 mg/L，用二氯甲烷稀释3,3′-二氯联苯胺标准贮备液配制，浓度为40 mg/L，密封、避光保存，保质期为3个月。

(12)内标贮备液：内标物1为苯胺-d_5，ρ＝2000 mg/L，市售有证标准溶液，二氯甲烷介质，于－18 ℃的环境下冷冻、密封、避光保存；内标物2为1,4-二氯苯-d_4，ρ＝1000 mg/L，市售有证标准溶液，二氯甲烷介质，于－18 ℃的环境下冷冻、密封、避光保存。

(13)内标使用液：内标1为苯胺-d_5，ρ＝40 mg/L，用二氯甲烷稀释内标贮备液配制，浓度为40 mg/L，于－18 ℃的环境下冷冻、密封、避光保存，保质期为3个月；内标2为1,4-二氯苯-d_4，ρ＝200 mg/L，用二氯甲烷稀释内标贮备液配制，浓度为200 mg/L，于－18 ℃的环境下冷冻、密封、避光保存，保质期为3个月。

(14)替代物贮备液：ρ＝1000 mg/L，市售有证标准溶液，二氯甲烷介质，于－18 ℃的环境下冷冻、密封、避光保存。

(15)替代物标准使用液：ρ＝40 mg/L，用二氯甲烷稀释替代物标准贮备液配制，浓度为40 mg/L，于－18 ℃的环境下冷冻、密封、避光保存，保质期为3个月。

(16)十氟三苯基膦(DFTPP)：ρ＝50 mg/L，市售标准溶液。

(17)优级纯粒状硅藻土：250～900 μm(20～60目)。

(18)无水硫酸钠(Na_2SO_4)：分析纯。

(19)市售硅酸镁净化小柱：填料为硅酸镁，1000 mg，柱体积为6 mL。

(20)石英砂：0.150～0.450 mm(100～40目)。

(21)氮气(N_2)：纯度大于或等于99.99%。

(22)氦气(He)：纯度大于或等于99.99%。

7.4 仪器和设备

(1)气相色谱-质谱仪：安捷伦科技有限公司，8890-5977B气相色谱-质谱联用仪。

(2)毛细管色谱柱：安捷伦科技有限公司，DB-5MSUI，30 m×0.25 mm×0.25 μm。

(3)加压流体萃取装置：步琦实验室设备贸易(上海)有限公司。

(4)玻璃瓶：250 mL，具聚四氟乙烯密封垫和密封盖的玻璃瓶。

(5)多样品平行蒸发仪:步琦实验室设备贸易(上海)有限公司。

(6)氮吹浓缩仪。

(7)固相萃取装置。

(8)一般实验室常用仪器和设备。

7.5 样品

7.5.1 样品的保存

样品采集后于洁净的具聚四氟乙烯衬垫的棕色螺口玻璃瓶中保存。运输过程中,应冷藏、避光、密封,尽快运回实验室进行分析。如果暂不能进行分析,于−18 ℃的环境下冷冻保存,保存时间为 28 d。

7.5.2 样品提取

称取 10 g(10.00～10.10 g)样品于干净的烧杯中,加入 1 勺硅藻土分散混匀备用。取洗净的 40 mL 萃取池拧开底盖,垂直倒置放在水平台面上。将专用的玻璃纤维滤膜放置于其底部,旋上底盖,翻转萃取池,顶部放置专用漏斗,加入 2 勺硅藻土,将制备好的土壤样品全部转移至小烧杯,加入约 1 g 硅藻土,与样品混合均匀,按编号将试样依次通过专用漏斗小心转移至萃取池(如图 7-1)。移去漏斗,加入 100 μL 替代物使用液、100 μL 内标苯胺-d_5 使用液(如图 7-2),盖上专用的玻璃纤维滤膜。

图 7-1 转移样品

图 7-2 添加使用液

竖直平稳地拿起萃取池,将其竖直平稳地放入加压流体萃取装置的样品盘中,按以下萃取条件进行萃取(如图 7-3)。

①萃取溶剂为丙酮-正己烷(1+1)(含适量氨水);

②加热温度为 50 ℃;

③萃取池压力为 120 bar;

④预加热平衡时间为 5 min;

⑤静态萃取时间为 10 min;

⑥氮气吹扫时间为 3 min;

⑦静态萃取次数为 2 次。

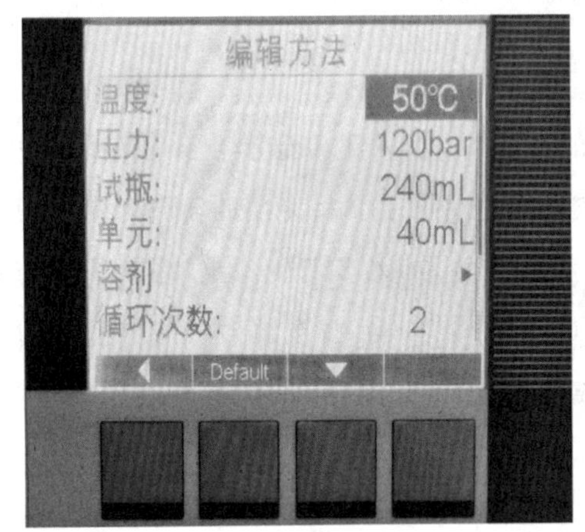

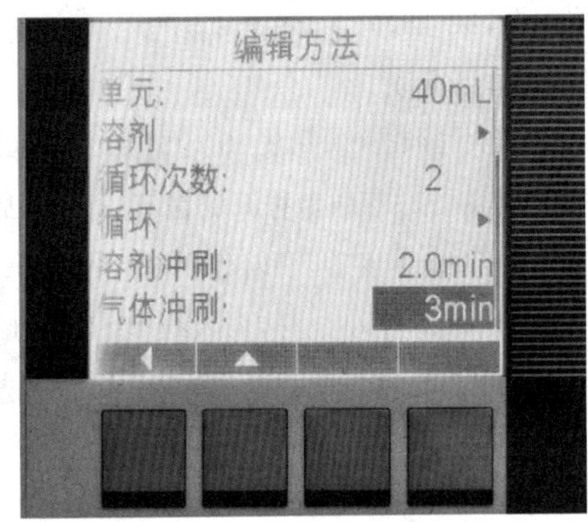

图 7-3 加速溶剂萃取条件设定

7.5.3 提取液浓缩

根据实验要求设定平行浓缩条件(如图 7-4),启动冷水机,让冷却水预冷到所需温度。按 START 键打开主机,调节设定温度,让设备预热,将干燥好的萃取液转移至浓缩管中,按顺序放入浓缩仪中,盖上密封盖,并用螺母将加热盖固定。通过旋钮调整转速,最高转速为 300 r/min,根据实验需求调整转速。打开冷却水,使尾管部分接通冷水,防止样品被蒸干。启动真空泵,调出预先保存的方法模式点击 START 键,开始程序。浓缩至小体积后取出浓缩管,进行净化。

图 7-4　平行浓缩条件设定

7.5.4　净化

将硅酸镁净化小柱固定在固相萃取装置上（如图 7-5），用 10 mL 二氯甲烷淋洗小柱，加入 5 mL 正己烷，待柱充满后关闭流速控制阀，浸 5 min。缓慢打开控制阀，继续加入 5 mL 正己烷，在填料暴露于空气之前关闭控制阀，弃去流出液。将浓缩后的提取液转移至小柱中，用 2 mL 正己烷分 2 次洗涤浓缩器皿，洗液全部转入小柱中。缓慢打开控制阀，在填料暴露于空气之前关闭控制阀，加入 10 mL 二氯甲烷-丙酮混合溶剂（2+1），浸 1 min。缓缓打开控制阀，保持约 2 mL/min 的速率，收集全部洗脱液。

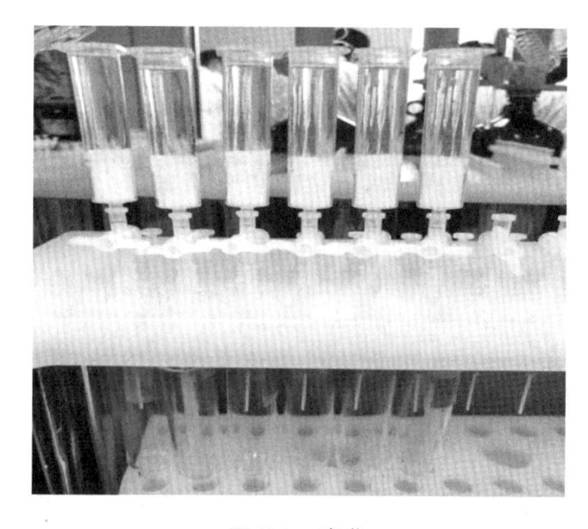

图 7-5　净化

7.5.5 浓缩

室温下，开启氮气至溶剂表面有细微涟漪（避免形成气涡）（如图 7-6）。将净化后的洗脱液浓缩至不少于 0.9 mL，正己烷定容至 1.0 mL（如图 7-7），加入 20 μL 内标液，摇匀。冷藏、避光保存，7 d 内测定。

图 7-6　氮吹浓缩

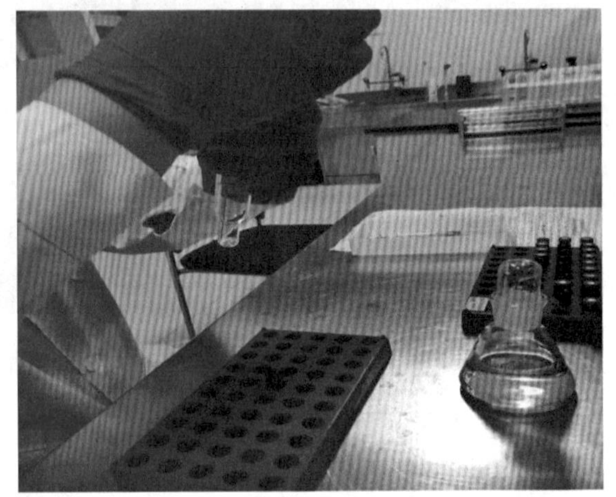

图 7-7　定容

7.5.6 空白试验

用石英砂代替样品，按照与制备试样相同的步骤进行空白试样的制备，在相同的仪器参考条件下进行分析测定。

7.5.7 干物质含量的测定

参照《土壤　干物质和水分的测定　重量法》执行。具盖容器和盖子于 105±5 ℃的环境下烘干 1 h，稍冷，盖好盖子，然后置于干燥器中至少冷却 45 min，测定带盖容器的质量 m_0，精确至 0.01 g。用样品勺将 10～15 g 冻干试样转移至称重的具盖容器中，盖上容器盖，测定总质量 m_1，精确至 0.01 g。取下容器盖，将容器和冻干样品一同放入烘箱中，在 105±5 ℃的环境下烘干至恒重，同时烘干容器盖，盖上容器盖，置于干燥器中冷却 45 min，取出后立即测定带盖容器和烘干土壤的总质量 m_2，精确至 0.01 g。

7.6 分析步骤

7.6.1 仪器参考条件

（1）气相色谱参考条件。进样口温度为 190 ℃；进样方式为不分流进样；进样量为 1 μL；柱流量为 1 mL/min（恒流）。升温程序，初始温度为 50 ℃，不保持，以 10 ℃/min

的速率升至 320 ℃，保持 1 min，以 20 ℃/min 的速率升至 340 ℃，保持 2 min。(如图 7-8～图 7-11)

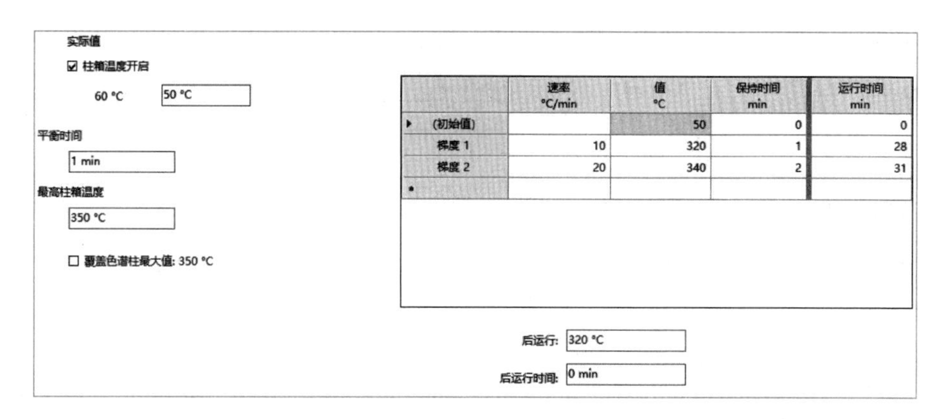

图 7-8　程序升温条件设定

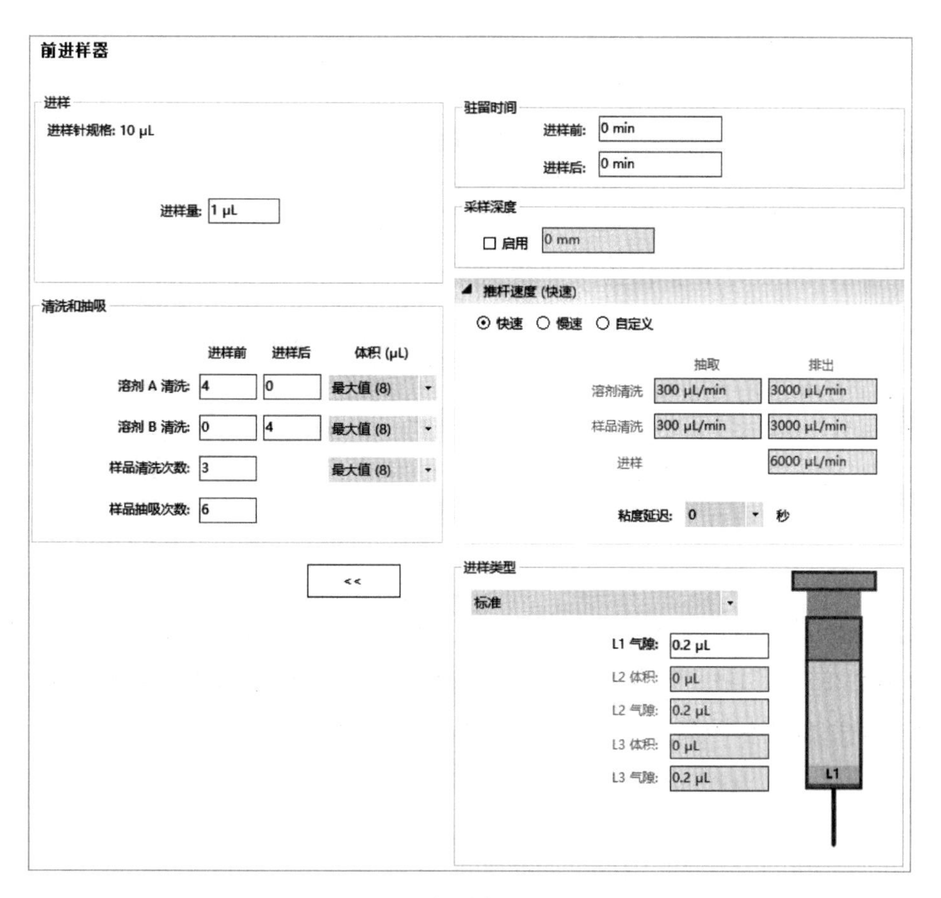

图 7-9　前进样器条件设定

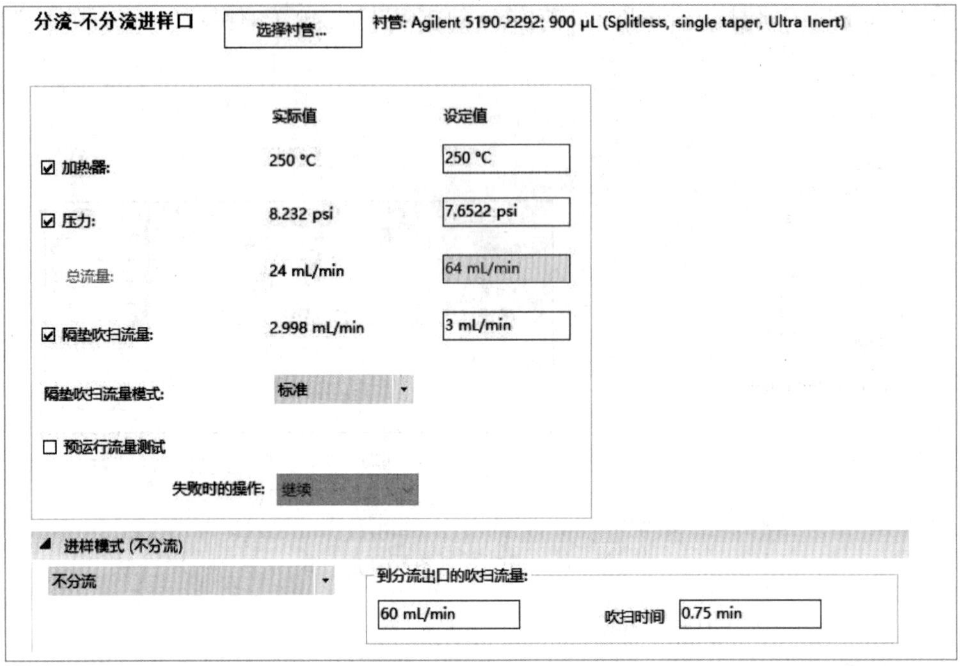

分流-不分流进样口　选择衬管...　衬管: Agilent 5190-2292: 900 μL (Splitless, single taper, Ultra Inert)

实际值　设定值

☑ 加热器:　250 ℃　250 ℃

☑ 压力:　8.232 psi　7.6522 psi

总流量:　24 mL/min　64 mL/min

☑ 隔垫吹扫流量:　2.998 mL/min　3 mL/min

隔垫吹扫流量模式:　标准

☐ 预运行流量测试

失败时的操作:　继续

◢ 进样模式 (不分流)

不分流

到分流出口的吹扫流量:　60 mL/min　吹扫时间　0.75 min

图 7-10　进样口条件设定

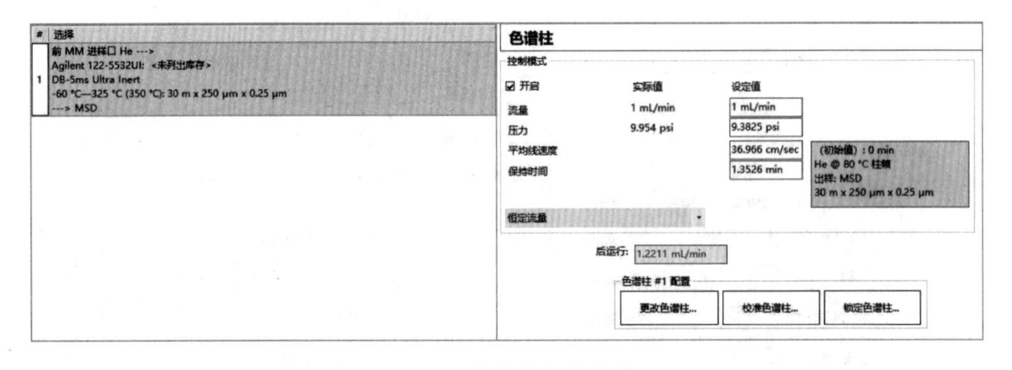

图 7-11　色谱柱条件设定

(2)质谱参考条件。离子源为 EI 源;离子源温度为 230 ℃;离子化能量为 70 eV;接口温度为 250 ℃。扫描范围为 35～450 amu;溶剂延迟时间为 3 min。数据采集方式为全扫描。质谱参考条件如图 7-12 所示,质谱调谐结果如图 7-13 所示。

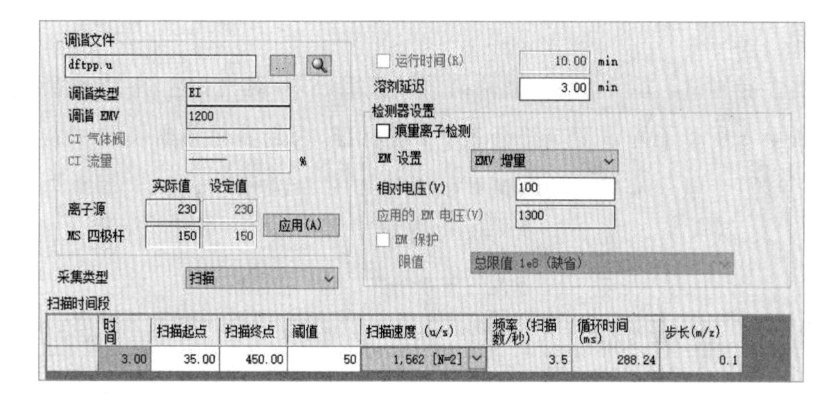

图 7-12　质谱参考条件

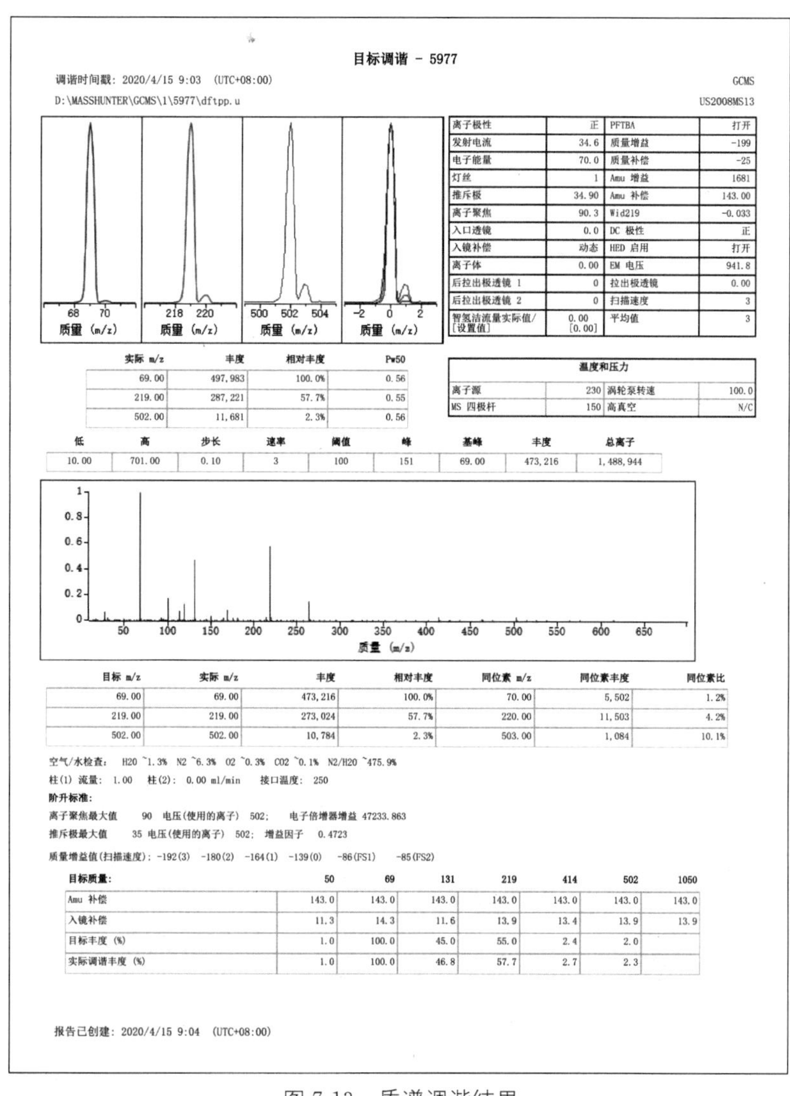

目标调谐 - 5977

调谐时间戳：2020/4/15 9:03　(UTC+08:00)　　GCMS

D:\MASSHUNTER\GCMS\1\5977\dftpp.u　　US2008MS13

离子极性	正	PFTBA	打开
发射电流	34.6	质量增益	-199
电子能量	70.0	质量补偿	-25
灯丝	1	Amu 增益	1681
推斥极	34.90	Amu 补偿	143.00
离子聚焦	90.3	Wid219	-0.033
入口透镜	0.0	DC 极性	正
入镜补偿	动态	HED 启用	打开
离子体	0.00	EM 电压	941.8
后拉出极透镜 1	0	拉出极透镜	0.00
后拉出极透镜 2	0	扫描速度	3
智氢洁流量实际值/[设置值]	0.00 [0.00]	平均值	3

实际 m/z	丰度	相对丰度	Pw50
69.00	497,983	100.0%	0.56
219.00	287,221	57.7%	0.55
502.00	11,681	2.3%	0.56

温度和压力			
离子源	230	涡轮泵转速	100.0
MS 四极杆	150	高真空	N/C

低	高	步长	速率	阈值	峰	基峰	丰度	总离子
10.00	701.00	0.10	3	100	151	69.00	473,216	1,488,944

目标 m/z	实际 m/z	丰度	相对丰度	同位素 m/z	同位素丰度	同位素比
69.00	69.00	473,216	100.0%	70.00	5,502	1.2%
219.00	219.00	273,024	57.7%	220.00	11,503	4.2%
502.00	502.00	10,784	2.3%	503.00	1,084	10.1%

空气/水检查：　H20 ~1.3%　N2 ~6.3%　02 ~0.3%　CO2 ~0.1%　N2/H20 ~475.9%

柱(1) 流量：1.00　柱(2)：0.00 ml/min　接口温度：250

阶升标准：

离子聚焦最大值　90　电压(使用的离子) 502；　电子倍增器增益 47233.863

推斥极最大值　35 电压(使用的离子) 502；增益因子　0.4723

质量增益值(扫描速度)：-192(3)　-180(2)　-164(1)　-139(0)　-86(FS1)　-85(FS2)

目标质量：	50	69	131	219	414	502	1050
Amu 补偿	143.0	143.0	143.0	143.0	143.0	143.0	143.0
入镜补偿	11.3	14.3	11.6	13.9	13.4	13.9	13.9
目标丰度 (%)	1.0	100.0	45.0	55.0	2.4	2.0	
实际调谐丰度 (%)	1.0	100.0	46.8	57.7	2.7	2.3	

报告已创建：2020/4/15 9:04　(UTC+08:00)

图 7-13　质谱调谐结果

7.6.2　校准

（1）仪器性能测试。取 1 μL 质谱调谐溶液直接进样，对气相色谱-质谱系统进行仪器性能测试，所得质量离子的丰度应符合表 7-1 的标准，否则需对质谱仪的一些参数进行调整或清洗离子源，十氟三苯基膦的调谐评估报告如图 7-14 所示。

表 7-1　十氟三苯基膦离子的丰度标准

质荷比	离子丰度标准	质荷比	离子丰度标准
51	强度为 198 碎片的 30%～60%	199	强度为 198 碎片的 5%～9%
68	强度小于 69 碎片的 2%	275	强度为 198 碎片的 10%～30%
70	强度小于 69 碎片的 2%	365	强度大于 198 碎片的 1%
127	强度为 198 碎片的 40%～60%	441	存在但不超过 443 碎片的强度
197	强度小于 198 碎片的 1%	442	强度大于 198 碎片的 40%
198	基峰，相对强度 100%	443	强度为 442 碎片的 17%～23%

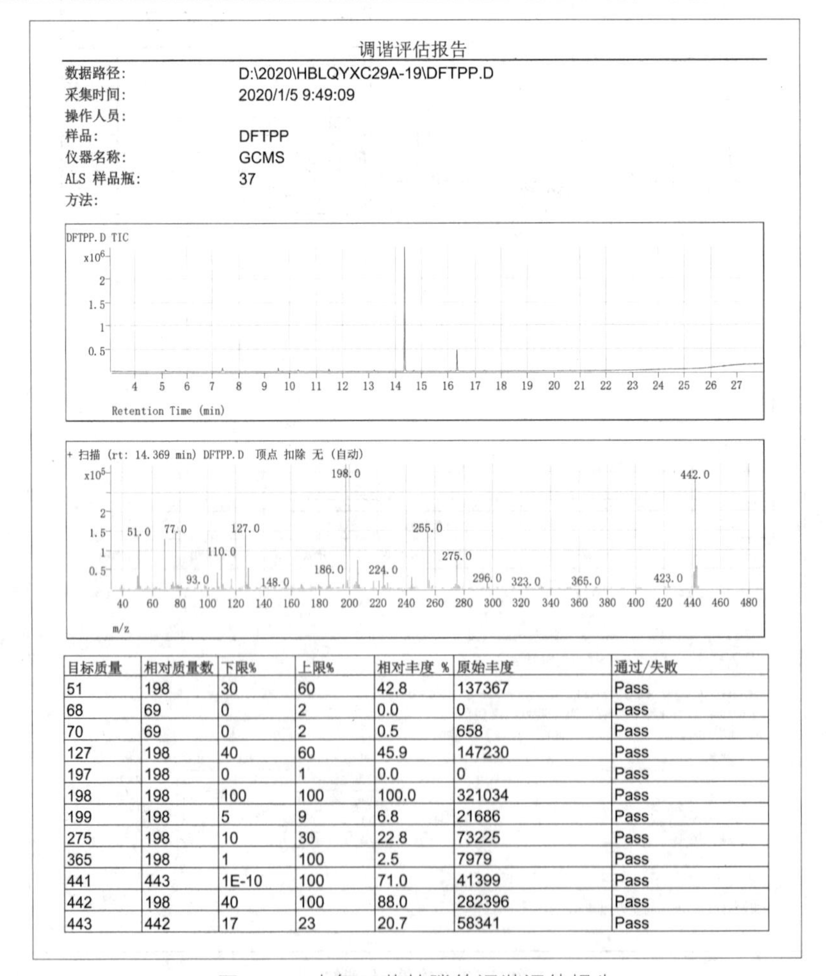

调谐评估报告

数据路径：D:\2020\HBLQYXC29A-19\DFTPP.D
采集时间：2020/1/5 9:49:09
操作人员：
样品：DFTPP
仪器名称：GCMS
ALS 样品瓶：37
方法：

目标质量	相对质量数	下限%	上限%	相对丰度 %	原始丰度	通过/失败
51	198	30	60	42.8	137367	Pass
68	69	0	2	0.0	0	Pass
70	69	0	2	0.5	658	Pass
127	198	40	60	45.9	147230	Pass
197	198	0	1	0.0	0	Pass
198	198	100	100	100.0	321034	Pass
199	198	5	9	6.8	21686	Pass
275	198	10	30	22.8	73225	Pass
365	198	1	100	2.5	7979	Pass
441	443	1E-10	100	71.0	41399	Pass
442	198	40	100	88.0	282396	Pass
443	442	17	23	20.7	58341	Pass

图 7-14　十氟三苯基膦的调谐评估报告

(2)校准曲线的绘制。分别取一定量的苯胺标准使用液和替代物标准溶液于进样小瓶中,加入内标物使用液,用二氯甲烷稀释,并定容至 1 mL,使苯胺和替代物硝基苯-d_5 的质量浓度分别为 0.5 μg/mL、1 μg/mL、1.5 μg/mL、2 μg/mL 和 5 μg/mL。内标 1 和内标 2 的质量浓度均为 4 μg/mL。按照仪器参考条件,从低浓度到高浓度依次进样分析。以目标化合物的质量浓度为横坐标,以目标化合物与内标化合物定量离子响应值的比值和内标化合物质量浓度的乘积为纵坐标,绘制校准曲线。(如图 7-15～图 7-17)

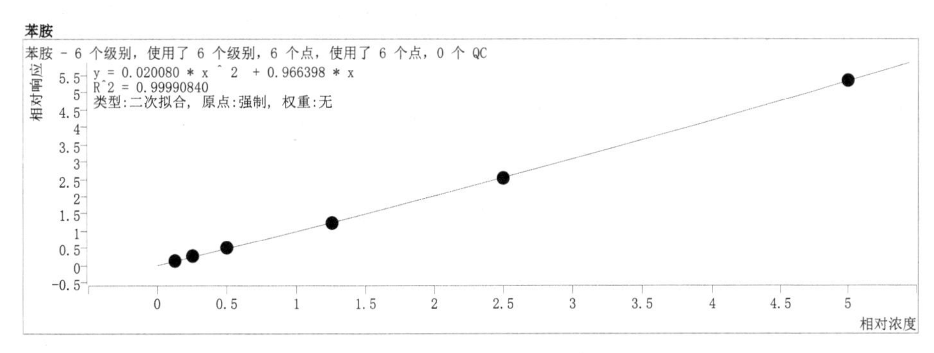

图 7-15　苯胺校准曲线

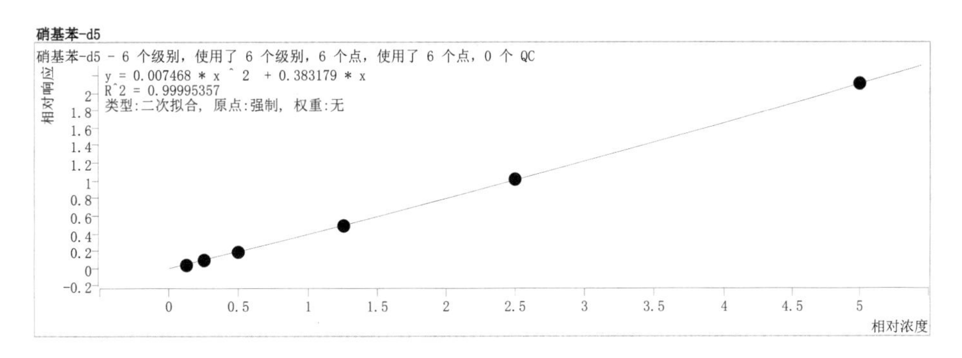

图 7-16　硝基苯-d_5 校准曲线

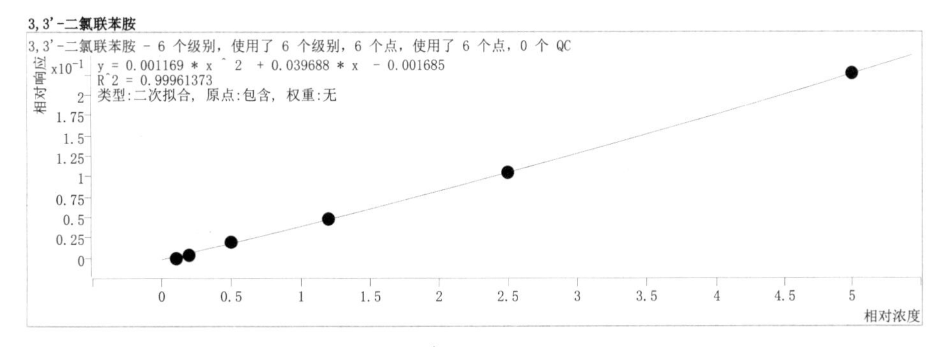

图 7-17　3,3′-二氯联苯胺校准曲线

7.7 结果计算与表示

7.7.1 定性分析

目标化合物以相对保留时间或保留时间与质谱图进行比较，进行定性，样品中目标化合物的相对保留时间与校准曲线中该目标化合物应相对保留时间的差值应在0.06 min以内。扣除谱图背景后，将实际样品的质谱图与校准确认标准溶液的质谱图进行比较，实际样品中目标化合物质谱图中特征离子的相对丰度变化应在校准确认标准溶液的30%之内。

按照仪器参考条件进行分析，得到不同浓度各目标化合物的质谱总离子流图，记录目标化合物的保留时间和定量离子质谱峰的峰面积。苯胺和3,3′-二氯联苯胺的标准物质总离子流图如图7-18所示，苯胺类化合物的保留时间和质谱参数见表7-2。

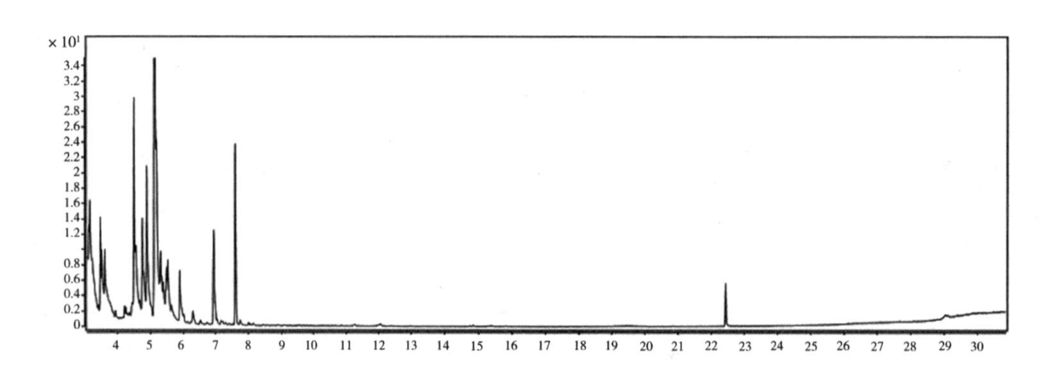

图7-18 苯胺和3,3′-二氯联苯胺的总离子流图

表7-2 苯胺类化合物的保留时间和质谱参数

目标化合物	保留时间(min)	定量离子(m/z)	辅助离子(m/z)
苯胺-d_5(内标)	5.25	98	71,70
苯胺	5.29	93	66,65
硝基苯-d_5(内标)	6.94	82	54,128
3,3′-二氯联苯胺	22.44	152	154

7.7.2 定量分析

样品中目标化合物的含量按照公式(7-1)进行计算：

$$\omega = \frac{\rho_x \times V_x \times F}{m \times W_{dm}} \tag{7-1}$$

式中：

ω——样品中目标化合物的含量，mg/kg；

ρ_x——由标准曲线计算所得试样中目标化合物的质量浓度，μg/mL；

V_x——试样的定容体积，mL；

F——试样的稀释倍数；

m——土壤试样的质量（湿重），g；

W_{dm}——土壤试样的干物质含量，%。

7.7.3　结果表示

当测定结果小于 1 mg/kg 时，小数点后位数的保留与方法检出限一致；当测定结果大于或等于 1 mg/kg 时，最多保留 3 位有效数字。

7.8　质量保证和控制

7.8.1　空白试验

每 20 个样品应至少分析一个空白试验，测定结果中目标化合物的浓度应不超过方法检出限，否则需检查试剂空白、仪器系统，以及前处理过程。

7.8.2　校准曲线

校准曲线中目标化合物相对响因子的相对偏差应小于或等于 20%，否则说明进样口或色谱柱存在干扰，需进行必要的维护。

连续进行分析时，每 24 h 分析一次校准曲线的中间浓度点，其测定结果与实际浓度值相对标准偏差应小于或等于 20%，否则须重新绘制校准曲线。

7.8.3　平行样品

每 20 个样品应至少分析一对平行样品，平行样品测定结果的相对偏差应小于 30%。

7.8.4　基体加标

每 20 个样品应至少分析一个基体加标样品，土壤加标样品回收率应控制在 60%～140%。

7.8.5　替代物的回收率

实验室应建立替代物加标回收率控制图，按同一批样品（20～30 个）进行统计，剔除离群值，计算替代物的平均回收率及相对标准偏差 S，替代物的平均回收率应控制在 p±3 S 内。

7.9　注意事项

（1）因为在使用加压流体萃取时使用了氨水，所以萃取完成后需要用丙酮将仪器的所用管线冲洗干净。

(2)当转移萃取池中的试样或清洗萃取池时,应避免萃取池内壁出现划痕,从而影响萃取效果。

(3)使用过的萃取池应进行彻底清洗,以免造成样品交叉污染,或残留样品堵塞萃取池内的不锈钢砂过滤垫。具体清洗方法是将萃取池全部拆开,用热水、有机溶剂和实验用水分别在超声波清洗器中依次清洗。

8 有机氯农药的测定 气相色谱-质谱法

警告:实验中所使用的内标、替代物和标准样品均为易挥发的有毒化学品,其溶液配制须在通风橱中进行操作,操作时须按规定佩戴防护器具,同时避免接触皮肤和衣物。

8.1 适用范围

本方法适用于土壤中 14 种有机氯农药的测定。当取样量为 20 g,浓缩后定容体积为 1 mL 时,采用全扫描方式测定,各目标化合物的方法检出限为 0.01～0.08 mg/kg,测定下限为 0.04～0.32 mg/kg,见表 8-1。

表 8-1 各目标化合物的方法检出限及测定下限

目标化合物	方法检出限(mg/kg)	测定下限(mg/kg)
α-六六六	0.03	0.12
六氯苯	0.03	0.12
β-六六六	0.03	0.12
δ-六六六	0.06	0.24
七氯	0.01	0.04
α-氯丹	0.02	0.08
γ-氯丹	0.02	0.08
α-硫丹	0.06	0.24
p,p′-DDE	0.04	0.16
β-硫丹	0.06	0.24
p,p′-DDD	0.08	0.32
o,p′-DDT	0.08	0.32
p,p′-DDT	0.08	0.32
灭蚁灵	0.01	0.04

8.2 方法原理

土壤中的有机氯农药采用加压流体萃取，根据样品的基体干扰情况选择铜粉脱硫，然后用硅酸镁柱对提取液净化，再浓缩、定容，经气相色谱分离、质谱检测。根据标准物质质谱图、保留时间、碎片离子质荷比及其丰度定性，内标法定量。

8.3 试剂和材料

(1)丙酮(C_3H_6O)：色谱纯，赛默飞世尔科技(中国)有限公司。

(2)正己烷(C_6H_{14})：色谱纯，赛默飞世尔科技(中国)有限公司。

(3)二氯甲烷(CH_2Cl_2)：色谱纯，赛默飞世尔科技(中国)有限公司。

(4)硅酸镁净化小柱：1 g，6 mL。

(5)无水硫酸钠(Na_2SO_4)：优级纯，在马弗炉中 450 ℃的环境下烘烤 4 h，冷却后贮存于磨口玻璃瓶中，存放在干燥器中备用。

(6)十氟三苯基膦(DFTPP)：艾酷标准有限公司，ρ=100 mg/L，用二氯甲烷稀释成 50 mg/L。

(7)有机氯农药标准贮备液：上海安谱实验科技股份有限公司，有机氯农药混标，介质为正己烷，浓度为 1000 μg/mL。

(8)有机氯农药标准使用液：用正己烷稀释有机氯农药混标至 10 mL，在 10 mL 安培瓶中混匀，得到浓度为 100 μg/mL 的标准中间液，再用正己烷稀释配制得到浓度为 2 μg/mL(含 2,4,5,6-四氯间二甲苯和氯菌酸二丁酯两种替代物)的混合标准使用液Ⅰ和浓度为 10 μg/mL(含 2,4,5,6-四氯间二甲苯和氯菌酸二丁酯两种替代物)的混合标准使用液Ⅱ，放入冰箱冷藏备用。

(9)内标使用液：上海安谱实验科技股份有限公司，内标(萘-d_8、苊-d_{10}、菲-d_{10}、䓛-d_{12}、苝-d_{12})储备液浓度为 200 μg/mL，介质为二氯甲烷，用正己烷稀释内标储备液置于 10 mL 安培瓶中混匀，得到浓度为 20 μg/mL 的使用液，放入冰箱冷藏备用。

(10)替代物标准使用液：艾酷标准有限公司，替代物标准储备液 2,4,5,6-四氯间二甲苯，介质为正己烷，浓度为 1000 μg/mL；艾酷标准有限公司，氯菌酸二丁酯，介质为丙酮，浓度为 4000 μg/mL。用正己烷稀释替代物标准储备液，得到浓度为 10 μg/mL 的替代物中间液，放入冰箱冷藏备用。替代物添加到每个土壤样品、空白样品和加标样品中来监控分析过程的准确度。

(11)铜粉(Cu)：纯度为 99.5%。

8.4 仪器和设备

(1)气相色谱质谱仪:安捷伦科技有限公司,8890-5977B,配自动进样器。

(2)加速溶剂萃取仪:赛默飞世尔科技(中国)有限公司。

(3)氮吹浓缩仪:上海安谱实验科技股份有限公司。

(4)毛细管色谱柱:安捷伦科技有限公司,DB-5MSUI,30 m×0.25 mm×0.25 μm。

(5)微量注射器:10 μL、25 μL、50 μL、100 μL、250 μL和1000 μL。

(6)采样瓶:具磨口玻璃塞的棕色样品瓶。

(7)收集瓶:250 mL。

(8)具聚四氟乙烯螺旋盖的棕色小瓶:2 mL。

(9)浓缩管:60 mL、10 mL。

(10)天平:精度为0.01 g。

(11)一般实验室常用仪器和设备。

8.5 样品

8.5.1 样品的保存

样品采集后于洁净的具磨口玻璃塞的棕色样品瓶中保存。运输过程中,应在4 ℃以下的环境中密封、避光保存。如果不能及时进行分析,应在4 ℃以下的环境中密封、避光保存,保存时间不超过10 d。

8.5.2 干物质含量的测定

参照《土壤 干物质和水分的测定 重量法》执行。具盖容器和盖子于105±5 ℃的环境下烘干1 h,稍冷,盖好盖子,然后置于干燥器中至少冷却45 min,测定带盖容器的质量 m_0,精确至0.01 g。用样品勺将10～15 g冻干试样转移至称重的具盖容器中,盖上容器盖,测定总质量 m_1,精确至0.01 g。取下容器盖,将容器和冻干样品一同放入烘箱中,在105±5 ℃的环境下烘干至恒重,同时烘干容器盖,盖上容器盖,置于干燥器中冷却45 min,取出后立即测定带盖容器和烘干土壤的总质量 m_2,精确至0.01 g。

8.5.3 试样的制备

(1)萃取。首先在34 mL萃取池池底加入少量硅藻土,然后称取20 g(20.00～20.10 g)样品于干净的烧杯中(如图8-1),加入1勺硅藻土分散混匀后(如图8-2),转移至萃取池中,并用少量的硅藻土清洗烧杯2次,并转移至萃取池中。

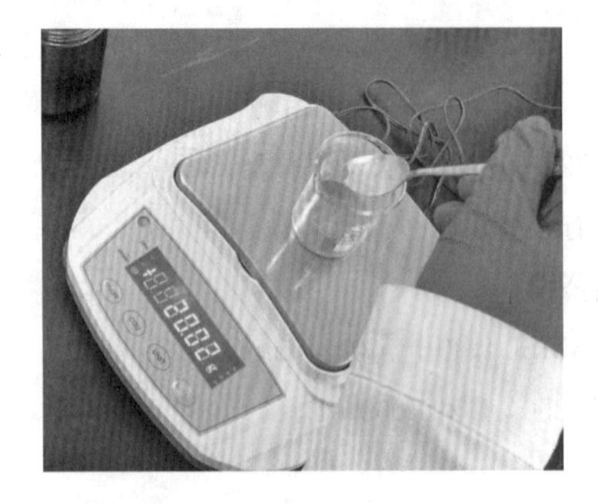

图 8-1 称样

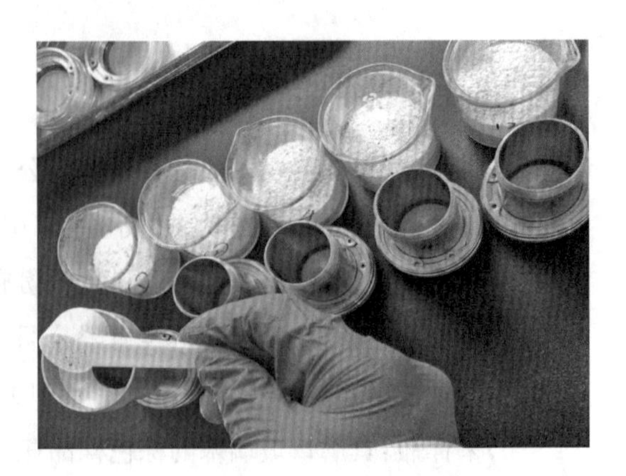

图 8-2 加入硅藻土

图 8-3 ASE 萃取条件设定

样品中加入 100 μL 替代物，旋紧盖子，按以下条件使用加速溶剂萃取仪萃取(如图 8-3)。

①萃取溶剂为丙酮-正己烷(1+1)；

②加热温度为 100 ℃；

③萃取池压力为 1500 psi；

④预加热平衡时间为 5 min；

⑤静态萃取时间为 5 min；

⑥溶剂淋洗体积为 50%池体积；

⑦氮气吹扫时间为 40 s；

⑧静态萃取次数为 2 次。

(2)浓缩。提取剂用无水硫酸钠干燥，转移至氮吹管，使用氮吹浓缩仪氮吹浓缩(如图 8-4)。在室温条件下使用氮吹浓缩仪，开启氮气至溶剂表面有气流波动(避免形成气涡)，浓缩过程中，每半小时需将萃取液摇匀一次，浓缩至 2 mL。加入 5 mL 正己烷，并浓缩至约 1 mL，重复此浓缩过程 2 次，浓缩至 1 mL，待净化。如果提取液中含硫过多，需要在干燥时加入铜粉脱硫。

图 8-4 氮吹浓缩仪

(3)净化。将硅酸镁净化小柱固定在固相萃取装置上，用 10 mL 二氯甲烷淋洗小柱，加入 5 mL 正己烷，待柱充满后，关闭流速控制阀，浸 5 min。缓慢打开控制阀，继续加入 5 mL 正己烷，在填料暴露于空气之前关闭控制阀，弃去流出液(如图 8-5)。将浓缩后的提取液转移至小柱中，用 2 mL 洗脱剂分 2 次洗涤浓缩器皿，洗液全部转入小柱中。缓慢打开控制阀，在填料暴露于空气之前关闭控制阀，加入 10 mL 二氯甲烷-正己烷混合溶剂(1+1)，浸 1 min。缓缓打开控制阀，保持约 2 mL/min 的速率收集全部洗脱液。

(4)定容、加内标。净化后的试液再次氮吹浓缩至小体积，定容至 1 mL，转移至 2 mL 样品瓶中，加入 20 μL 内标液，待测(如图 8-6)。

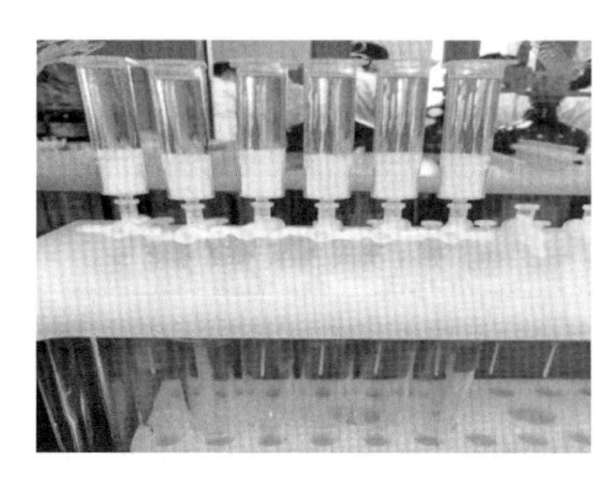

图 8-5 净化

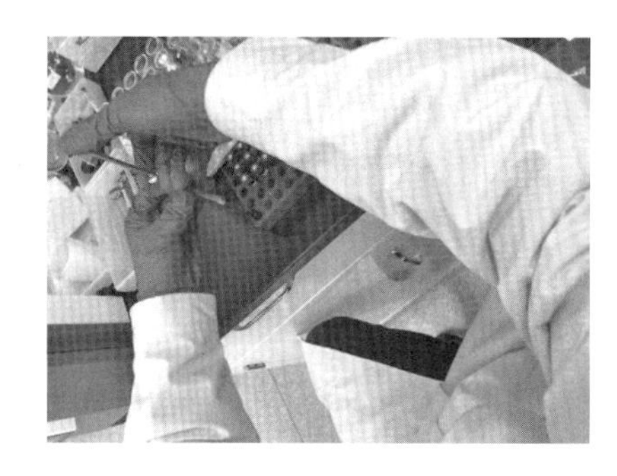

图 8-6 定容

(5)空白试验。用石英砂代替样品，按照与制备试样相同的步骤进行空白试样的制备，在相同的仪器参考条件下进行分析测定。

8.6 分析步骤

8.6.1 仪器参考条件

(1)气相色谱参考条件。进样口温度为 250 ℃；载气为氦气；不分流进样；进样量为 1 μL；柱流量为 1 mL/min(恒流)。升温程序，初始温度为 80 ℃，不保持，以 10 ℃/min 的速率升至 320 ℃，保持 1 min，以 20 ℃/min 的速率升至 340 ℃，保持 2 min。(如图 8-7～图 8-10)

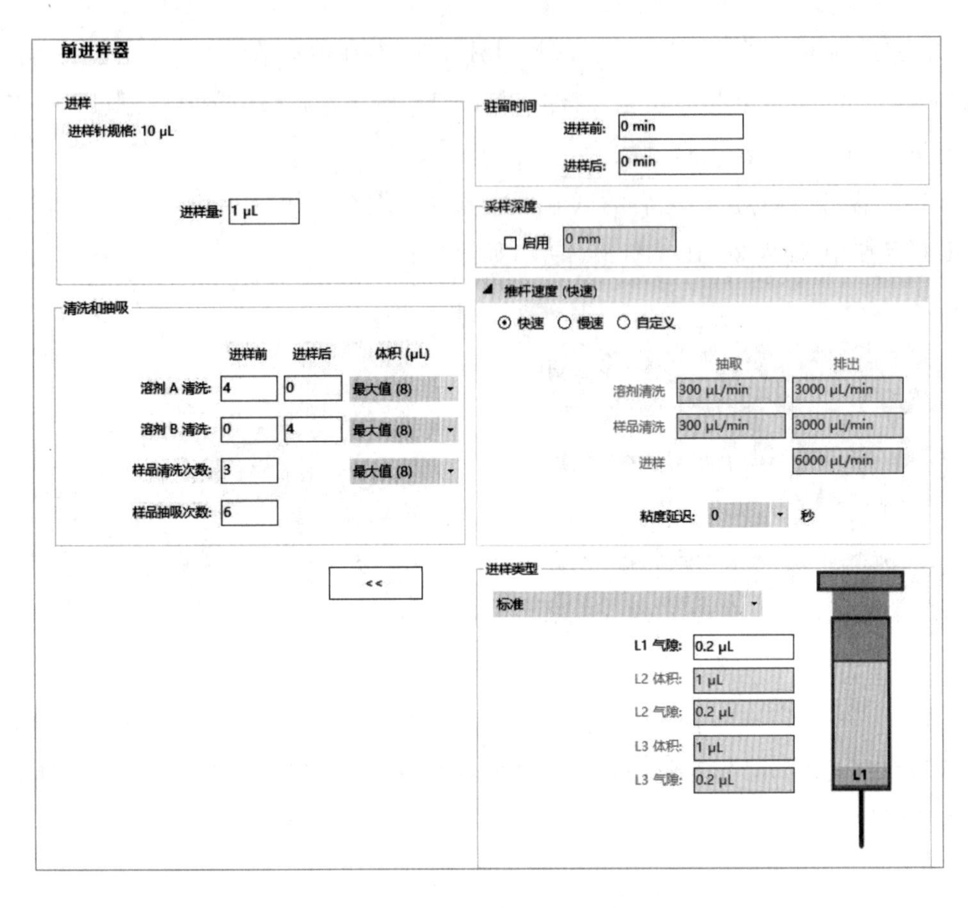

图 8-7 前进样器条件设定

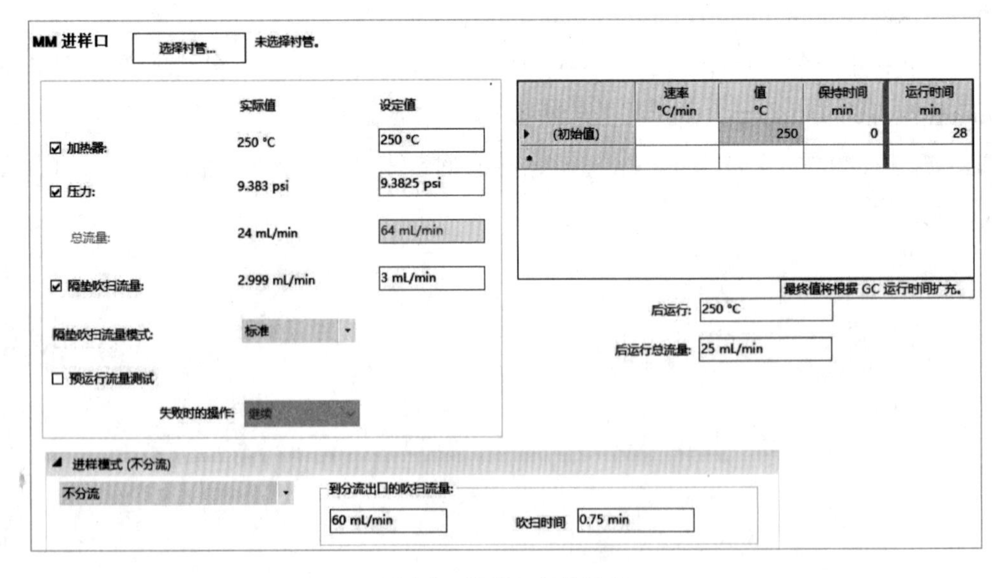

图 8-8 进样口条件设定

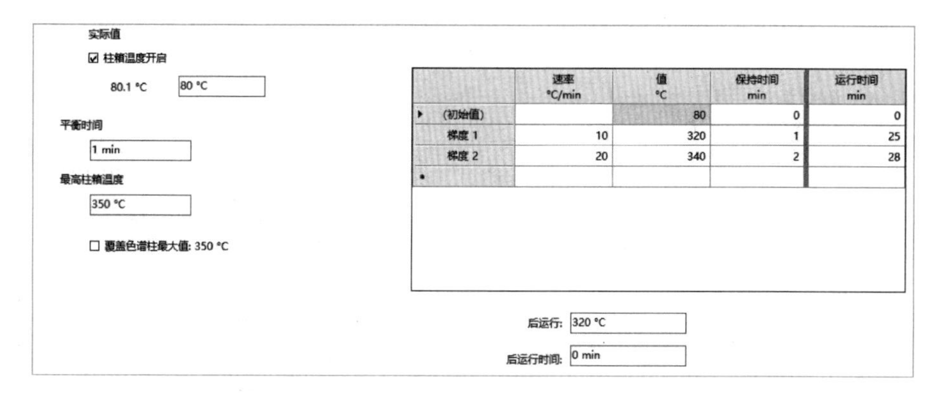

图 8-9　程序升温条件设定

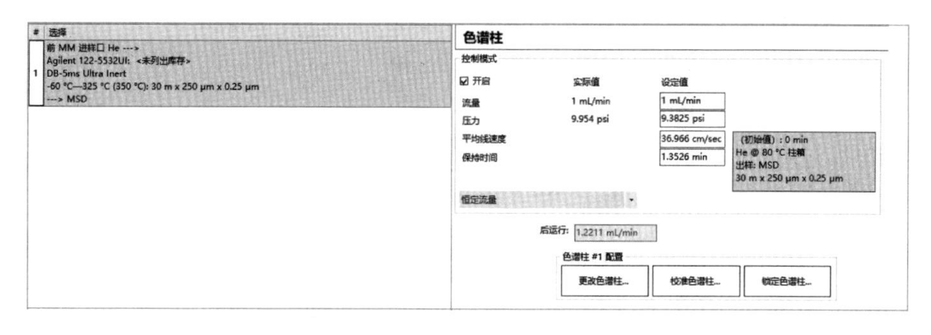

图 8-10　色谱柱条件设定

(2)质谱参考条件。扫描方式为全扫描;离子源温度为 230 ℃;接口温度为 250 ℃;离子化能量为 70 eV;调谐文件为 DFTPP. u。质谱参考条件如图 8-11 所示,质谱调谐结果如图 8-12 所示。

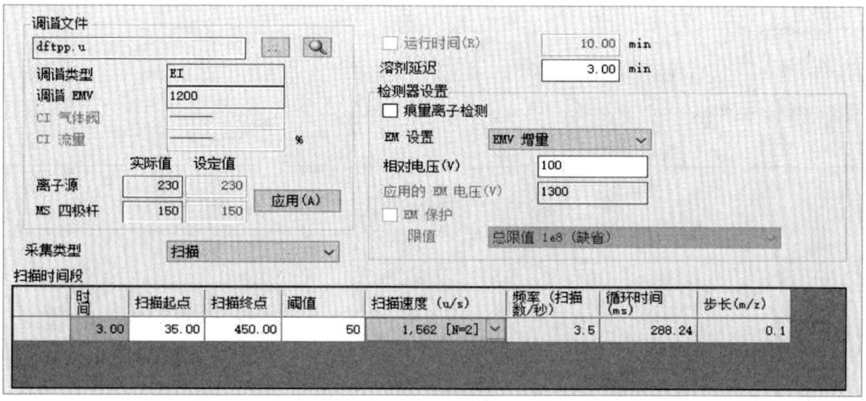

图 8-11　质谱参考条件

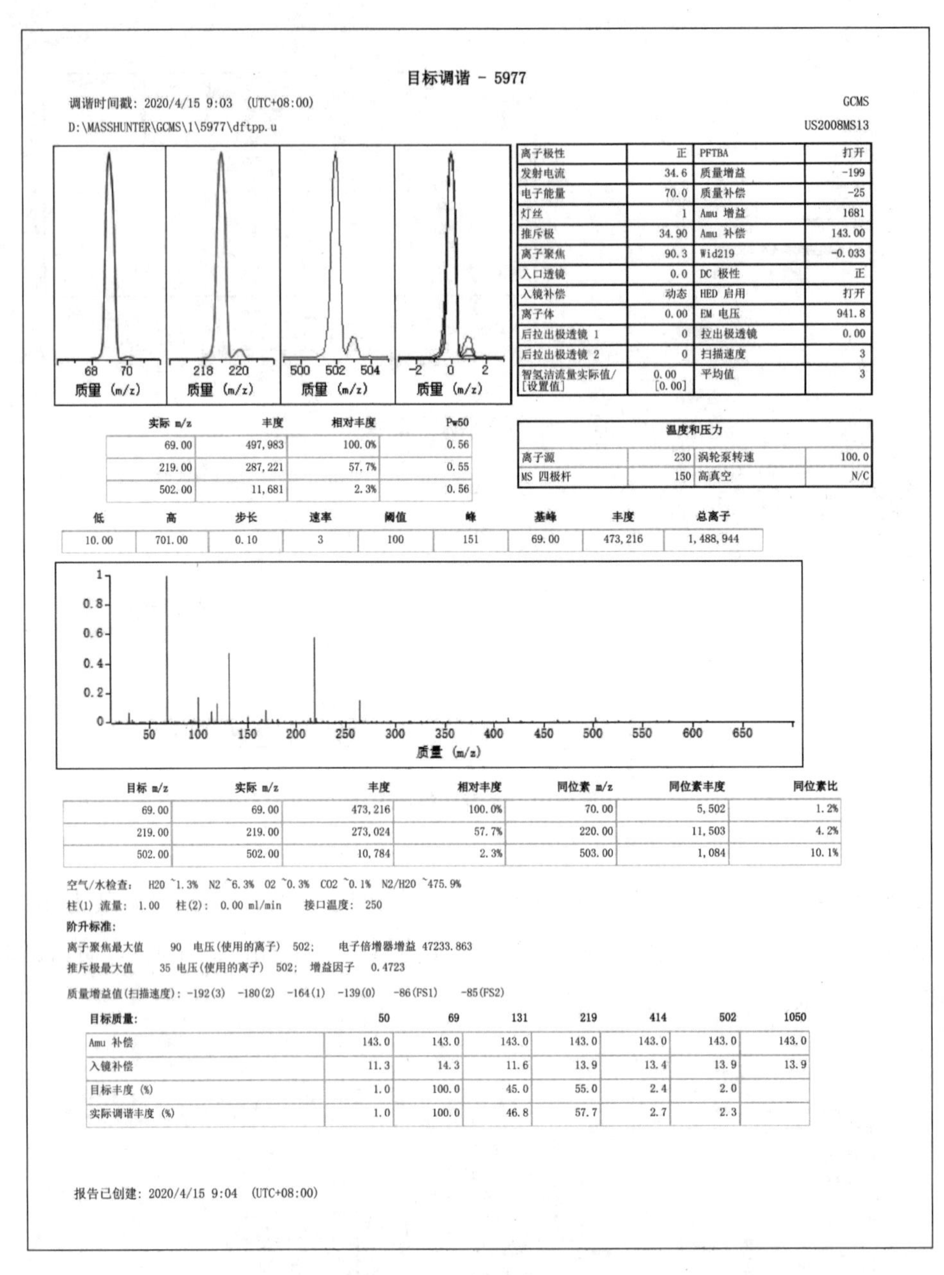

目标调谐 - 5977

调谐时间戳: 2020/4/15 9:03 (UTC+08:00) GCMS

D:\MASSHUNTER\GCMS\1\5977\dftpp.u US2008MS13

离子极性	正	PFTBA	打开
发射电流	34.6	质量增益	-199
电子能量	70.0	质量补偿	-25
灯丝	1	Amu 增益	1681
推斥极	34.90	Amu 补偿	143.00
离子聚焦	90.3	Wid219	-0.033
入口透镜	0.0	DC 极性	正
入镜补偿	动态	HED 启用	打开
离子体	0.00	EM 电压	941.8
后拉出极透镜 1	0	拉出极透镜	0.00
后拉出极透镜 2	0	扫描速度	3
智氢洁流量实际值/[设置值]	0.00 [0.00]	平均值	3

实际 m/z	丰度	相对丰度	Pw50
69.00	497,983	100.0%	0.56
219.00	287,221	57.7%	0.55
502.00	11,681	2.3%	0.56

温度和压力			
离子源	230	涡轮泵转速	100.0
MS 四极杆	150	高真空	N/C

低	高	步长	速率	阈值	峰	基峰	丰度	总离子
10.00	701.00	0.10	3	100	151	69.00	473,216	1,488,944

目标 m/z	实际 m/z	丰度	相对丰度	同位素 m/z	同位素丰度	同位素比
69.00	69.00	473,216	100.0%	70.00	5,502	1.2%
219.00	219.00	273,024	57.7%	220.00	11,503	4.2%
502.00	502.00	10,784	2.3%	503.00	1,084	10.1%

空气/水检查: H20 ~1.3% N2 ~6.3% O2 ~0.3% CO2 ~0.1% N2/H20 ~475.9%

柱(1) 流量: 1.00 柱(2): 0.00 ml/min 接口温度: 250

阶升标准:

离子聚焦最大值 90 电压(使用的离子) 502; 电子倍增器增益 47233.863

推斥极最大值 35 电压(使用的离子) 502; 增益因子 0.4723

质量增益值(扫描速度): -192(3) -180(2) -164(1) -139(0) -86(FS1) -85(FS2)

目标质量:	50	69	131	219	414	502	1050
Amu 补偿	143.0	143.0	143.0	143.0	143.0	143.0	143.0
入镜补偿	11.3	14.3	11.6	13.9	13.4	13.9	13.9
目标丰度 (%)	1.0	100.0	45.0	55.0	2.4	2.0	
实际调谐丰度 (%)	1.0	100.0	46.8	57.7	2.7	2.3	

报告已创建: 2020/4/15 9:04 (UTC+08:00)

图 8-12 质谱调谐结果

8.6.2 校准

(1)仪器性能测试。取 1 μL 质谱调谐溶液直接进样,对气相色谱-质谱系统进行仪器性能测试,所得质量离子的丰度应符合表 8-2 的标准,否则需对质谱仪的一些参数进行调整或清洗离子源,十氟三苯基膦的调谐评估报告如图 8-13 所示。

表 8-2　十氟三苯基膦离子丰度的标准

质荷比	离子丰度标准	质荷比	离子丰度标准
51	强度为 198 碎片的 30%～60%	199	强度为 198 碎片的 5%～9%
68	强度小于 69 碎片的 2%	275	强度为 198 碎片的 10%～30%
70	强度小于 69 碎片的 2%	365	强度大于 198 碎片的 1%
127	强度为 198 碎片的 40%～60%	441	存在但不超过 443 碎片的强度
197	强度小于 198 碎片的 1%	442	强度大于 198 碎片的 40%
198	基峰，相对强度 100%	443	强度为 442 碎片的 17%～23%

调谐评估报告

数据路径：　D:\2020\HBLQYXC29A-19\DFTPP.D
采集时间：　2020/1/5 9:49:09
操作人员：
样品：　DFTPP
仪器名称：　GCMS
ALS 样品瓶：　37
方法：

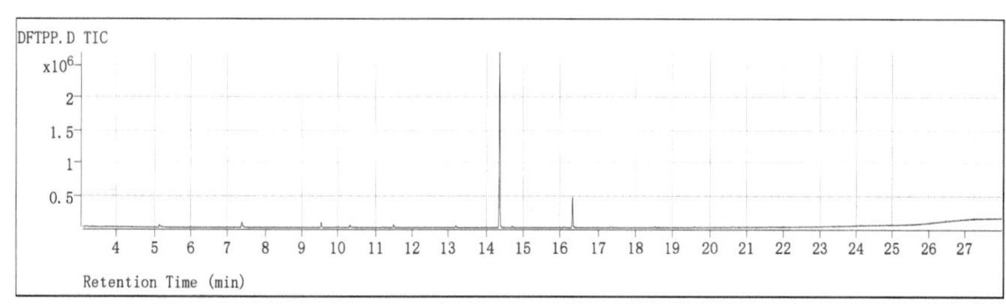

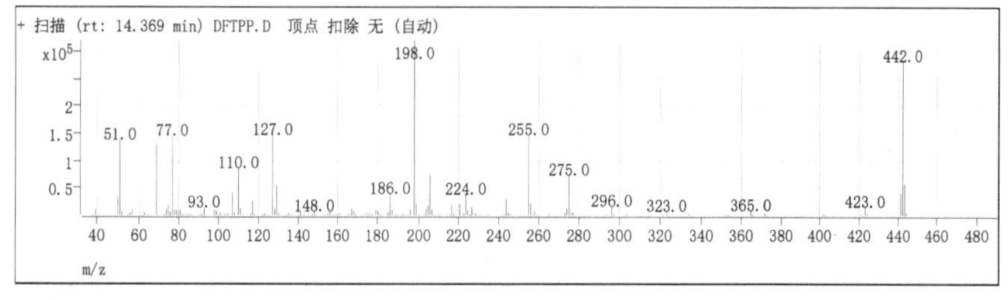

目标质量	相对质量数	下限%	上限%	相对丰度 %	原始丰度	通过/失败
51	198	30	60	42.8	137367	Pass
68	69	0	2	0.0	0	Pass
70	69	0	2	0.5	658	Pass
127	198	40	60	45.9	147230	Pass
197	198	0	1	0.0	0	Pass
198	198	100	100	100.0	321034	Pass
199	198	5	9	6.8	21686	Pass
275	198	10	30	22.8	73225	Pass
365	198	1	100	2.5	7979	Pass
441	443	1E-10	100	71.0	41399	Pass
442	198	40	100	88.0	282396	Pass
443	442	17	23	20.7	58341	Pass

图 8-13　十氟三苯基膦的调谐评估报告

(2)校准曲线的绘制。分别移取适量的有机氯农药标准使用液、替代物标准使用液和内标使用液，用二氯甲烷定容后混匀，配置6个浓度点的标准系列，有机氯类化合物和替代物的质量浓度分别为50 ng/mL、100 ng/mL、200 ng/mL、500 ng/mL、1000 ng/mL和2000 ng/mL，内标质量浓度为200ng/mL。按照仪器参考条件，从低浓度到高浓度依次进样分析。以目标化合物的质量浓度为横坐标，以目标化合物与内标化合物定量离子响应值的比值和内标化合物质量浓度的乘积为纵坐标，绘制校准曲线。(如图8-14～图8-19)

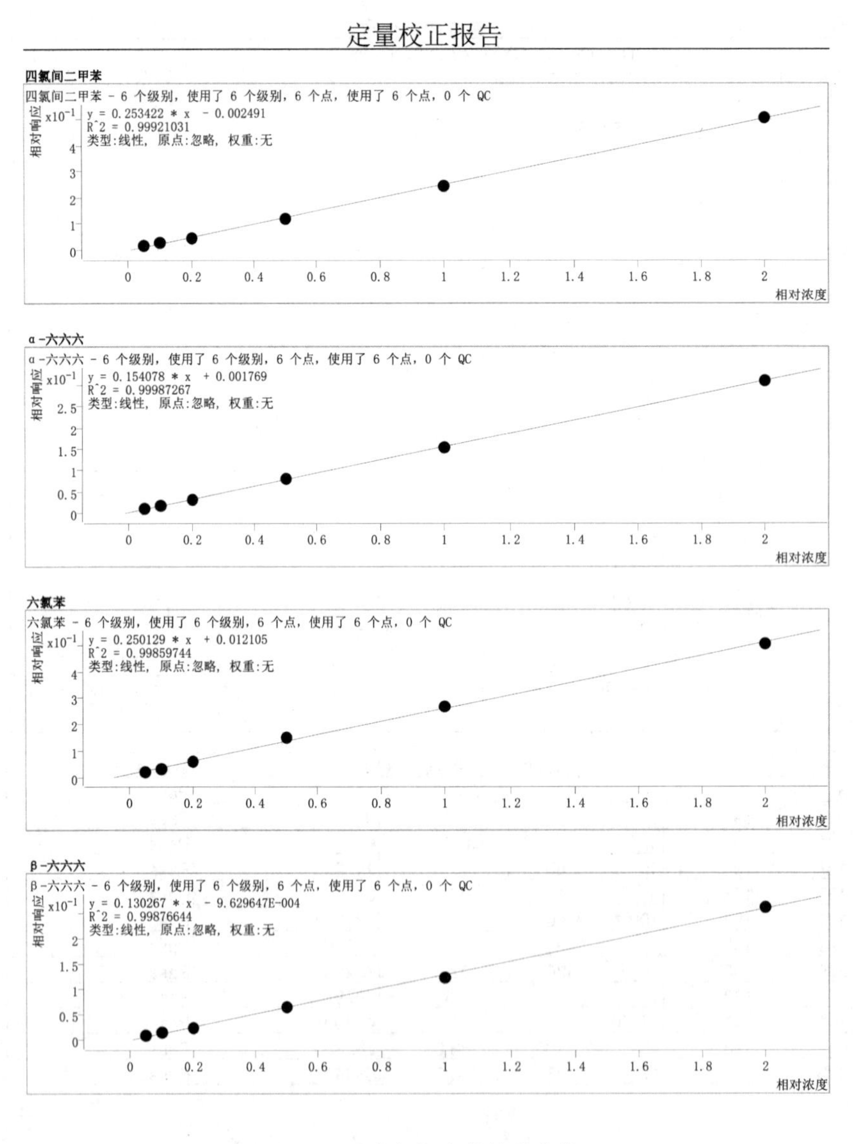

图8-14 有机氯农药校准曲线

定量校正报告

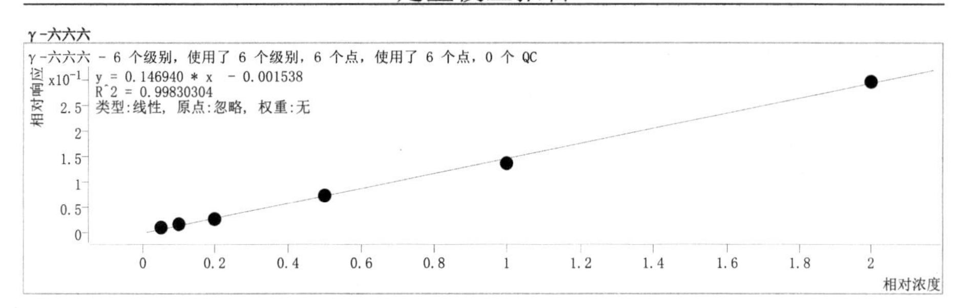

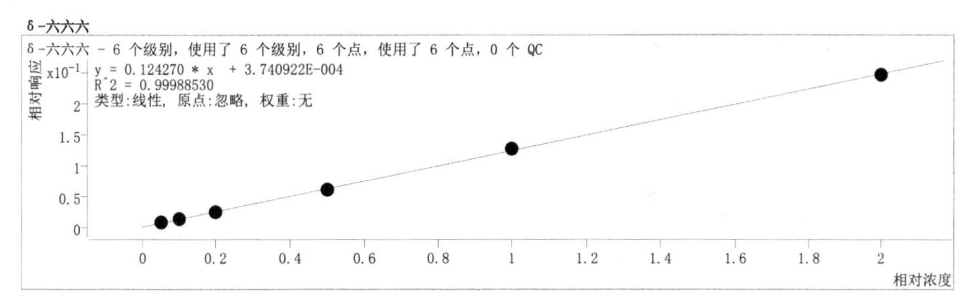

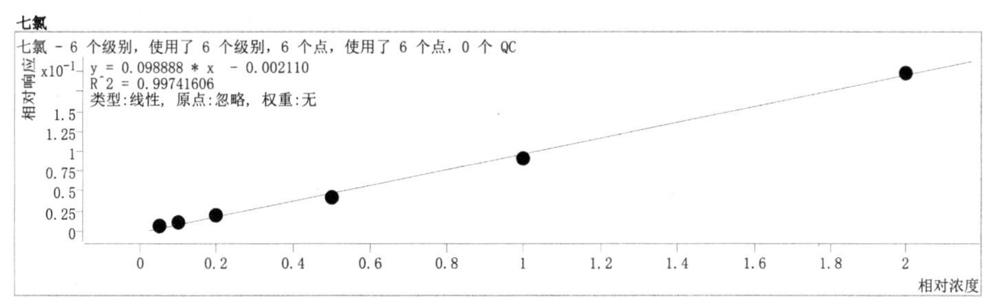

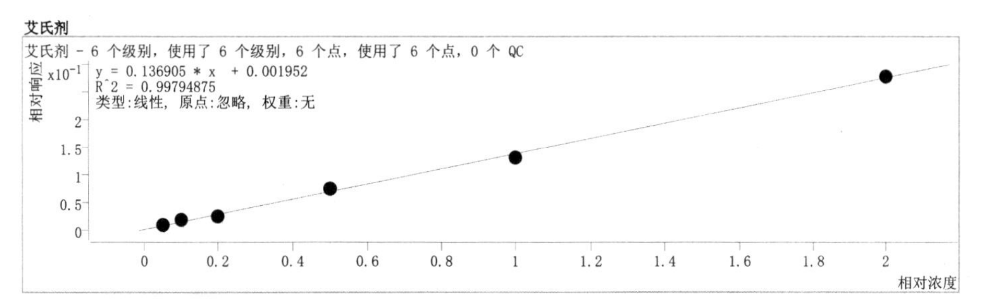

图 8-15 有机氯农药校准曲线

定量校正报告

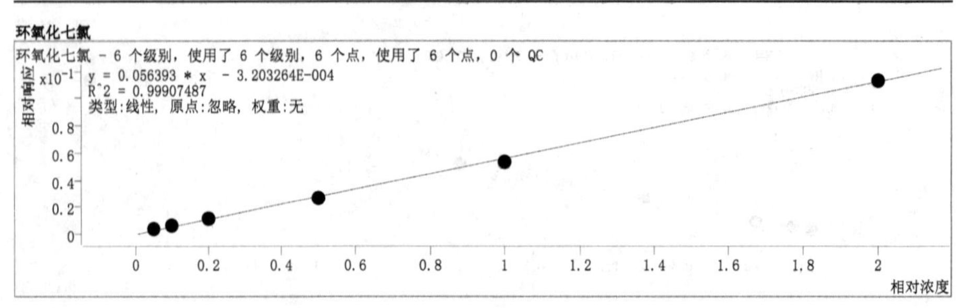

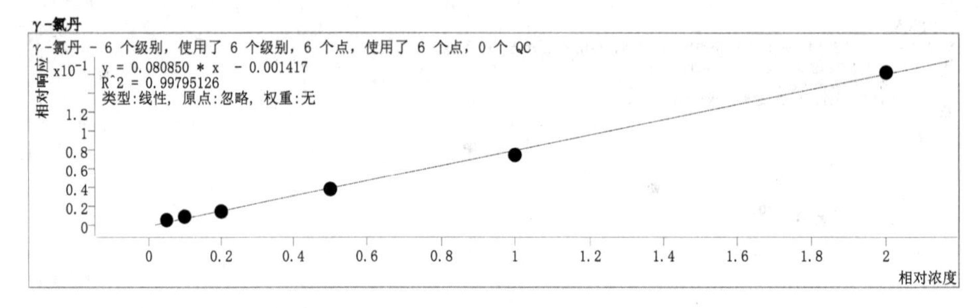

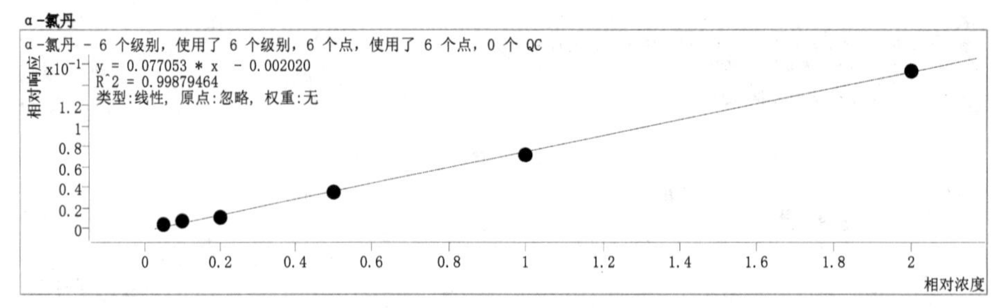

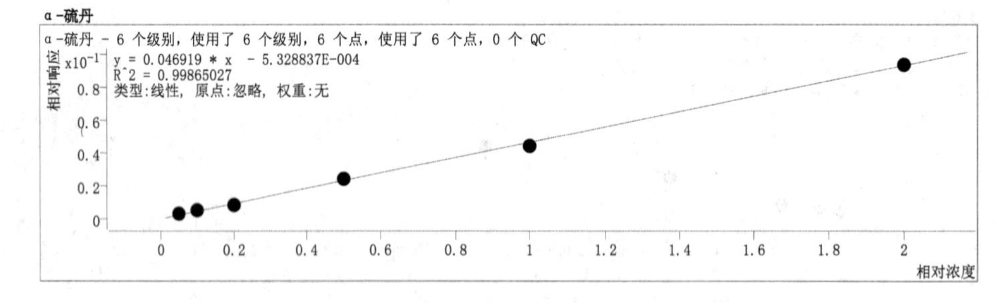

图 8-16 有机氯农药校准曲线

定量校正报告

p,p' -DDE

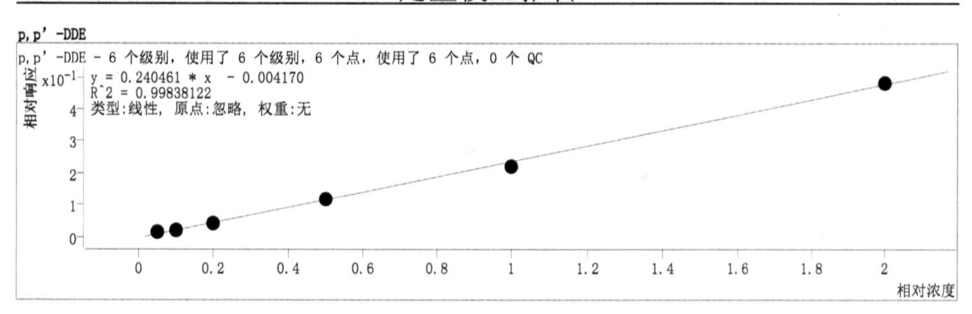

狄氏剂

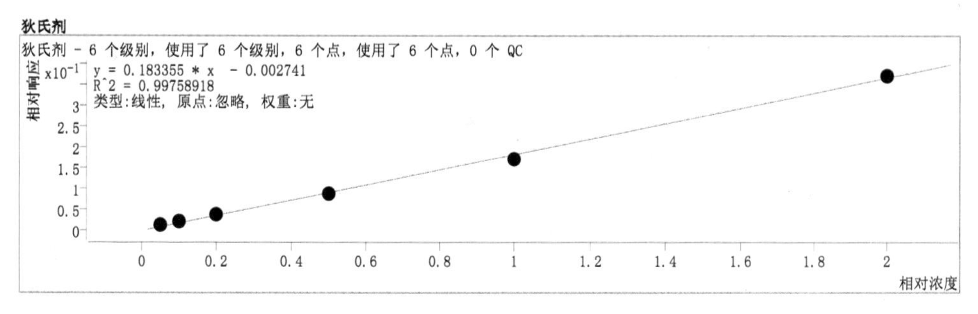

异狄氏剂

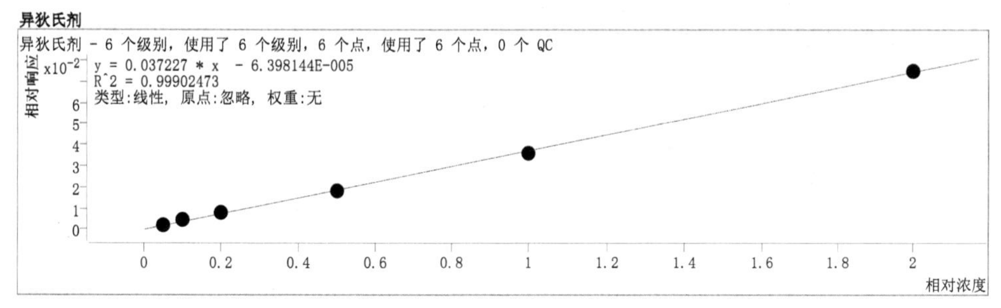

β-硫丹

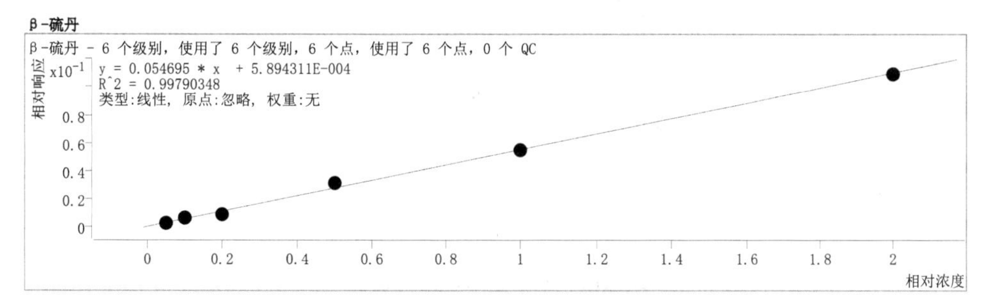

图 8-17　有机氯农药校准曲线

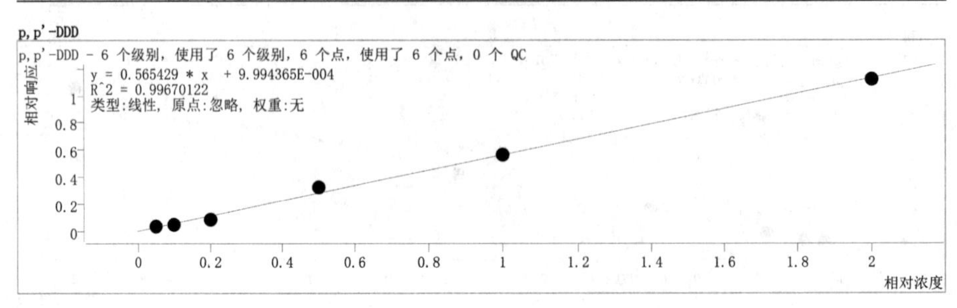

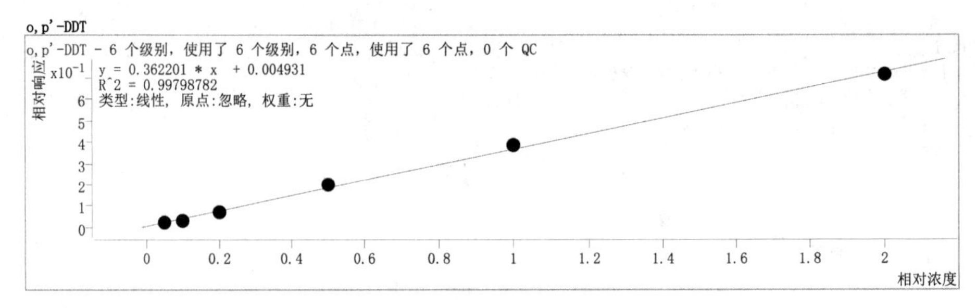

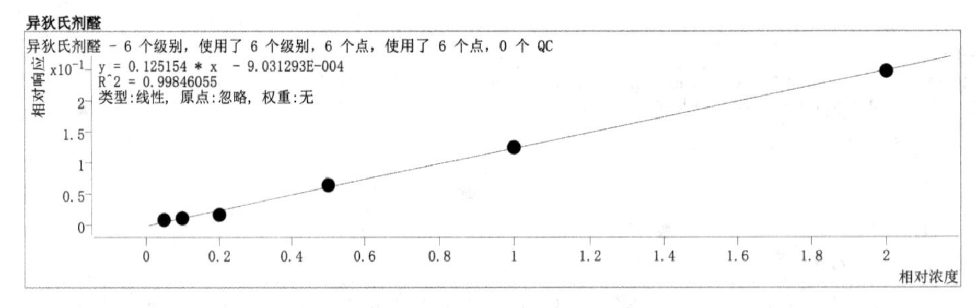

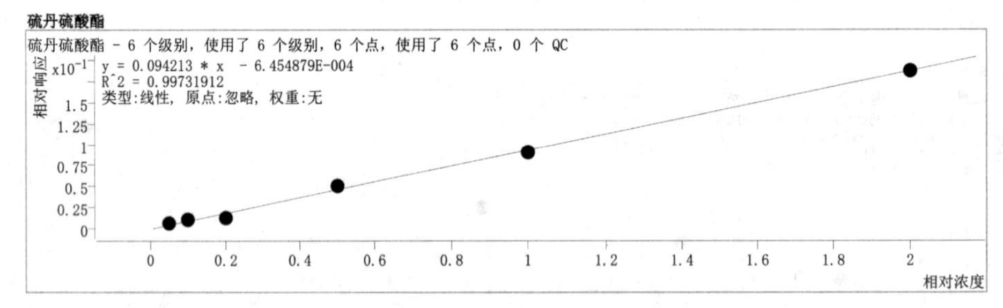

图 8-18 有机氯农药校准曲线

定量校正报告

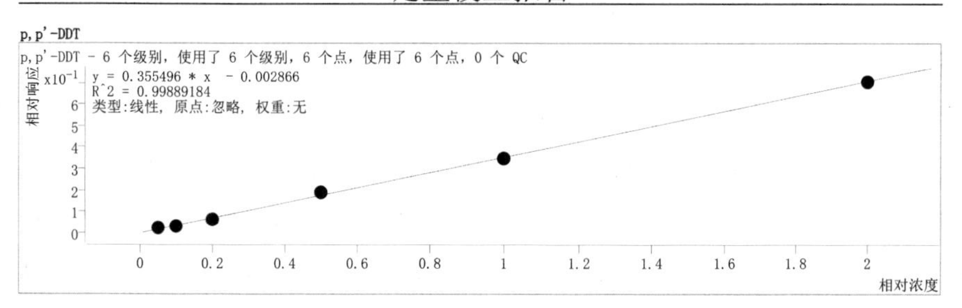

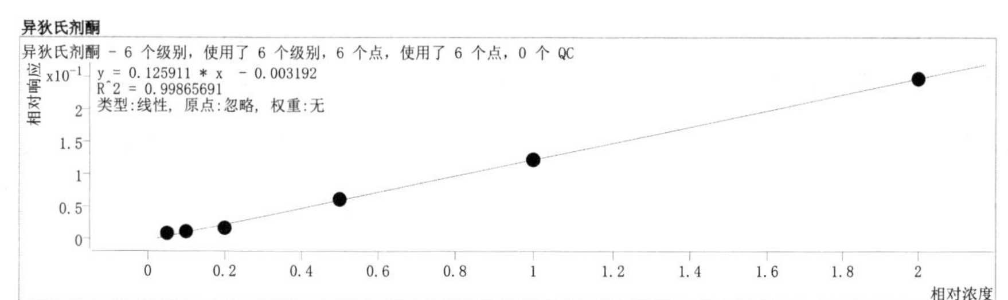

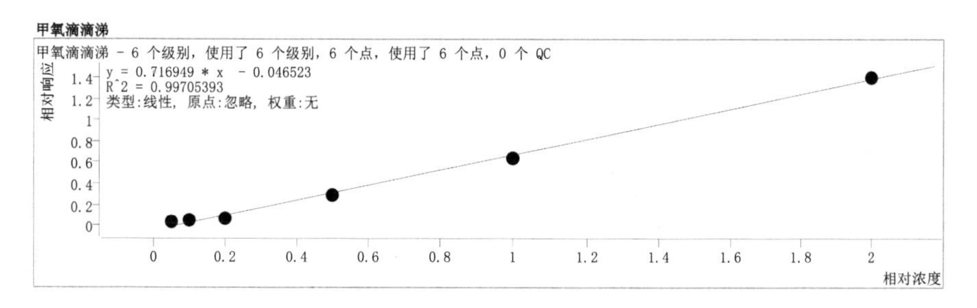

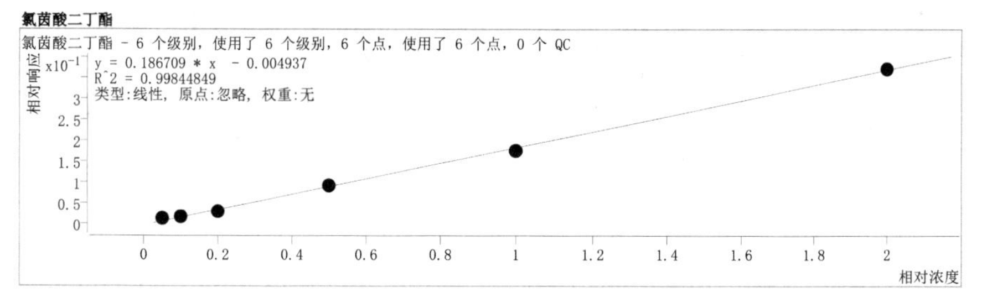

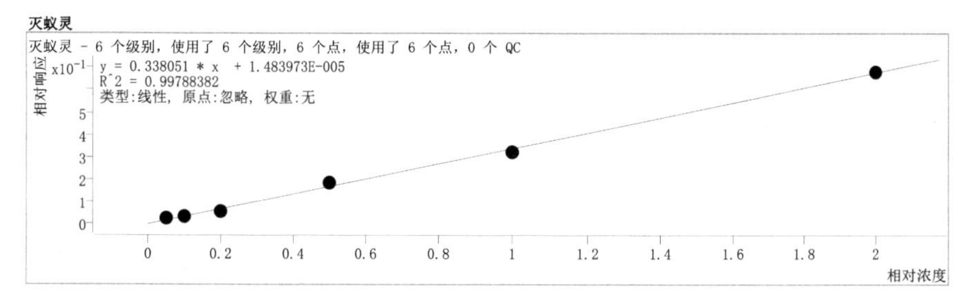

图 8-19 有机氯农药校准曲线

8.7 结果计算与表示

8.7.1 定性分析

目标化合物以相对保留时间或保留时间与质谱图进行比较，进行定性，样品中目标化合物的相对保留时间与校准曲线中该目标化合物的相对保留时间的差值应在0.06 min以内。扣除谱图背景后，将实际样品的质谱图与校准确认标准溶液的质谱图进行比较，实际样品中目标化合物质谱图中特征离子的相对丰度变化应在校准确认标准溶液的30%之内。

按照仪器参考条件进行分析，得到不同浓度各目标化合物的质谱总离子流图，记录目标化合物的保留时间和定量离子质谱峰的峰面积。有机氯农药的标准物质总离子流图如图8-20所示，各目标化合物的保留时间和质谱参数见表8-3。

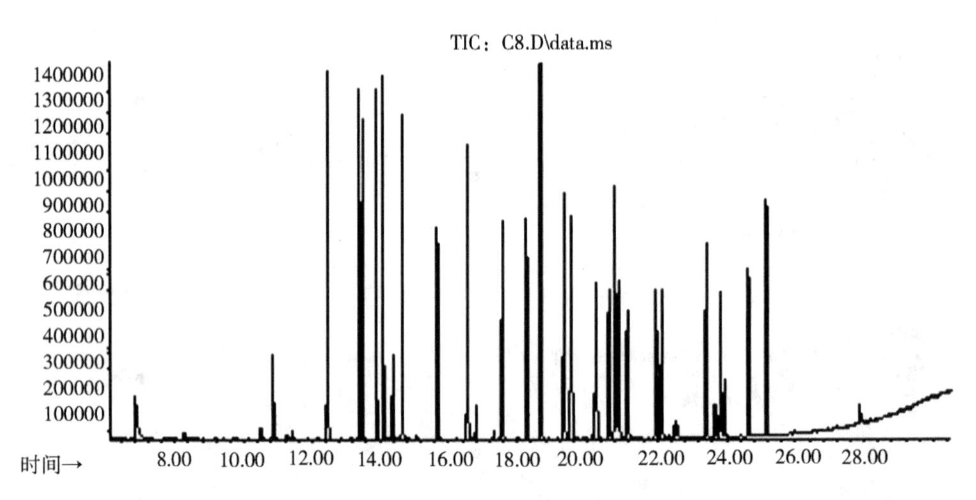

图8-20 有机氯农药的标准物质总离子流图

表8-3 各目标化合物的保留时间和质谱参数

目标化合物	保留时间(min)	定量离子(m/z)	辅助离子(m/z)
2,4,5,6-四氯间二甲苯(替代物)	12.46	207	201,244,242
α-六六六	13.39	183	181,109
六氯苯	13.48	284	286,284
β-六六六	13.90	181	183,109
γ-六六六	14.10	183	181,109
菲-D_{10}(内标)	14.40	188	189,160,94
七氯	15.67	100	272,274

续表

目标化合物	保留时间(min)	定量离子(m/z)	辅助离子(m/z)
α-氯丹	18.27	373	375,377
γ-氯丹	18.67	375	237,272
α-硫丹	18.68	195	339,341
p,p′-DDE	19.34	246	248,176
β-硫丹	20.63	337	339,341
p,p′-DDD	20.80	235	237,165
o,p′-DDT	20.90	235	237,165
p,p′-DDT	22.13	235	237,165
䓛-D_{12}(内标)	23.68	240	236,238,241
氯菌酸二丁酯(替代物)	24.64	57	99,388
灭蚁灵	25.16	272	274,270

8.7.2　定量分析

在对目标化合物进行定性判断的基础上，根据定量离子的峰面积，采用内标法进行定量。当样品中目标化合物的定量离子有干扰时，允许使用辅助离子定量。根据样品溶液中目标化合物的峰面积，由校准曲线计算得到样品溶液中该目标化合物的浓度。

校准系列中第 i 点目标化合物的相对响应因子按照公式(8-1)进行计算：

$$RRF_{\mathrm{i}} = \frac{A_{\mathrm{i}}}{A_{\mathrm{ISi}}} \times \frac{\rho_{\mathrm{ISi}}}{\rho_{\mathrm{i}}} \tag{8-1}$$

式中：

RRF_{i}—— 校准系列中第 i 点目标化合物的相对响应因子；

A_{i}—— 校准系列中第 i 点目标化合物定量离子的响应值；

A_{ISi}—— 校准系列中第 i 点与目标化合物相对内标定量离子的响应值；

ρ_{ISi}—— 校准系列中内标物的质量浓度，μg/mL；

ρ_{i}—— 校准系列中第 i 点目标化合物的质量浓度，μg/mL。

校准系列中目标化合物的平均相对响应因子按照公式(8-2) 进行计算：

$$\overline{RRF} = \frac{\sum_{i=1}^{n} RRF_{\mathrm{i}}}{n} \tag{8-2}$$

式中：

$\overline{RRF}$—— 校准系列中目标化合物的平均相对响应因子；

RRF_i—— 校准系列中第 i 点目标化合物的相对响因子；

n—— 校准系列点数。

样品中目标化合物的含量按照公式(8-3)进行计算：

$$\omega = \frac{A_x \times \rho_{IS} \times V_x}{A_{IS} \times \overline{RRF} \times m \times W_{dm}} \tag{8-3}$$

式中：

ω—— 样品中目标化合物的含量，mg/kg；

A_x—— 试样中目标化合物定量离子的峰面积；

ρ_{IS}—— 试样中内标的浓度，μg/mL；

V_x—— 试样的定容体积，mL；

A_{IS}—— 试样中内标化合物定量离子的峰面积；

$\overline{RRF}$—— 校准系列中目标化合物的平均相对响因子；

m—— 土壤试样的质量(湿重)，g；

W_{dm}—— 土壤试样的干物质含量，%。

8.7.3 结果表示

当测定结果小于 1 mg/kg 时，小数点后位数的保留与方法检出限一致；当测定结果大于或等于 1 mg/kg 时，最多保留 3 位有效数字。

8.8 质量保证和控制

8.8.1 空白试验

每 20 个样品应至少分析一个空白试验，测定结果中目标化合物的浓度应不超过方法检出限，否则需检查试剂空白、仪器系统，以及前处理过程。

8.8.2 校准曲线

校准曲线中目标化合物相对响因子的相对偏差应小于或等于 20%，否则说明进样口或色谱柱存在干扰，需进行必要的维护。

连续进行分析时，每 24 h 分析一次校准曲线的中间浓度点，其测定结果与实际浓度值相对标准偏差应小于或等于 20%，否则须重新绘制校准曲线。

8.8.3 平行样品

每 20 个样品应至少分析一对平行样品，平行样品测定结果的相对偏差应小于 30%。

8.8.4 基体加标

每 20 个样品应至少分析一个基体加标样品，土壤加标样品回收率应控制在 60%～140%。

8.8.5 替代物的回收率

实验室应建立替代物加标回收率控制图，按同一批样品（20～30 个）进行统计，剔除离群值，计算替代物的平均回收率及相对标准偏差 S，替代物的平均回收率应控制在 p±3 S 内。

8.8.6 仪器性能检查

（1）用 2 mL 试剂瓶装入未经浓缩的二氯甲烷，按照分析样品的仪器参考条件做一个空白检查，质谱谱图中应没有干扰物。干扰较多或浓度较高的样品进行分析后也应做一个空白检查，如果出现较多的干扰峰，或高温区出现干扰峰，或流失过多，则需检查污染来源，必要时采取更换衬管、清洗离子源或保养、更换色谱柱等措施。

（2）进样口惰性检查。DDT 到 DDE 和 DDD 的降解率应不超过 15%，如果 DDT 衰减过多或出现较差的色谱峰，则需要清洗或更换进样口，同时还要截取毛细管色谱柱前端 5 cm，重新校准。

DDT 降解率的计算公式如下：

$$DDT\% = \frac{(DDE + DDD)\text{ 的检出量(ng)}}{DDT\text{ 的进样量(ng)}} \times 100$$

8.9 注意事项

（1）邻苯二甲酸酯类是有机氯农药检测的重要干扰物，样品制备过程会引入邻苯二甲酸酯类的干扰。应避免接触和使用任何塑料制品，并且检查所有溶剂空白，保证这类污染在方法检出限以下。

（2）彻底清洗所用的玻璃器皿，以消除干扰物质。先用热水加清洁剂清洗，或用铬酸洗液浸泡清洗，再用自来水和不含有机物的试剂水淋洗，在 130 ℃的环境下烘干 2～3 h，或用甲醇淋洗后晾干，干燥的玻璃器皿应在干净的环境中保存。

（3）实验中产生的废液和废物应集中收集、统一保管，并送具有资质的单位统一处理。

9 邻苯二甲酸酯类的测定 气相色谱-质谱法

警告：实验中所使用的内标、替代物和标准样品均为易挥发的有毒化学品，其溶液配制须在通风橱中进行操作，操作时须按规定佩戴防护器具，同时避免接触皮肤和衣物。

9.1 适用范围

本方法适用于土壤和沉积物中邻苯二甲酸酯类的筛查和定量分析。当取样量为 20 g，浓缩后定容体积为 1 mL 时，采用全扫描方式测定，各目标化合物的方法检出限见表 9-1。

表 9-1 各目标化合物的方法检出限

目标化合物	方法检出限(mg/kg)
邻苯二甲酸丁基苄基酯	0.20
邻苯二甲酸二(2-乙基己基)酯	0.10
邻苯二甲酸二正辛酯	0.20

9.2 方法原理

土壤和沉积物中的邻苯二甲酸酯类有机物经提取、净化、浓缩、定容后，用气相色谱分离、质谱检测。根据标准物质质谱图、保留时间、碎片离子质荷比及其丰度定性，内标法定量。

9.3 试剂和材料

(1)丙酮(C_3H_6O)：色谱纯，赛默飞世尔科技(中国)有限公司。

(2)二氯甲烷(CH_2Cl_2)：色谱纯，赛默飞世尔科技(中国)有限公司。

(3)正己烷(C_6H_{14})：色谱纯，赛默飞世尔科技(中国)有限公司。

(4)正己烷-丙酮混合溶剂：1+1。

(5)无水硫酸钠(Na_2SO_4)：优级纯，在马弗炉中 400 ℃的环境下烘烤 4 h，冷却后装入磨口玻璃瓶中密封，于干燥器中保存。

(6)硅藻土：上海安谱实验科技股份有限公司，在马弗炉中 400 ℃的环境下烘烤 4 h，冷却后装入磨口玻璃瓶中密封，于干燥器中保存。

(7)铜粉(Cu)：上海安谱实验科技股份有限公司。

(8)半挥发性有机物标准贮备液：ρ=1000 mg/L。

(9)半挥发性有机物标准使用液：ρ=10 mg/L，用正己烷稀释配制。

(10)内标贮备液：ρ=2000 mg/L，用 1,4-二氯苯-d_4、萘-d_8、苊-d_{10}、菲-d_{10}、䓛-d_{12} 和苝-d_{12} 作为内标。

(11)内标使用液：ρ=50 mg/L，用正己烷稀释配制。

(12)替代物标准贮备液：ρ=1000 mg/L，用硝基苯-d_5、2-氟联苯和 4,4′-三联苯-d_{14} 作为替代物。

(13)替代物标准使用液：ρ=10 mg/L，用正己烷稀释配制。

(14)十氟三苯基膦(DFTPP)标准溶液：ρ=50 mg/L。

(15)氮气(N_2)：纯度大于或等于 99.999%。

(16)氦气(He)：纯度大于或等于 99.999%。

(17)标准工作溶液：根据仪器灵敏度及线性范围的要求，配制标准工作溶液。

9.4　仪器和设备

(1)气相色谱-质谱仪：安捷伦科技有限公司，8890-5977B 气相色谱-质谱联用仪。

(2)毛细管色谱柱：安捷伦科技有限公司，DB-5MSUI，30 m×0.25 mm×0.25 μm。

(3)加压流体萃取装置：步琦实验室设备贸易(上海)有限公司。

(4)多样品平行蒸发仪：步琦实验室设备贸易(上海)有限公司。

(5)氮吹浓缩仪：上海安谱实验科技股份有限公司。

(6)固相萃取装置。

(7)一般实验室常用仪器和设备。

9.5　样品

9.5.1　样品的保存

样品采集后于洁净的具磨口玻璃塞的棕色样品瓶中保存。运输过程中，应在 4 ℃以下的环境中密封、避光保存。如果不能及时进行分析，应在 4 ℃以下的环境中密封、避光保存，保存时间不超过 10 d。

9.5.2 干物质含量的测定

参照《土壤　干物质和水分的测定　重量法》执行。具盖容器和盖子于 105±5 ℃的环境下烘干 1 h，稍冷，盖好盖子，然后置于干燥器中至少冷却 45 min，测定带盖容器的质量 m_0，精确至 0.01 g。用样品勺将 30～40 g 试样转移至称重的具盖容器中，盖上容器盖，测定总质量 m_1，精确至 0.01 g。取下容器盖，将容器和样品一同放入烘箱中，在 105±5 ℃的环境下烘干至恒重，同时烘干容器盖，盖上容器盖，置于干燥器中冷却 45 min，取出后立即测定带盖容器和烘干土壤的总质量 m_2，精确至 0.01 g。

9.5.3 样品的处理

(1)样品准备。称取 20 g(20.00～20.10 g)鲜样，加入适量的硅藻土混匀、脱水，并研磨成细小颗粒，充分拌匀直到散颗粒状。

(2)萃取。取洗净的 40 mL 萃取池拧开底盖，垂直倒置放在水平台面上。将专用的玻璃纤维滤膜放置于其底部，旋上底盖，翻转萃取池，顶部放置专用漏斗，加入 2 勺硅藻土，将准备好的土壤样品全部转移至小烧杯，加入约 1 g 硅藻土，与样品混合均匀。按编号将试样依次通过专用漏斗小心转移至萃取池(如图 9-1)，移去漏斗，加入 100 μL 的替代物使用液(如图 9-2)，盖上专用的玻璃纤维滤膜。

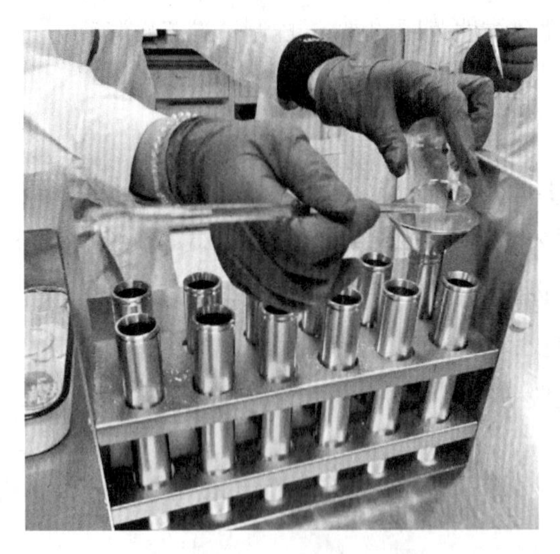

图 9-1　转移样品

图 9-2　添加使用液

竖直平稳地拿起萃取池，将其竖直平稳地放入加压流体萃取装置的样品盘中，按以下萃取条件进行萃取。

①萃取溶剂为丙酮-正己烷(1+1)；

②加热温度为 100 ℃；

③萃取池压力为 120 bar；

④预加热平衡时间为 5 min；

⑤静态萃取时间为 10 min；

⑥氮气吹扫时间为 3 min；

⑦静态萃取次数为 2 次。

(3)浓缩。根据实验要求设定平行浓缩条件(如图 9-3)，启动冷水机，让冷却水预冷到所需温度。按 START 键打开主机，调节设定温度，让设备预热，将干燥好的萃取液转移至浓缩管中，按顺序放入浓缩仪中，盖上密封盖，并用螺母将加热盖固定。通过旋钮调整转速，最高转速为 300 r/min，根据实验需求调整转速。打开冷却水，使尾管部分接通冷水，防止样品被蒸干。启动真空泵，调出预先保存的方法模式点击 START 键，开始程序。浓缩至不少于 0.9 mL，正己烷定容至 1 mL，加入 20 μL 内标液，摇匀。冷藏、避光保存，7 d 内测定。

图 9-3　平行浓缩条件设定

(4)空白试验。用石英砂代替样品，按照与制备试样相同的步骤进行空白试样的制备，在相同的仪器参考条件下进行分析测定。

9.6 分析步骤

9.6.1 仪器参考条件

(1)气相色谱参考条件。进样口温度为 250 ℃；载气为氦气；不分流进样；柱流量为 1 mL/min(恒流)。升温程序，初始温度为 80 ℃，保持 1 min，以 10 ℃/min 的速率升至

150 ℃，保持 5 min，以 10 ℃/min 的速率升至 290 ℃，保持 2 min，以 20 ℃/min 的速率升至 320 ℃，保持 1 min。（如图 9-4～图 9-7）

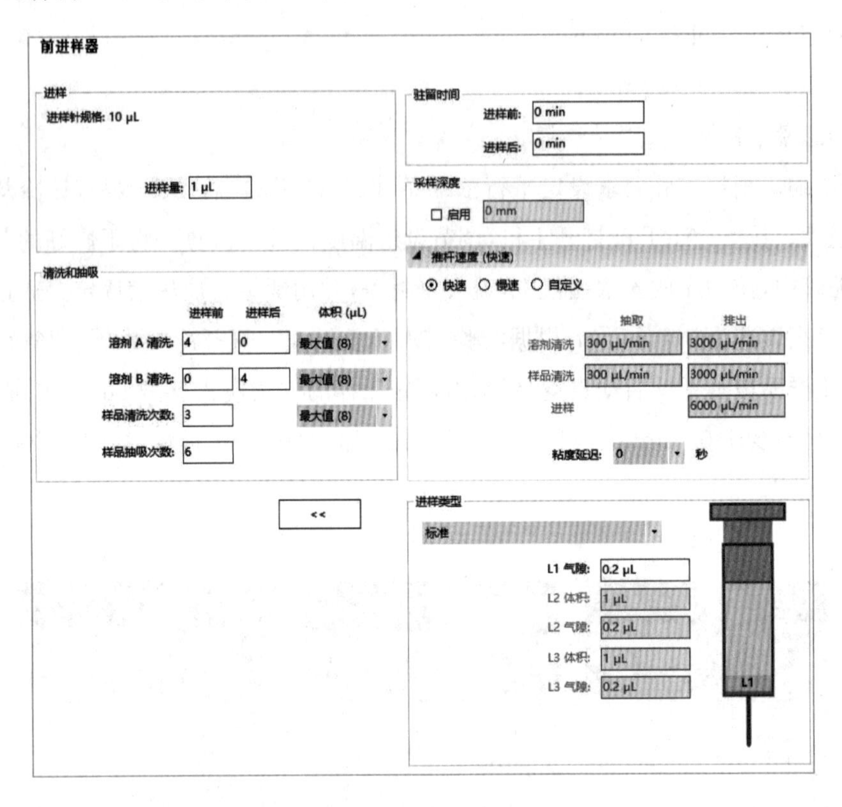

图 9-4 前进样器条件设定

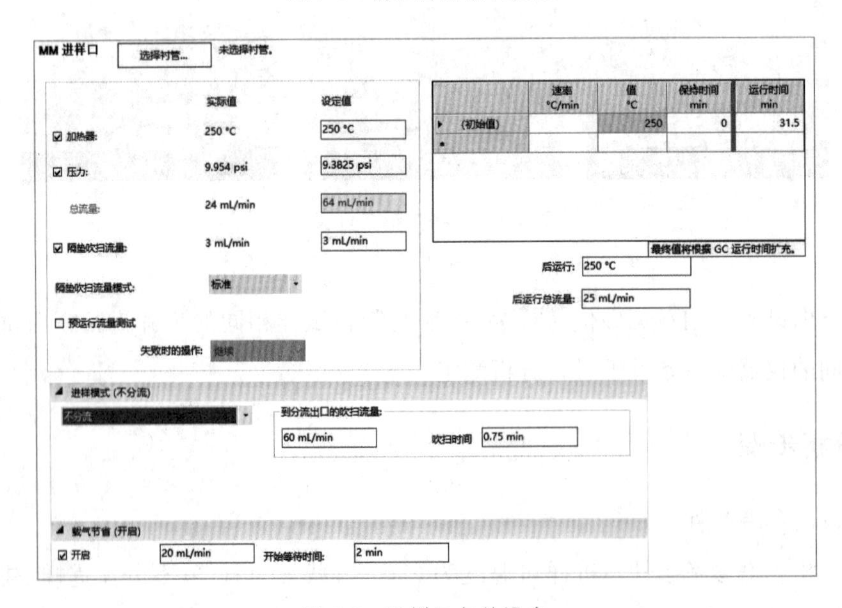

图 9-5 进样口条件设定

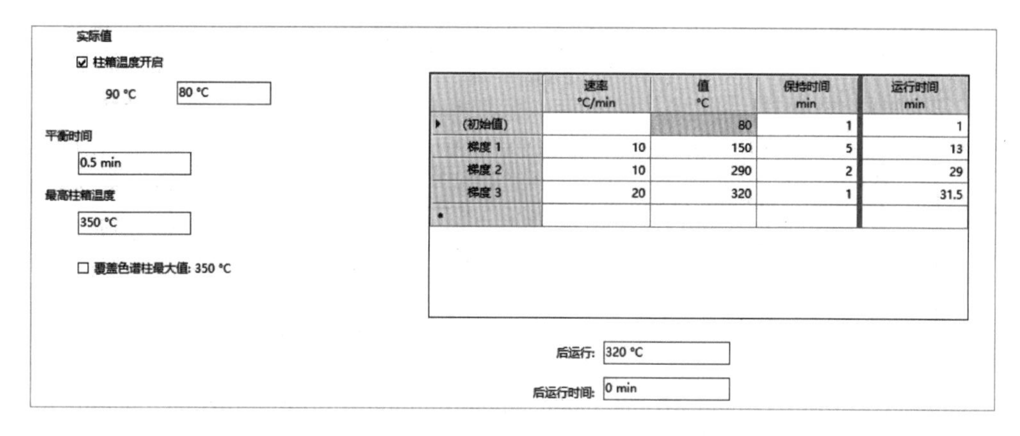

	速率 ℃/min	值 ℃	保持时间 min	运行时间 min
(初始值)		80	1	1
梯度 1	10	150	5	13
梯度 2	10	290	2	29
梯度 3	20	320	1	31.5

图 9-6　程序升温条件设定

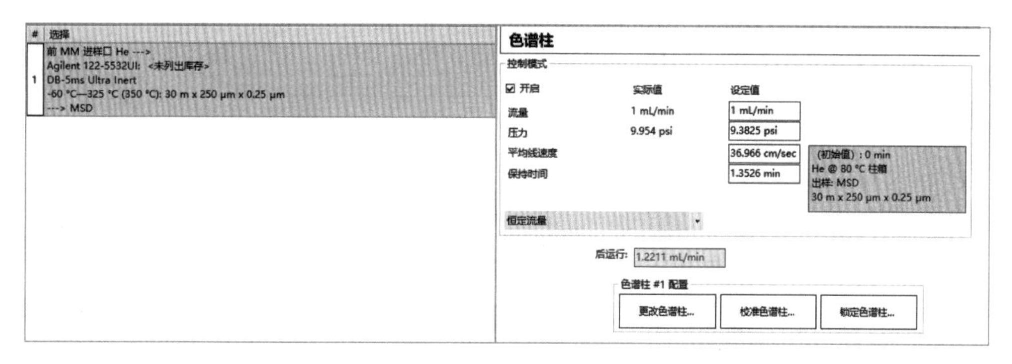

图 9-7　色谱柱条件设定

(2)质谱参考条件。扫描方式为全扫描;离子源温度为 230 ℃;接口温度为 250 ℃;离子化能量为 70 eV;调谐文件为 DFTPP. u。质谱参考条件如图 9-8 所示,质谱调谐结果如图 9-9 所示。

调谐文件
dftpp.u
调谐类型　EI
调谐 EMV　1200
CI 气体阀
CI 流量　%
实际值　设定值
离子源　230　230
MS 四极杆　150　150
应用(A)
采集类型　扫描
运行时间(R)　10.00 min
溶剂延迟　3.00 min
检测器设置
痕量离子检测
EM 设置　EMV 增量
相对电压(V)　100
应用的 EM 电压(V)　1300
EM 保护
限值　总限值 1e8 (缺省)
扫描时间段

时间	扫描起点	扫描终点	阈值	扫描速度 (u/s)	频率 (扫描数/秒)	循环时间 (ms)	步长(m/z)
3.00	35.00	450.00	50	1,562 [N=2]	3.5	288.24	0.1

图 9-8　质谱参考条件

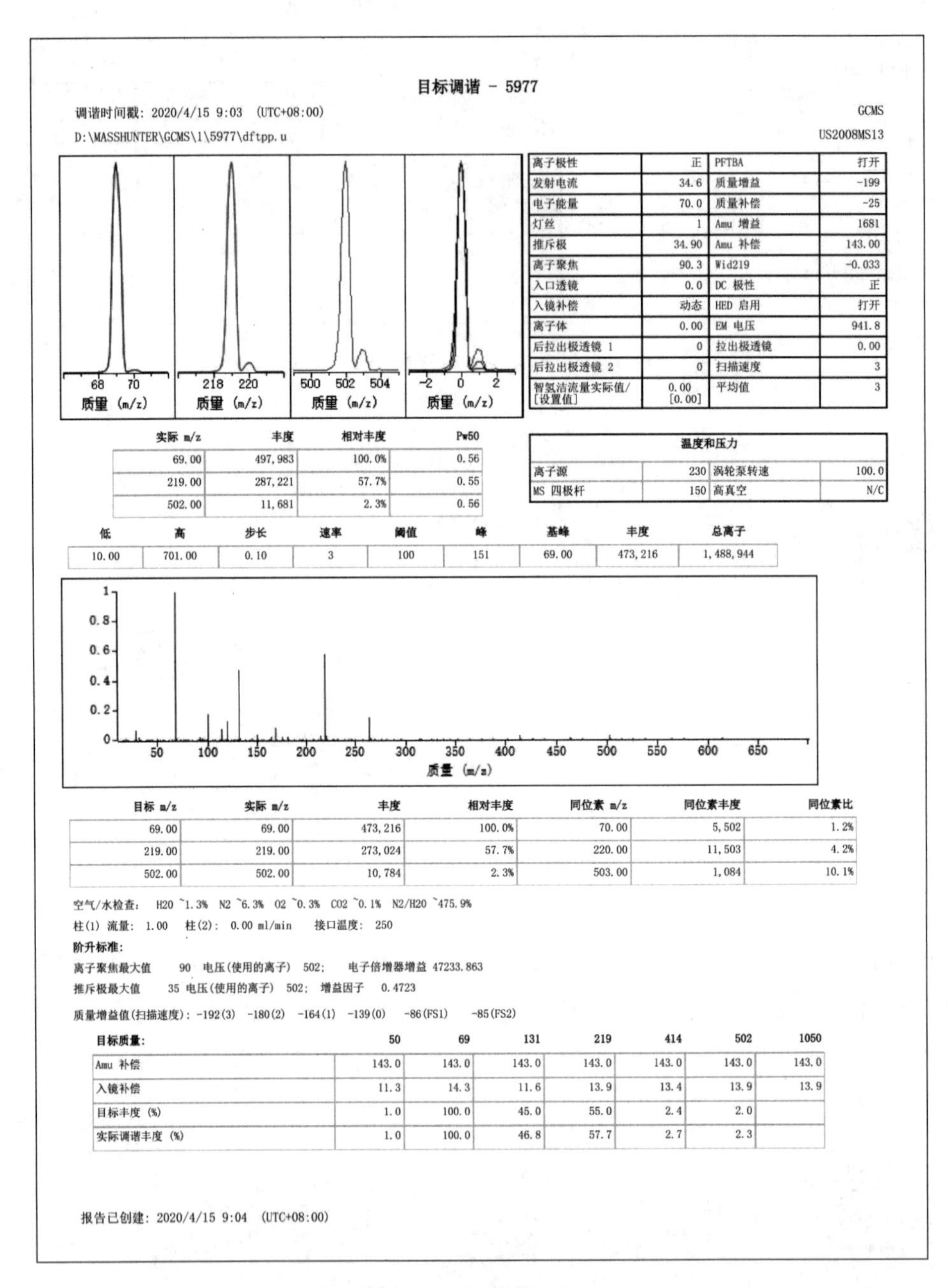

目标调谐 - 5977

调谐时间戳：2020/4/15 9:03 (UTC+08:00) GCMS

D:\MASSHUNTER\GCMS\1\5977\dftpp.u US2008MS13

离子极性	正	PFTBA	打开
发射电流	34.6	质量增益	-199
电子能量	70.0	质量补偿	-25
灯丝	1	Amu 增益	1681
推斥极	34.90	Amu 补偿	143.00
离子聚焦	90.3	Wid219	-0.033
入口透镜	0.0	DC 极性	正
入镜补偿	动态	HED 启用	打开
离子体	0.00	EM 电压	941.8
后拉出极透镜 1	0	拉出极透镜	0.00
后拉出极透镜 2	0	扫描速度	3
智氦洁流量实际值/[设置值]	0.00 [0.00]	平均值	3

实际 m/z	丰度	相对丰度	Pw50
69.00	497,983	100.0%	0.56
219.00	287,221	57.7%	0.55
502.00	11,681	2.3%	0.56

温度和压力			
离子源	230	涡轮泵转速	100.0
MS 四极杆	150	高真空	N/C

低	高	步长	速率	阈值	峰	基峰	丰度	总离子
10.00	701.00	0.10	3	100	151	69.00	473,216	1,488,944

目标 m/z	实际 m/z	丰度	相对丰度	同位素 m/z	同位素丰度	同位素比
69.00	69.00	473,216	100.0%	70.00	5,502	1.2%
219.00	219.00	273,024	57.7%	220.00	11,503	4.2%
502.00	502.00	10,784	2.3%	503.00	1,084	10.1%

空气/水检查：H20 ~1.3% N2 ~6.3% O2 ~0.3% CO2 ~0.1% N2/H20 ~475.9%

柱(1) 流量：1.00 柱(2)：0.00 ml/min 接口温度：250

阶升标准：

离子聚焦最大值 90 电压(使用的离子) 502； 电子倍增器增益 47233.863

推斥极最大值 35 电压(使用的离子) 502； 增益因子 0.4723

质量增益值(扫描速度)：-192(3) -180(2) -164(1) -139(0) -86(FS1) -85(FS2)

目标质量：	50	69	131	219	414	502	1050
Amu 补偿	143.0	143.0	143.0	143.0	143.0	143.0	143.0
入镜补偿	11.3	14.3	11.6	13.9	13.4	13.9	13.9
目标丰度 (%)	1.0	100.0	45.0	55.0	2.4	2.0	
实际调谐丰度 (%)	1.0	100.0	46.8	57.7	2.7	2.3	

报告已创建：2020/4/15 9:04 (UTC+08:00)

图 9-9 质谱调谐结果

9.6.2 校准

(1)仪器性能测试。取 1 μL 质谱调谐溶液直接进样，对气相色谱-质谱系统进行仪器性能测试，所得质量离子的丰度应符合表 9-2 的标准，否则需对质谱仪的一些参数进行调整或清洗离子源，十氟三苯基膦的调谐评估报告如图 9-10 所示。

表 9-2　十氟三苯基膦离子的丰度标准

质荷比	离子丰度标准	质荷比	离子丰度标准
51	强度为 198 碎片的 30%～60%	199	强度为 198 碎片的 5%～9%
68	强度小于 69 碎片的 2%	275	强度为 198 碎片的 10%～30%
70	强度小于 69 碎片的 2%	365	强度大于 198 碎片的 1%
127	强度为 198 碎片的 40%～60%	441	存在但不超过 443 碎片的强度
197	强度小于 198 碎片的 1%	442	强度大于 198 碎片的 40%
198	基峰，相对强度 100%	443	强度为 442 碎片的 17%～23%

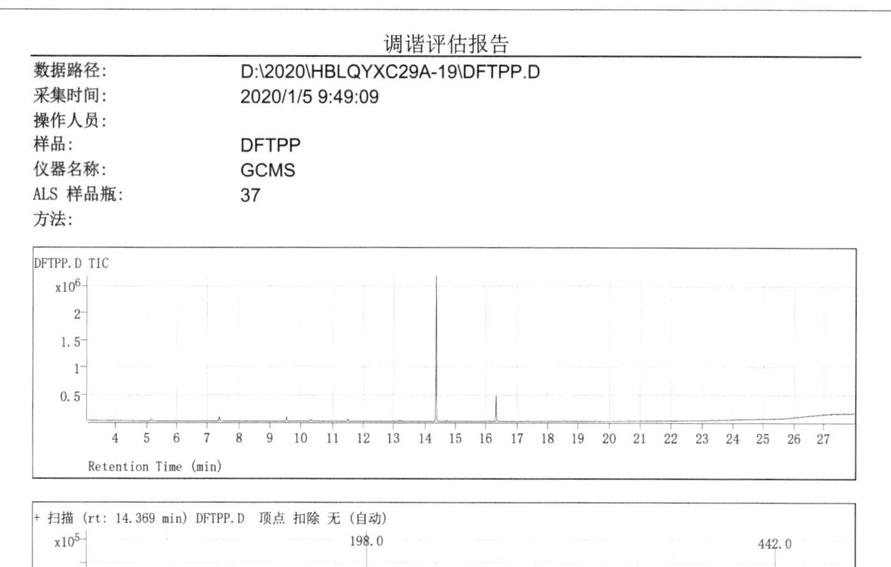
调谐评估报告

数据路径: D:\2020\HBLQYXC29A-19\DFTPP.D
采集时间: 2020/1/5 9:49:09
操作人员:
样品: DFTPP
仪器名称: GCMS
ALS 样品瓶: 37
方法:

目标质量	相对质量数	下限%	上限%	相对丰度 %	原始丰度	通过/失败
51	198	30	60	42.8	137367	Pass
68	69	0	2	0.0	0	Pass
70	69	0	2	0.5	658	Pass
127	198	40	60	45.9	147230	Pass
197	198	0	1	0.0	0	Pass
198	198	100	100	100.0	321034	Pass
199	198	5	9	6.8	21686	Pass
275	198	10	30	22.8	73225	Pass
365	198	1	100	2.5	7979	Pass
441	443	1E-10	100	71.0	41399	Pass
442	198	40	100	88.0	282396	Pass
443	442	17	23	20.7	58341	Pass

图 9-10　十氟三苯基膦的调谐评估报告

(2)校准曲线的绘制。分别移取适量的半挥发性有机物标准使用液、替代物标准使用液和内标使用液，用二氯甲烷定容后混匀。按照仪器参考条件，从低浓度到高浓度依次进样分析。以目标化合物的质量浓度为横坐标，以目标化合物与内标化合物定量离子响应值的比值和内标化合物质量浓度的乘积为纵坐标，绘制校准曲线。（如图 9-11～图 9-14）

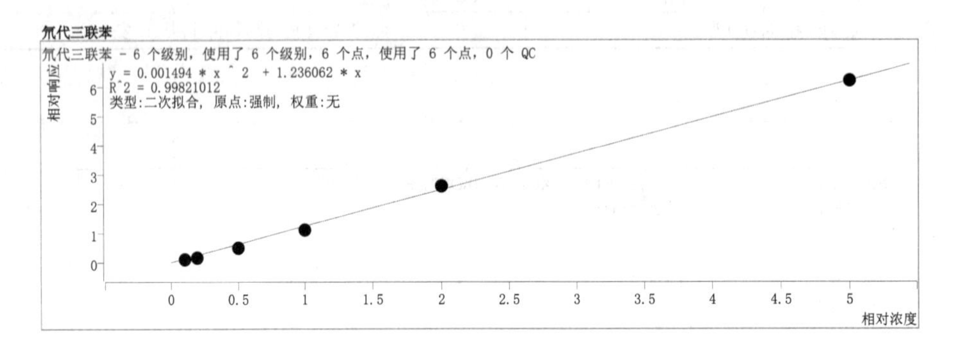

图 9-11　氘代三联苯校准曲线

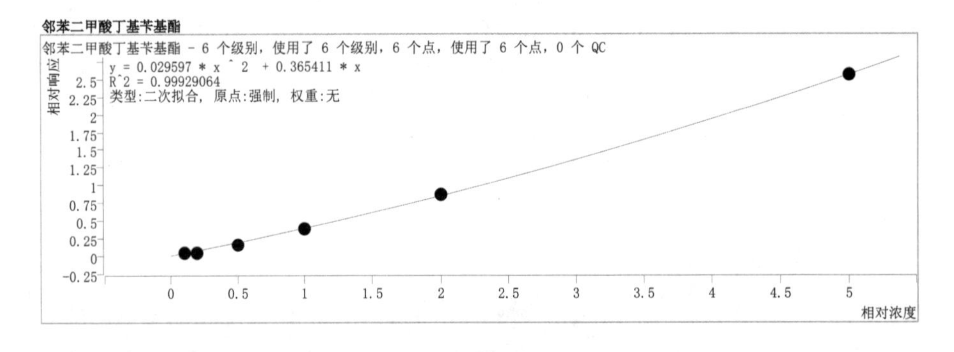

图 9-12　邻苯二甲酸丁基苄基酯校准曲线

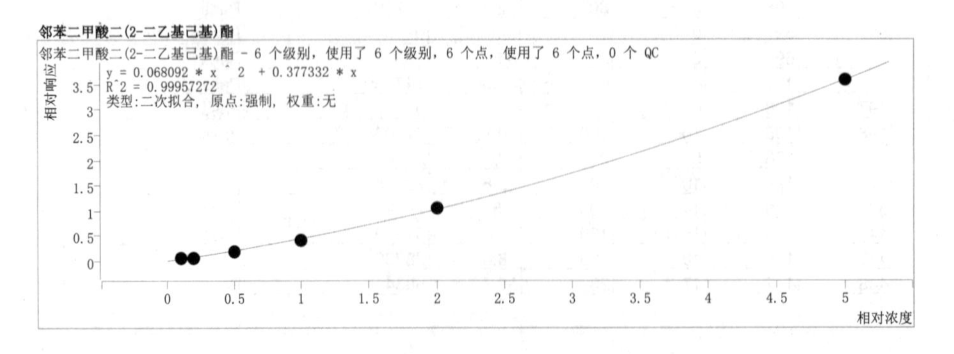

图 9-13　邻苯二甲酸二(2-二乙基己基)酯校准曲线

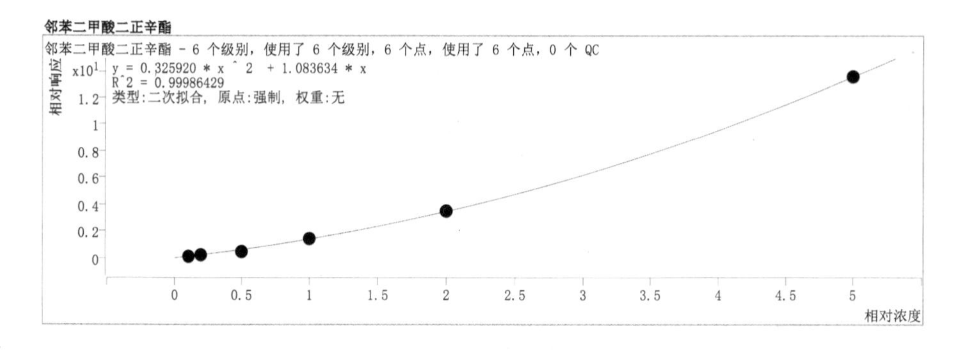

图 9-14　邻苯二甲酸二正辛酯校准曲线

9.7　结果计算与表示

9.7.1　定性分析

目标化合物以相对保留时间或保留时间与质谱图进行比较，进行定性，样品中目标化合物的相对保留时间与校准曲线中该目标化合物的相对保留时间的差值应在 0.06 min 以内。扣除谱图背景后，将实际样品的质谱图与校准确认标准溶液的质谱图进行比较，实际样品中目标化合物质谱图中特征离子的相对丰度变化应在校准确认标准溶液的 30%之内。

按照仪器参考条件进行分析，得到不同浓度各目标化合物的质谱总离子流图，记录目标化合物的保留时间和定量离子质谱峰的峰面积。邻苯二甲酸酯类有机物的标准物质总离子流图如图 9-15 所示，各目标化合物的保留时间和质谱参数见表 9-3。

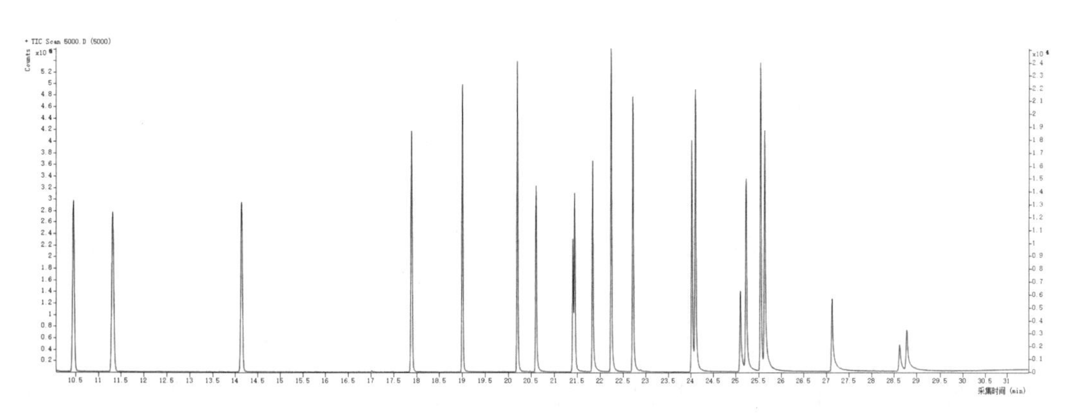

图 9-15　邻苯二甲酸酯类有机物的标准物质总离子流图

表 9-3 各目标化合物的保留时间和质谱参数

目标化合物	保留时间(min)	定量离子(m/z)	限定离子(m/z)
4,4′-三联苯-d_{14}(SS)	16.89	244	245,243
邻苯二甲酸丁基苄基酯	18.18	149	91,206
䓛-D_{12}(IS)	19.29	240	236,241
邻苯二甲酸二(2-乙基己基)酯	19.65	149	167,57
邻苯二甲酸二正辛酯	21.14	149	279

注:SS 为替代物,IS 为内标。

9.7.2 定量分析

样品中目标化合物的质量浓度按公式(9-1)进行计算:

$$\omega = \frac{\rho_x \times V_x}{m \times W_{dm}} \tag{9-1}$$

式中:

ω——样品中目标化合物的含量,mg/kg;

ρ_x——由标准曲线计算所得试样中目标化合物的质量浓度,μg/mL;

V_x——试样的定容体积,mL;

m——土壤试样的质量(湿重),g;

W_{dm}——土壤的干物质含量,%。

9.7.3 结果表示

当测定结果小于 1 mg/kg 时,小数点后位数的保留与方法检出限一致;当测定结果大于或等于 1 mg/kg 时,最多保留 3 位有效数字。

9.8 质量保证和控制

9.8.1 空白试验

每 20 个样品应至少分析一个空白试验,测定结果中目标化合物的浓度应不超过方法检出限,否则需检查试剂空白、仪器系统,以及前处理过程。

9.8.2 校准曲线

校准曲线中目标化合物相对响因子的相对偏差应小于或等于 20%,否则说明进样口或色谱柱存在干扰,需进行必要的维护。

连续进行分析时,每 24 h 分析一次校准曲线的中间浓度点,其测定结果与实际浓度值相对标准偏差应小于或等于 20%,否则须重新绘制校准曲线。

9.8.3　平行样品

每 20 个样品应至少分析一对平行样品，平行样品测定结果的相对偏差应小于 30%。

9.8.4　基体加标

每 20 个样品应至少分析一个基体加标样品，土壤加标样品回收率应控制在 60%～140%。

9.8.5　替代物的回收率

实验室应建立替代物加标回收率控制图，按同一批样品(20～30 个)进行统计，剔除离群值，计算替代物的平均回收率及相对标准偏差 S，替代物的平均回收率应控制在 p±3 S 内。

9.9　注意事项

(1)在对未知高浓度样品进行分析前，应在相同条件的气相色谱仪上进行初步筛查，防止高浓度有机物对气相色谱-质谱系统的污染。

(3)彻底清洗所用的玻璃器皿，以消除干扰物质。先用热水加清洁剂清洗，再用自来水和不含有机物的试剂水淋洗，在 130 ℃的环境下烘干 2～3 h，在干净的环境中保存。

(4)实验中产生的废液和废物应集中收集、统一保管，并送具有资质的单位统一处理。

10 半挥发性有机物的测定 气相色谱-质谱法(一)

警告:实验中所使用的内标、替代物和标准样品均为易挥发的有毒化学品,其溶液配制须在通风橱中进行操作,操作时须按规定佩戴防护器具,同时避免接触皮肤和衣物。

10.1 适用范围

本方法适用于土壤和沉积物中1,2,4,5-四氯代苯、1-甲基萘、2-甲基萘和五氯苯等4种污染物的测定。当取样量为20 g,用四极杆质谱进行全扫描分析时,目标化合物的方法检出限为0.05～0.08 mg/kg,测定下限为0.20～0.32 mg/kg。

10.2 方法原理

采用加压流体萃取方式提取土壤和沉积物中的1,2,4,5-四氯代苯、1-甲基萘、2-甲基萘和五氯苯,萃取液经净化、浓缩、定容后,用气相色谱分离、质谱检测。根据标准物质质谱图、保留时间、碎片离子质荷比及丰度比定性,内标法定量。

10.3 试剂和材料

(1)丙酮(C_3H_6O):色谱纯,赛默飞世尔科技(中国)有限公司。

(2)二氯甲烷(CH_2Cl_2):色谱纯,赛默飞世尔科技(中国)有限公司。

(3)正己烷(C_6H_{14}):色谱纯,赛默飞世尔科技(中国)有限公司。

(4)正己烷-丙酮混合溶剂:1+1。

(5)二氯甲烷-正己烷混合溶剂:(1+1)+5%丙酮。

(6)无水硫酸钠(Na_2SO_4):优级纯,在马弗炉中400 ℃的环境下烘烤4 h,冷却后装入磨口玻璃瓶中密封,于干燥器中保存。

(7)硅藻土:上海安谱实验科技股份有限公司,在马弗炉中400 ℃的环境下烘烤4 h,冷却后装入磨口玻璃瓶中密封,于干燥器中保存。

(8)铜粉(Cu):上海安谱实验科技股份有限公司。

(9)半挥发性有机物标准贮备液：ρ=100 μg/mL。

(10)半挥发性有机物标准使用液：ρ=20 μg/mL，用正己烷稀释配制。

(11)内标贮备液：ρ=2000 μg/mL。

(12)内标使用液：ρ=200 μg/mL，用正己烷稀释配制。

(13)替代物标准贮备液：四氯间二甲苯，ρ=100 μg/mL；硝基苯-d_5、2-氟联苯和氘代三联苯，ρ=1000 μg/mL。

(14)替代物标准使用液：ρ=20 mg/L，用正己烷稀释配制。

(15)十氟三苯基膦(DFTPP)标准溶液：ρ=50 μg/mL。

(16)氮气(N_2)：纯度大于或等于 99.999%。

(17)氦气(He)：纯度大于或等于 99.999%。

(18)标准工作溶液：根据仪器灵敏度及线性范围的要求，配制标准工作溶液。

10.4　仪器和设备

(1)气相色谱-质谱仪：安捷伦科技有限公司，8890-5977B，配自动进样器。

(2)提取装置：加速溶剂萃取仪。

(3)浓缩装置：氮吹浓缩仪。

(4)毛细管色谱柱：安捷伦科技有限公司，DB-5MSU，30 m×0.25 mm×0.25 μm。

(5)微量注射器：10 μL、25 μL、50 μL、100 μL、250 μL 和 1000 μL。

(6)采样瓶：具磨口玻璃塞的棕色样品瓶。

(7)收集瓶：250 mL。

(8)具聚四氟乙烯螺旋盖的棕色小瓶：2 mL。

(9)浓缩管：60 mL、10 mL。

(10)天平：精度为 0.01 g。

(11)一般实验室常用仪器和设备。

10.5　样品

10.5.1　样品的保存

样品采集后于洁净的具磨口玻璃塞的棕色样品瓶中保存。运输过程中，在 4 ℃以下的环境中密封、避光保存。如果不能及时进行分析，应在 4 ℃以下的环境中密封、避光保存。

10.5.2　干物质含量的测定

参照《土壤　干物质和水分的测定　重量法》执行。具盖容器和盖子于 105±5 ℃的环境下烘干 1 h，稍冷，盖好盖子，然后置于干燥器中至少冷却 45 min，测定带盖容器的质量 m_0，精确至 0.01 g。用样品勺将 10～15 g 冻干试样转移至称重的具盖容器中，盖上容器盖，测定总质量 m_1，精确至 0.01 g。取下容器盖，将容器和冻干样品一同放入烘箱中，在 105±5 ℃的环境下烘干至恒重，同时烘干容器盖，盖上容器盖，置于干燥器中冷却 45 min，取出后立即测定带盖容器和烘干土壤的总质量 m_2，精确至 0.01 g。

10.5.3 试样的制备

（1）萃取。首先在 34 mL 萃取池池底加入少量硅藻土，然后称取 20 g（20.00～20.10 g）样品于干净的烧杯中（如图 10-1），加入 1 勺硅藻土分散混匀后，转移至萃取池中，并用少量的硅藻土清洗烧杯 2 次，并转移至萃取池中（如图 10-2）。基质复杂时，根据情况减少样品量。样品中加入 100 μL 替代物，旋紧盖子，使用加速溶剂萃取仪按以下条件进行萃取（如图 10-3）。

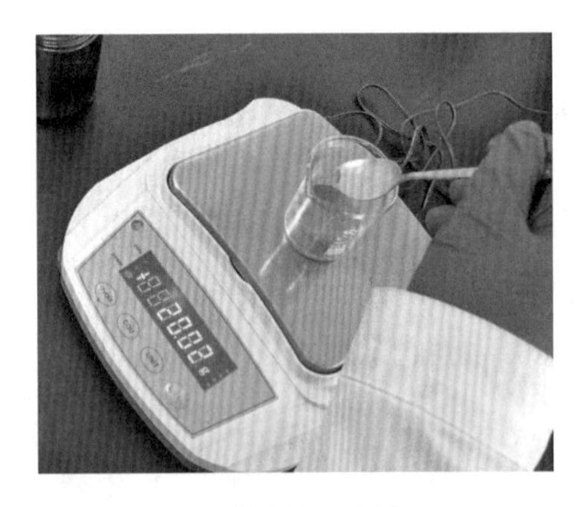

图 10-1 称样

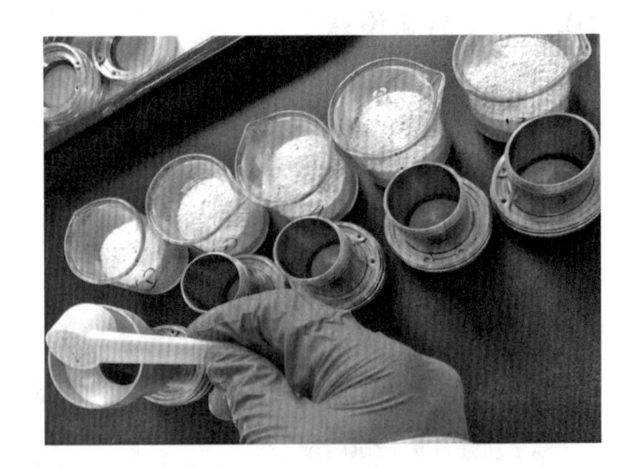

图 10-2 加入硅藻土

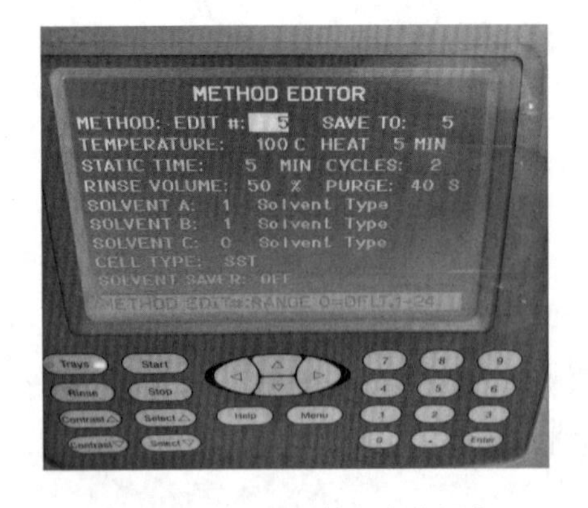

图 10-3 ASE 萃取条件设定

①萃取溶剂为丙酮-正己烷（1+1）；

②加热温度为 100 ℃；

③萃取池压力为 1500 psi；

④预加热平衡时间为 5 min；

⑤静态萃取时间为 5 min；

⑥溶剂淋洗体积为 50%池体积；

⑦氮气吹扫时间为 40 s；

⑧静态萃取次数为 2 次。

（2）浓缩。提取剂用无水硫酸钠干燥，转移至氮吹管，使用氮吹浓缩仪氮吹浓缩（如图 10-4）。

图 10-4　氮吹浓缩仪

在室温条件下使用氮吹浓缩仪，开启氮气至溶剂表面有气流波动（避免形成气涡），浓缩过程中，每半小时需将萃取液摇匀一次，浓缩至 2 mL，加入 5 mL 正己烷，并浓缩至约 1 mL，重复此浓缩过程 2 次，浓缩至 1 mL，待净化。如果提取液中含硫过多，需要在干燥时加入铜粉脱硫。

（3）净化。将硅酸镁净化小柱固定在固相萃取装置上，用 10 mL 二氯甲烷淋洗小柱，加入 5 mL 正己烷，待柱充满后关闭流速控制阀，浸 5 min。缓慢打开控制阀，继续加入 5 mL 正己烷，在填料暴露于空气之前关闭控制阀，弃去流出液（如图 10-5）。将浓缩后的提取液转移至小柱中，用 2 mL 洗脱剂分 2 次洗涤浓缩器皿，洗液全部转入小柱中。缓慢打开控制阀，在填料暴露于空气之前关闭控制阀，加入 10 mL 二氯甲烷-正己烷混合溶剂，浸 1 min。缓缓打开控制阀，保持约 2 mL/min 的速率收集全部洗脱液。

（4）定容、加内标。净化后的试液再次氮吹浓缩至小体积，定容至 1 mL，转移至 2 mL 样品瓶中，加入 20 μL 内标液，待测（如图 10-6）。

图 10-5　净化

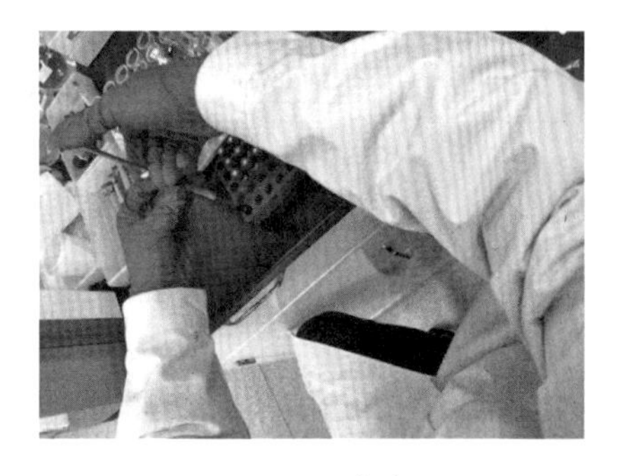

图 10-6　定容

(5)空白试验。用石英砂代替样品，按照与制备试样相同的步骤进行空白试样的制备，在相同的仪器参考条件下进行分析测定。

10.6 分析步骤

10.6.1 仪器参考条件

(1)气相色谱参考条件。进样口温度为 250 ℃；载气为氦气；不分流进样；进样量为 1 μL；柱流量为 1 mL/min（恒流）。升温程序，初始温度为 50 ℃，保持 2 min，以 10 ℃/min 的速率升至 300 ℃，保持 2 min，以 5 ℃/min 的速率升至 340 ℃，保持 1 min。（如图 10-7～图 10-10）

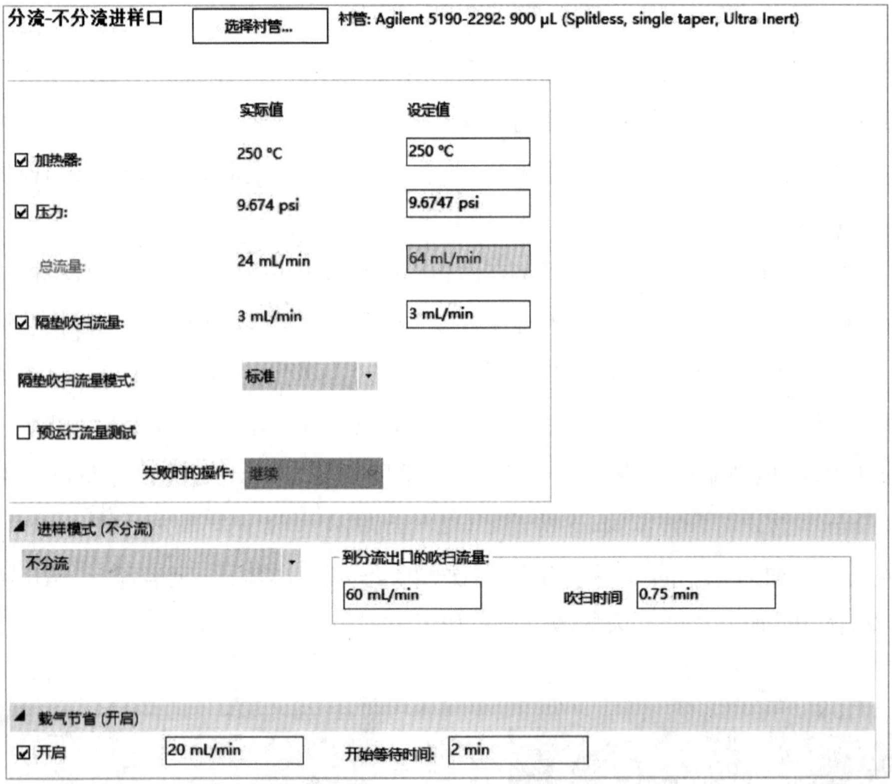

分流-不分流进样口 选择衬管... 衬管: Agilent 5190-2292: 900 μL (Splitless, single taper, Ultra Inert)
实际值 设定值
☑ 加热器: 250 °C 250 °C
☑ 压力: 9.674 psi 9.6747 psi
总流量: 24 mL/min 64 mL/min
☑ 隔垫吹扫流量: 3 mL/min 3 mL/min
隔垫吹扫流量模式: 标准
☐ 预运行流量测试
失败时的操作: 继续
进样模式 (不分流)
不分流
到分流出口的吹扫流量: 60 mL/min 吹扫时间 0.75 min
载气节省 (开启)
☑ 开启 20 mL/min 开始等待时间: 2 min

图 10-7 进样口条件设定

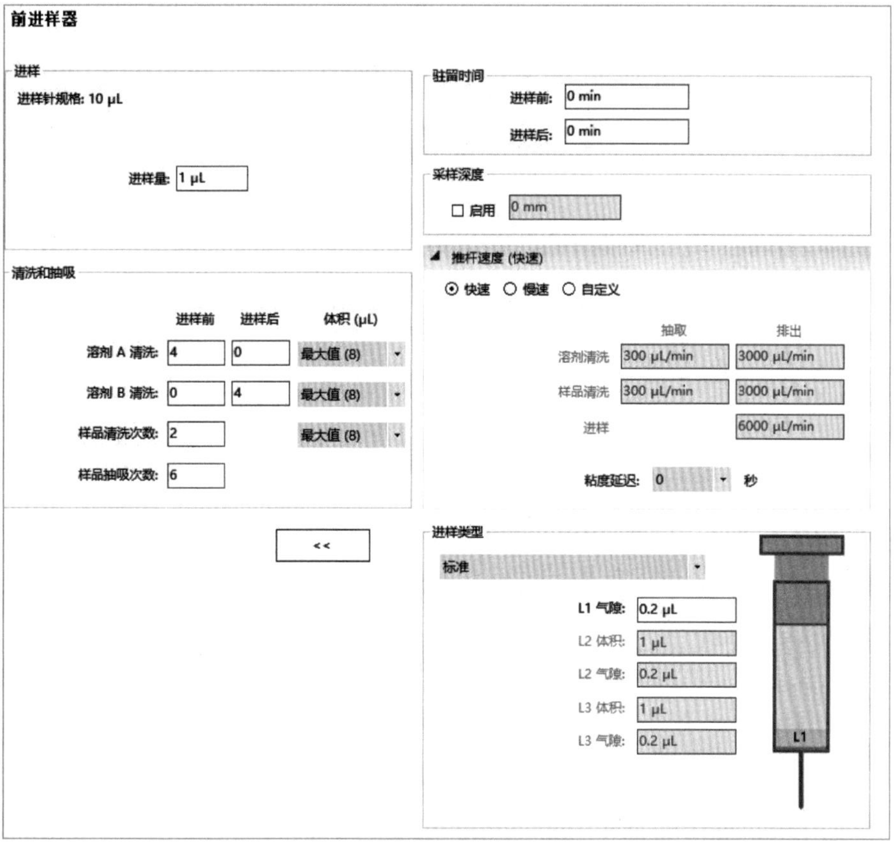

图 10-8　前进样器条件设定

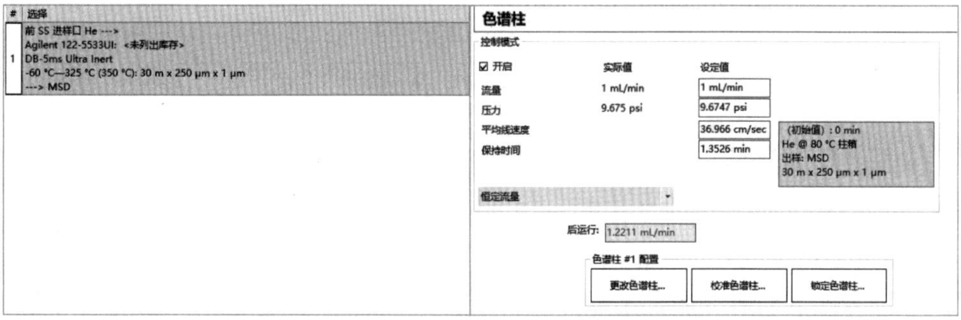

图 10-9　色谱柱条件设定

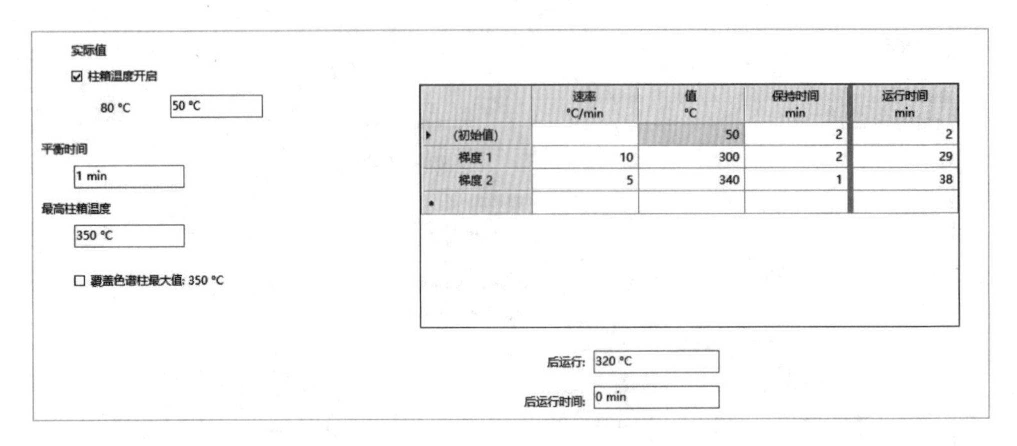

图 10-10 程序升温条件设定

(2)质谱参考条件。扫描方式为全扫描;离子源温度为 230 ℃;接口温度为 250 ℃;离子化能量为 70 eV;调谐文件为 DFTPP. u。质谱参考条件如图 10-11 所示,质谱调谐结果如图 10-12 所示。

调谐文件
dftpp. u
调谐类型 EI
调谐 EMV 1020
CI 气体阀
CI 流量 %

	实际值	设定值
离子源	230	230
MS 四极杆	150	150

应用(A)

运行时间(R) 38.00 min
溶剂延迟 2.50 min
检测器设置
痕量离子检测
EM 设置 增益因子
增益因子 3.000
应用的 EM 电压(V) 1132
EM 保护
限值 总限值 1e8 (缺省)

采集类型 扫描

扫描时间段

时间	扫描起点	扫描终点	阈值	扫描速度 (u/s)	频率 (扫描数/秒)	循环时间 (ms)	步长(m/z)
2.50	45.00	550.00	50	1,562 [N=2]	2.9	345.83	0.1

SIM 时间段

时间	组名称	离子数目	总驻留时间 (ms)	循环时间 (Hz)	分辨率	增益因子	计算的 EMV
2.50	1	3	300	3.1086	低		
19.00	2	25	2700	0.3648	低		
19.01	New Group	1	100	8.3333	低		

图 10-11 质谱参考条件

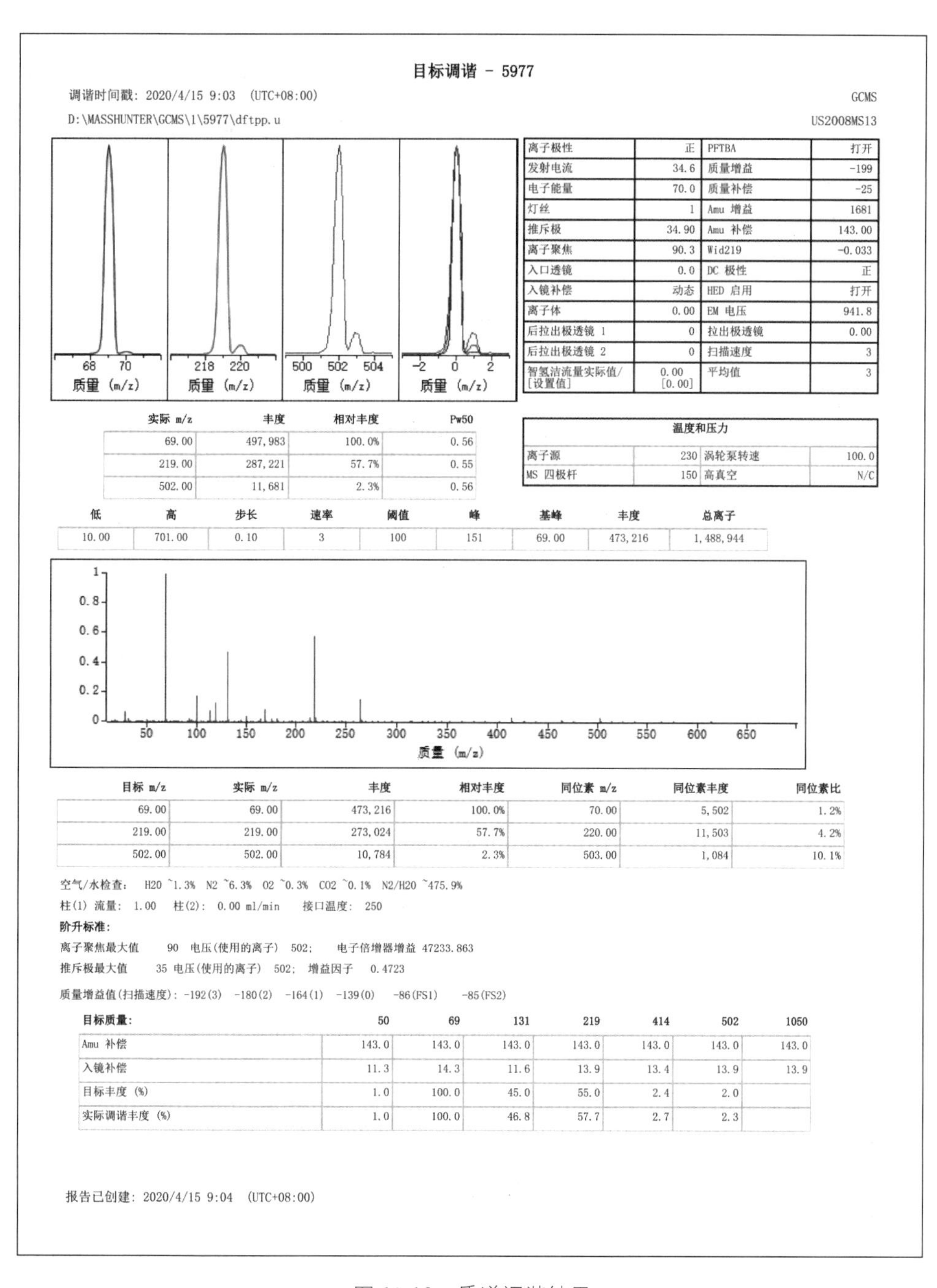

目标调谐 - 5977

调谐时间戳：2020/4/15 9:03 (UTC+08:00)　　GCMS

D:\MASSHUNTER\GCMS\1\5977\dftpp.u　　US2008MS13

离子极性	正	PFTBA	打开
发射电流	34.6	质量增益	-199
电子能量	70.0	质量补偿	-25
灯丝	1	Amu 增益	1681
推斥极	34.90	Amu 补偿	143.00
离子聚焦	90.3	Wid219	-0.033
入口透镜	0.0	DC 极性	正
入镜补偿	动态	HED 启用	打开
离子体	0.00	EM 电压	941.8
后拉出极透镜 1	0	拉出极透镜	0.00
后拉出极透镜 2	0	扫描速度	3
智氢洁流量实际值/[设置值]	0.00 [0.00]	平均值	3

实际 m/z	丰度	相对丰度	Pw50
69.00	497,983	100.0%	0.56
219.00	287,221	57.7%	0.55
502.00	11,681	2.3%	0.56

温度和压力			
离子源	230	涡轮泵转速	100.0
MS 四极杆	150	高真空	N/C

低	高	步长	速率	阈值	峰	基峰	丰度	总离子
10.00	701.00	0.10	3	100	151	69.00	473,216	1,488,944

目标 m/z	实际 m/z	丰度	相对丰度	同位素 m/z	同位素丰度	同位素比
69.00	69.00	473,216	100.0%	70.00	5,502	1.2%
219.00	219.00	273,024	57.7%	220.00	11,503	4.2%
502.00	502.00	10,784	2.3%	503.00	1,084	10.1%

空气/水检查：　H20 ˜1.3%　N2 ˜6.3%　02 ˜0.3%　C02 ˜0.1%　N2/H20 ˜475.9%

柱(1) 流量：1.00　柱(2)：0.00 ml/min　接口温度：250

阶升标准：

离子聚焦最大值　90　电压(使用的离子) 502；　电子倍增器增益 47233.863

推斥极最大值　35 电压(使用的离子) 502；增益因子　0.4723

质量增益值(扫描速度)：-192(3)　-180(2)　-164(1)　-139(0)　-86(FS1)　-85(FS2)

目标质量：	50	69	131	219	414	502	1050
Amu 补偿	143.0	143.0	143.0	143.0	143.0	143.0	143.0
入镜补偿	11.3	14.3	11.6	13.9	13.4	13.9	13.9
目标丰度 (%)	1.0	100.0	45.0	55.0	2.4	2.0	
实际调谐丰度 (%)	1.0	100.0	46.8	57.7	2.7	2.3	

报告已创建：2020/4/15 9:04 (UTC+08:00)

图 10-12　质谱调谐结果

10.6.2　校准

(1)仪器性能测试。取 1 μL 质谱调谐溶液直接进样，对气相色谱-质谱系统进行仪器性能测试，所得质量离子的丰度应符合表 10-1 的标准，否则需对质谱仪的一些参数进行调整或清洗离子源，十氟三苯基膦的调谐评估报告如图 10-13 所示。

表 10-1　十氟三苯基膦离子的丰度标准

质荷比	离子丰度标准	质荷比	离子丰度标准
51	强度为 198 碎片的 30%～60%	199	强度为 198 碎片的 5%～9%
68	强度小于 69 碎片的 2%	275	强度为 198 碎片的 10%～30%
70	强度小于 69 碎片的 2%	365	强度大于 198 碎片的 1%
127	强度为 198 碎片的 40%～60%	441	存在但不超过 443 碎片的强度
197	强度小于 198 碎片的 1%	442	强度大于 198 碎片的 40%
198	基峰,相对强度 100%	443	强度为 442 碎片的 17%～23%

调谐评估报告

数据路径:　D:\2020\HBLQYXC29A-19\DFTPP.D
采集时间:　2020/1/5 9:49:09
操作人员:
样品:　DFTPP
仪器名称:　GCMS
ALS 样品瓶:　37
方法:

DFTPP.D TIC

+ 扫描 (rt: 14.369 min) DFTPP.D 顶点 扣除 无 (自动)

目标质量	相对质量数	下限%	上限%	相对丰度 %	原始丰度	通过/失败
51	198	30	60	42.8	137367	Pass
68	69	0	2	0.0	0	Pass
70	69	0	2	0.5	658	Pass
127	198	40	60	45.9	147230	Pass
197	198	0	1	0.0	0	Pass
198	198	100	100	100.0	321034	Pass
199	198	5	9	6.8	21686	Pass
275	198	10	30	22.8	73225	Pass
365	198	1	100	2.5	7979	Pass
441	443	1E-10	100	71.0	41399	Pass
442	198	40	100	88.0	282396	Pass
443	442	17	23	20.7	58341	Pass

图 10-13　十氟三苯基膦的调谐评估报告

(2)校准曲线的绘制。分别移取适量的标准使用液、替代物标准使用液和内标使用液，用正己烷定容后混匀。按照仪器参考条件，从低浓度到高浓度依次进样分析，以目标化合物的质量浓度与内标浓度的比值为横坐标，以目标化合物与内标化合物定量离子响应值的比值为纵坐标，绘制校准曲线。(如图 10-14～图 10-18)

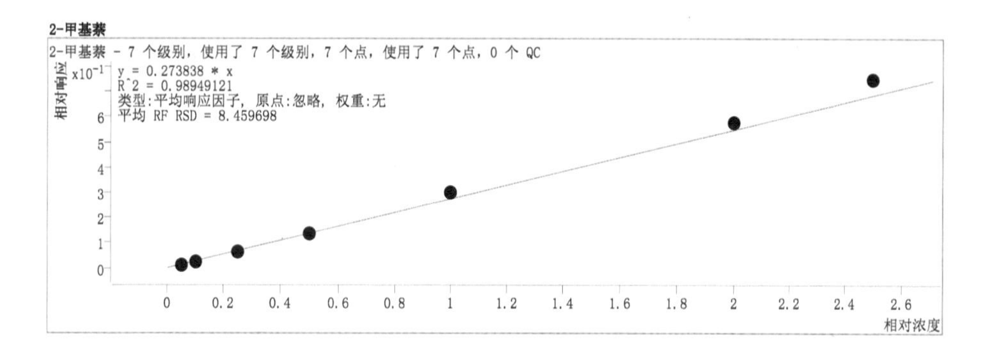

图 10-14　2-甲基萘校准曲线

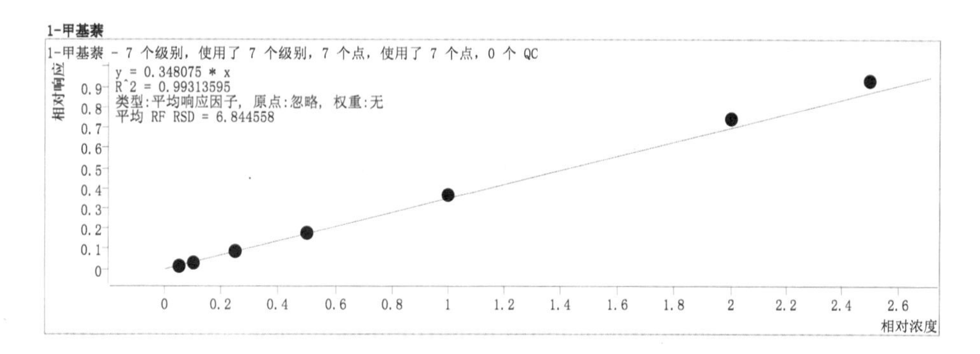

图 10-15　1-甲基萘校准曲线

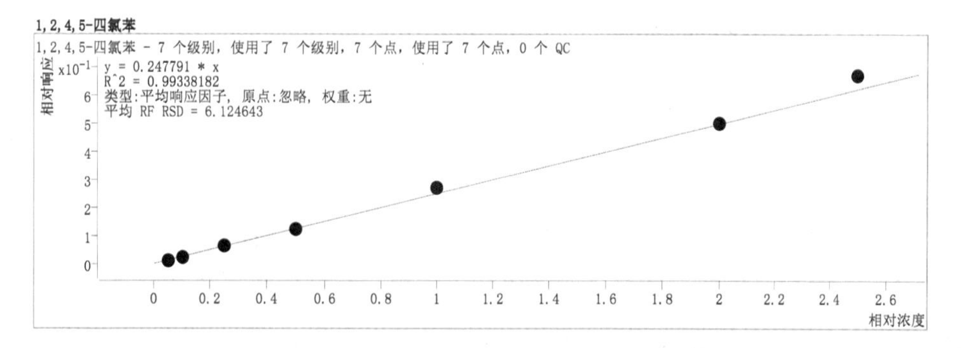

图 10-16　1,2,4,5-四氯苯校准曲线

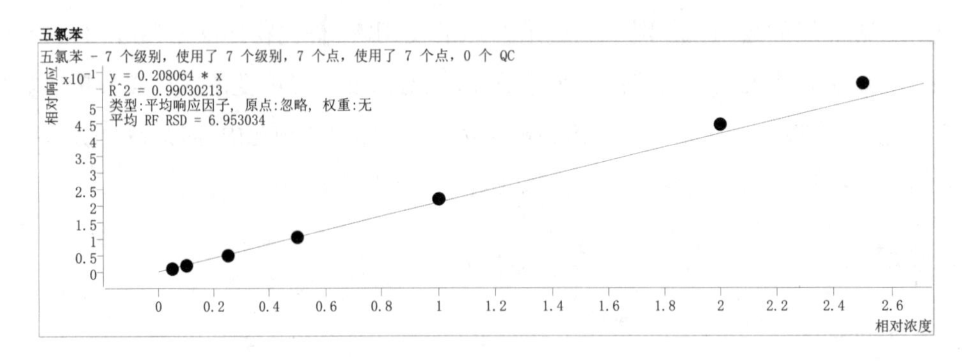

图 10-17　五氯苯校准曲线

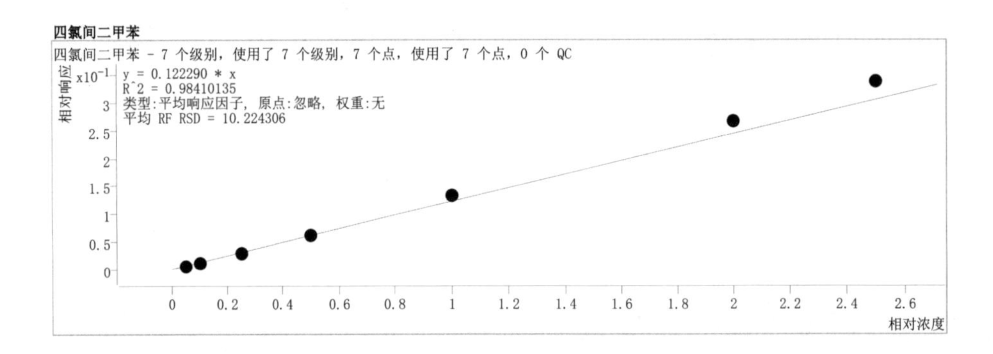

图 10-18　四氯间二甲苯校准曲线

10.7 计算与表示

10.7.1 定性分析

目标化合物以相对保留时间或保留时间与质谱图进行比较，进行定性，样品中目标化合物的相对保留时间与校准曲线中该目标化合物的相对保留时间的差值应在 0.1 min 以内。扣除谱图背景后，将实际样品的质谱图与校准确认标准溶液的质谱图进行比较，实际样品中目标化合物质谱图中特征离子的相对丰度变化应在校准确认标准溶液的 30%之内。

按照仪器参考条件进行分析，得到不同浓度各目标化合物的质谱总离子流图，记录目标化合物的保留时间和定量离子质谱峰的峰面积。各目标化合物的标准物质总离子流图如图 10-19 所示，各目标化合物的保留时间和质谱参数见表 10-2。

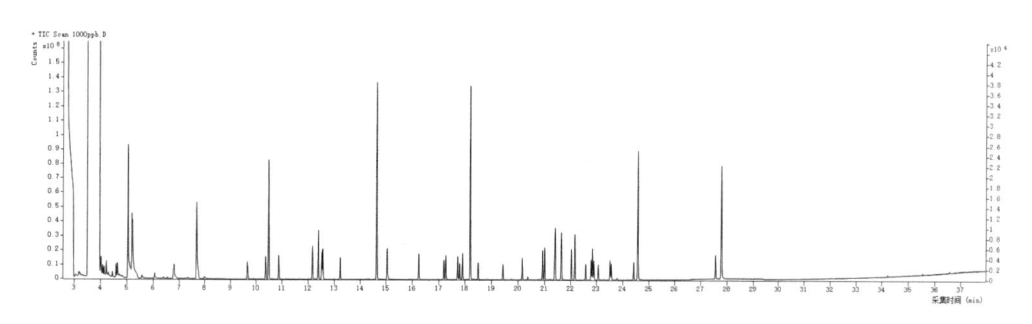

图 10-19　各目标化合物的标准物质总离子流图

表 10-2　各目标化合物的保留时间和质谱参数

目标化合物	保留时间(min)	定量离子(m/z)	限定离子(m/z)
萘-d8(IS)	10.49	136	108
2-甲基萘	12.17	142	141,115
1-甲基萘	12.39	142	141,115
1,2,4,5-四氯代苯	12.53	216	179,74
苊-d10(IS)	14.64	164	162,160
五氯苯	15.03	250	108
四氯间二甲苯(SS)	16.24	207	136,244

注：SS 为替代物，IS 为内标。

10.7.2　定量分析

在对目标化合物进行定性判断的基础上，根据定量离子的峰面积，采用内标法进行定量。当样品中目标化合物的定量离子有干扰时，允许使用辅助离子定量。根据样品溶液中目标化合物的峰面积，由校准曲线计算得到样品溶液中该目标化合物的浓度。

校准系列中第 i 点目标化合物的相对响应因子按照公式(10-1)进行计算：

$$RRF_{\mathrm{i}}=\frac{A_{\mathrm{i}}}{A_{\mathrm{ISi}}}\times\frac{\rho_{\mathrm{ISi}}}{\rho_{\mathrm{i}}} \tag{10-1}$$

式中：

RRF_{i}——校准系列中第 i 点目标化合物的相对响应因子；

A_{i}——校准系列中第 i 点目标化合物定量离子的响应值；

A_{ISi}——校准系列中第 i 点与目标化合物相对内标定量离子的响应值；

ρ_{ISi}——校准系列中内标物的质量浓度，μg/mL；

ρ_i—— 校准系列中第 i 点目标化合物的质量浓度，μg/mL。

校准系列中目标化合物的平均相对响因子按照公式(10-2) 进行计算：

$$\overline{RRF}=\frac{\sum_{i=1}^{n}RRF_i}{n} \tag{10-2}$$

式中：

$\overline{RRF}$—— 校准系列中目标化合物的平均相对响因子；

RRF_i—— 校准系列中第 i 点目标化合物的相对响因子；

n—— 校准系列点数。

样品中目标化合物的含量按照公式(10-3) 进行计算：

$$\omega=\frac{A_x\times\rho_{IS}\times V_x}{A_{IS}\times\overline{RRF}\times m\times W_{dm}} \tag{10-3}$$

式中：

ω—— 样品中目标化合物的含量，mg/kg；

A_x—— 试样中目标化合物定量离子的峰面积；

ρ_{IS}—— 试样中内标的浓度，μg/mL；

V_x—— 试样的定容体积，mL；

A_{IS}—— 试样中内标化合物定量离子的峰面积；

$\overline{RRF}$—— 校准系列中目标化合物的平均相对响因子；

m—— 土壤试样的质量(湿重)，g；

W_{dm}—— 土壤试样的干物质含量，%。

10.7.3 结果表示

当测定结果小于 1 mg/kg 时，小数点后位数的保留与方法检出限一致；当测定结果大于或等于 1 mg/kg 时，最多保留 3 位有效数字。

10.8 质量保证和控制

10.8.1 空白实验

每 20 个样品应至少分析一个空白试验，测定结果中目标化合物的浓度应不超过方法检出限，否则需检查试剂空白、仪器系统，以及前处理过程。

10.8.2 校准曲线

校准曲线中目标化合物相对响因子的相对偏差应小于或等于 20%，否则说明进样口或色谱柱存在干扰，需进行必要的维护。

连续进行分析时，每 24 h 分析一次校准曲线的中间浓度点，其测定结果与实际浓度值相对标准偏差应小于或等于 20%，否则须重新绘制校准曲线。

10.8.3　平行样品

每 20 个样品应至少分析一对平行样品，平行样品测定结果的相对偏差小于 35%。

10.8.4　基体加标

每 20 个样品应至少分析一个基体加标样品，土壤加标样品回收率应控制在 60%～110%。

10.8.5　替代物的回收率

实验室应建立替代物加标回收率控制图，按同一批样品（20～30 个）进行统计，剔除离群值，计算替代物的平均回收率及相对标准偏差 S，替代物的平均回收率应控制在 p±3 S 内。

10.8.6　仪器性能检查

（1）用 2 mL 试剂瓶装入未经浓缩的二氯甲烷，按照分析样品的仪器参考条件做一个空白检查，质谱谱图中应没有干扰物。干扰较多或浓度较高的样品进行分析后也应做一个空白检查，如果出现较多的干扰峰，或高温区出现干扰峰，或流失过多，则需检查污染来源，必要时采取更换衬管、清洗离子源或保养、更换色谱柱等措施。

（2）进样口惰性检查。DDT 到 DDE 和 DDD 的降解率应不超过 15%，如果 DDT 衰减过多或出现较差的色谱峰，则需要清洗或更换进样口，同时还要截取毛细管色谱柱前端 5 cm，重新校准。

DDT 降解率的计算公式如下：

$$DDT\% = \frac{(DDE + DDD)\text{ 的检出量(ng)}}{DDT\text{ 的进样量(ng)}} \times 100$$

10.9　注意事项

（1）氮吹浓缩时，避免溶液体积小于 0.8 mL。

（2）实验中产生的废液和废物应集中收集、统一保管，并送具有资质的单位统一处理。

11 半挥发性有机物的测定 气相色谱-质谱法(二)

警告:实验中所使用的内标、替代物和标准样品均为易挥发的有毒化学品,其溶液配制须在通风橱中进行操作,操作时须按规定佩戴防护器具,同时避免接触皮肤和衣物。

11.1 适用范围

本方法适用于土壤和沉积物中六氯环戊二烯、2,4-二硝基甲苯的筛查和定量分析。当取样量为 20 g,浓缩后定容体积为 1 mL 时,采用全扫描的方式测定,各目标化合物的方法检出限和测定下限见表 11-1。

表 11-1 各目标化合物的方法检出限和测定下限

目标化合物	方法检出限(mg/kg)	测定下限(mg/kg)
六氯环戊二烯	0.10	0.40
2,4-二硝基甲苯	0.15	0.60

11.2 方法原理

土壤和沉积物中的六氯环戊二烯、2,4-二硝基甲苯经提取、净化、浓缩、定容后,用气相色谱分离、质谱检测。根据标准物质质谱图、保留时间、碎片离子质荷比及其丰度定性,内标法定量。

11.3 试剂和材料

(1)丙酮(C_3H_6O):色谱纯,赛默飞世尔科技(中国)有限公司。

(2)二氯甲烷(CH_2Cl_2):色谱纯,赛默飞世尔科技(中国)有限公司。

(3)正己烷(C_6H_{14}):色谱纯,赛默飞世尔科技(中国)有限公司。

(4)二氯甲烷-丙酮混合溶剂:1+1。

(5)正己烷-二氯甲烷-丙酮混合溶剂:47+47+6。

(6)无水硫酸钠(Na_2SO_4):优级纯,在马弗炉中 400 ℃的环境下烘烤 4 h,冷却后装入磨口玻璃瓶中密封,于干燥器中保存。

(7)硅藻土:上海安谱实验科技股份有限公司。

(8)铜粉(Cu):上海安谱实验科技股份有限公司。

(9)半挥发性有机物标准贮备液:ρ=1000 mg/L。

(10)半挥发性有机物标准使用液:ρ=10 mg/L,用二氯甲烷-丙酮(1+1)混合溶剂稀释配制。

(11)内标贮备液:ρ=2000 mg/L,用苊-d_{10} 作为内标。

(12)内标使用液:ρ=50 mg/L,用正己烷稀释配制。

(13)替代物标准贮备液:ρ=1000 mg/L,用 2-氟联苯作为替代物。

(14)替代物标准使用液:ρ=10 mg/L,用二氯甲烷-丙酮(1+1)混合溶剂稀释配制。

(15)十氟三苯基膦(DFTPP)标准溶液:ρ=50 mg/L。

(16)氮气(N_2):纯度大于或等于 99.999%。

(17)氦气(He):纯度大于或等于 99.999%。

(18)标准工作溶液:根据仪器灵敏度及线性范围的要求,配制标准工作溶液。

11.4　仪器和设备

(1)气相色谱-质谱仪:安捷伦科技有限公司,8890-5977B 气相色谱-质谱联用仪。

(2)毛细管色谱柱:安捷伦科技有限公司,DB-5MSUI,30 m×0.25 mm×0.25 μm。

(3)加速溶剂萃取仪:赛默飞世尔科技(中国)有限公司。

(4)氮吹浓缩仪:上海安谱实验科技股份有限公司。

(5)固相萃取装置。

(6)一般实验室常用仪器和设备。

11.5　样品

11.5.1　样品的保存

样品采集后于洁净的具磨口玻璃塞的棕色样品瓶中保存。运输过程中,应在 4 ℃以下的环境中密封、避光保存。如果不能及时进行分析,应在 4 ℃以下的环境中密封、避光保存,保存时间不超过 10 d。

11.5.2　干物质含量的测定

参照《土壤　干物质和水分的测定　重量法》执行。具盖容器和盖子于 105±5 ℃的环境下烘干 1 h，稍冷，盖好盖子，然后置于干燥器中至少冷却 45 min，测定带盖容器的质量 m_0，精确至 0.01 g。用样品勺将 10～15 g 冻干试样转移至称重的具盖容器中，盖上容器盖，测定总质量 m_1，精确至 0.01 g。取下容器盖，将容器和冻干样品一同放入烘箱中，在 105±5 ℃的环境下烘干至恒重，同时烘干容器盖，盖上容器盖，置于干燥器中冷却 45 min，取出后立即测定带盖容器和烘干土壤的总质量 m_2，精确至 0.01 g。

11.5.3 试样的制备

(1)萃取。首先在 34 mL 萃取池池底加入少量硅藻土，然后称取 20 g(20.00～20.10 g)样品于干净的烧杯中(如图 11-1)，加入 1 勺硅藻土分散混匀后，转移至萃取池中，并用少量的硅藻土清洗烧杯 2 次，并转移至萃取池中(如图 11-2)。基质复杂时，根据情况减少样品量。样品中加入 100 μL 替代物，旋紧盖子，使用加速溶剂萃取仪按以下条件进行萃取(如图 11-3)。

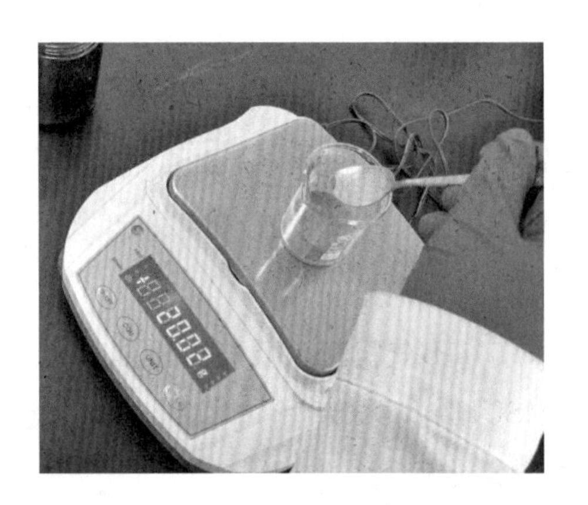

图 11-1 称样

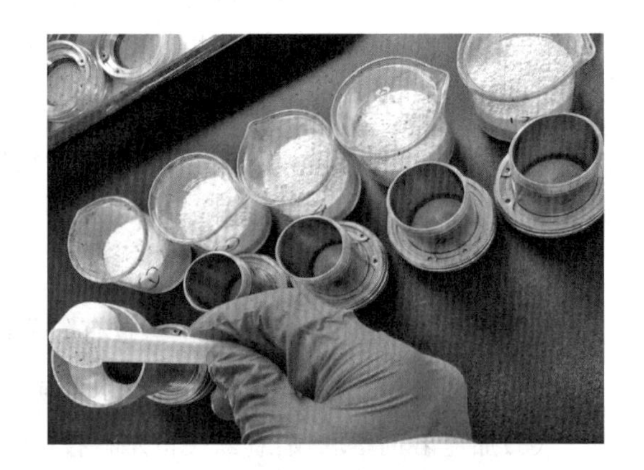

图 11-2 加入硅藻土

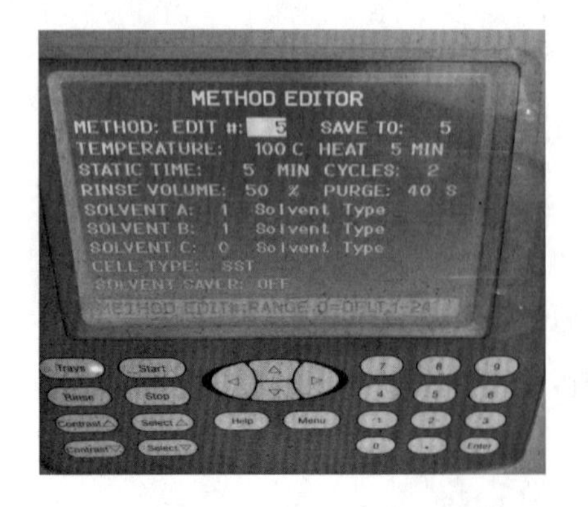

图 11-3 ASE 萃取条件设定

①萃取溶剂为二氯甲烷-丙酮(1+1)；

②加热温度为 100 ℃；

③萃取池压力为 1500 psi；

④预加热平衡时间为 5 min；

⑤静态萃取时间为 5 min；

⑥溶剂淋洗体积为 50%池体积；

⑦氮气吹扫时间为 40 s；

⑧静态萃取次数为 2 次。

(2)浓缩。提取剂用无水硫酸钠干燥，转移至氮吹管，使用氮吹浓缩仪氮吹浓缩(如图 11-4)。

图 11-4　氮吹浓缩仪

在室温条件下使用氮吹浓缩仪，开启氮气至溶剂表面有气流波动（避免形成气涡），浓缩过程中，每半小时需将萃取液摇匀一次，浓缩至 2 mL，加入 5 mL 正己烷，并浓缩至约 1 mL，重复此浓缩过程 2 次，浓缩至 1 mL，待净化。如果提取液中含硫过多，需要在干燥时加入铜粉脱硫。

（3）净化。将硅酸镁净化小柱固定在固相萃取装置上，用 10 mL 二氯甲烷淋洗小柱，加入 5 mL 正己烷，待柱充满后关闭流速控制阀，浸 5 min。缓慢打开控制阀，继续加入 5 mL 正己烷，在填料暴露于空气之前关闭控制阀，弃去流出液（如图 11-5）。将浓缩后的提取液转移至小柱中，用 2 mL 洗脱剂分 2 次洗涤浓缩器皿，洗液全部转入小柱中。缓慢打开控制阀，在填料暴露于空气之前关闭控制阀，加入 10 mL 正乙烷-二氯甲烷-正己烷混合溶剂，浸 1 min。缓缓打开控制阀，保持约 2 mL/min 的速率收集全部洗脱液。

（4）定容、加内标。净化后的试液再次氮吹浓缩至小体积，定容至 1 mL，转移至 2 mL 样品瓶中，加入 20 μL 内标液，待测（如图 11-6）。

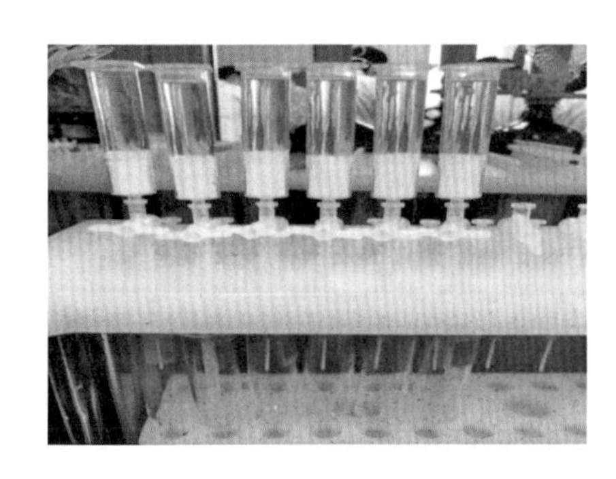

图 11-5　净化

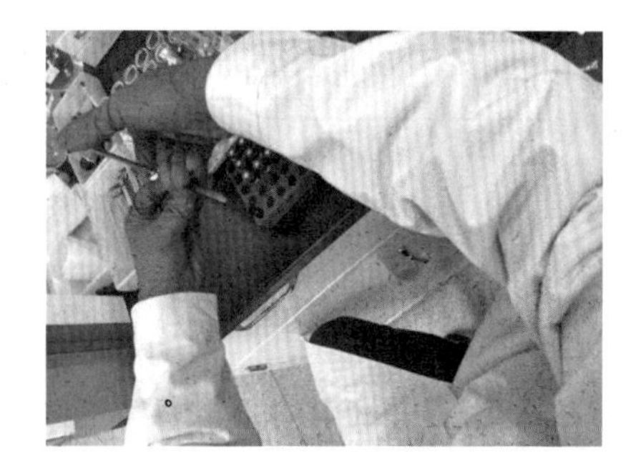

图 11-6　定容

(5)空白试验。用石英砂代替样品,按照与制备试样相同的步骤进行空白试样的制备,在相同的仪器参考条件下进行分析测定。

11.6 分析步骤

11.6.1 仪器参考条件

(1)气相色谱参考条件。进样口温度为 250 ℃;载气为氦气;不分流进样;进样量为 1 μL;柱流量为 1 mL/min(恒流)。升温程序,初始温度为 50 ℃,保持 2 min,以 10 ℃/min 的速率升至 300 ℃,保持 2 min,以 5 ℃/min 的速率升至 340 ℃,保持 1 min。(如图 11-7~图 11-10)

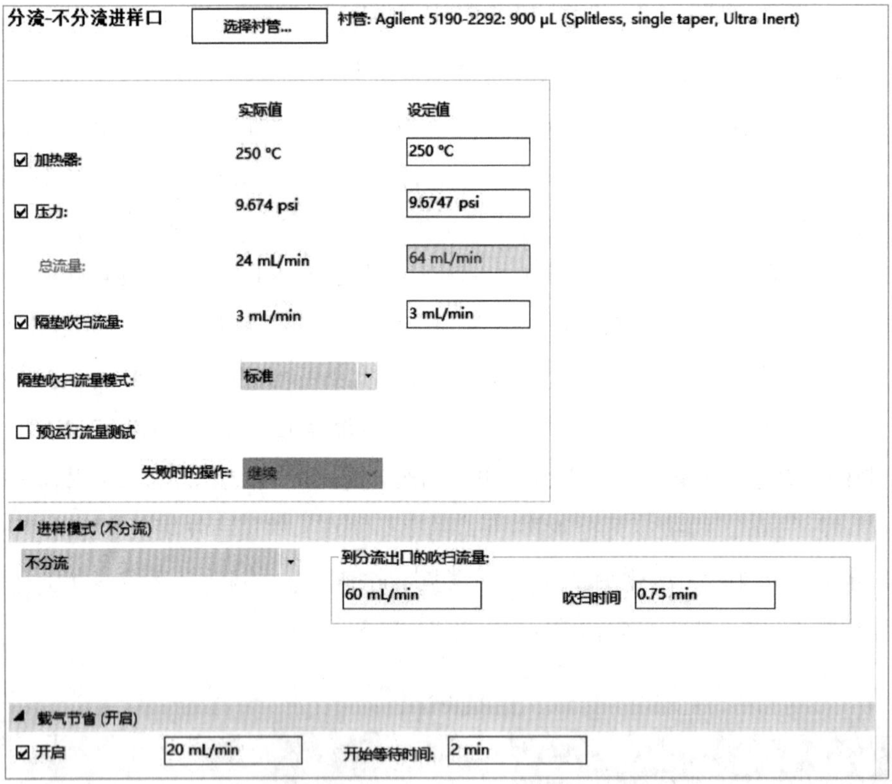

图 11-7 进样口条件设定

前进样器

进样

进样针规格: 10 μL

进样量: 1 μL

驻留时间

进样前: 0 min

进样后: 0 min

采样深度

☐ 启用 0 mm

◢ 推杆速度 (快速)

⊙ 快速 ○ 慢速 ○ 自定义

	抽取	排出
溶剂清洗	300 μL/min	3000 μL/min
样品清洗	300 μL/min	3000 μL/min
进样		6000 μL/min

粘度延迟: 0 秒

清洗和抽吸

	进样前	进样后	体积 (μL)
溶剂 A 清洗:	4	0	最大值 (8)
溶剂 B 清洗:	0	4	最大值 (8)
样品清洗次数:	2		最大值 (8)
样品抽吸次数:	6		

<<

进样类型

标准

L1 气隙: 0.2 μL

L2 体积: 1 μL

L2 气隙: 0.2 μL

L3 体积: 1 μL

L3 气隙: 0.2 μL

L1

图 11-8　前进样器条件设定

图 11-9　色谱柱条件设定

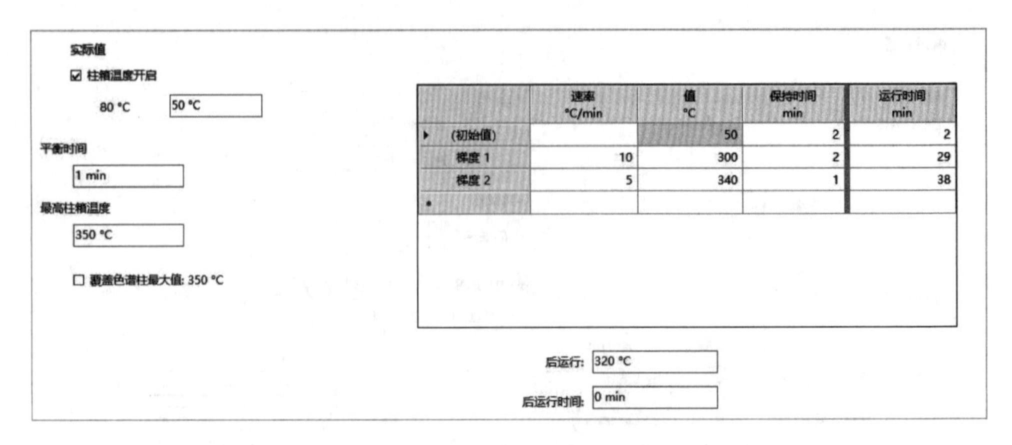

图 11-10　程序升温条件设定

(2)质谱参考条件。扫描方式为全扫描;离子源温度为 230 ℃;接口温度为 250 ℃;离子化能量为 70 eV;调谐文件为 DFTPP. u。质谱参考条件如图 11-11 所示,质谱调谐结果如图 11-12 所示。

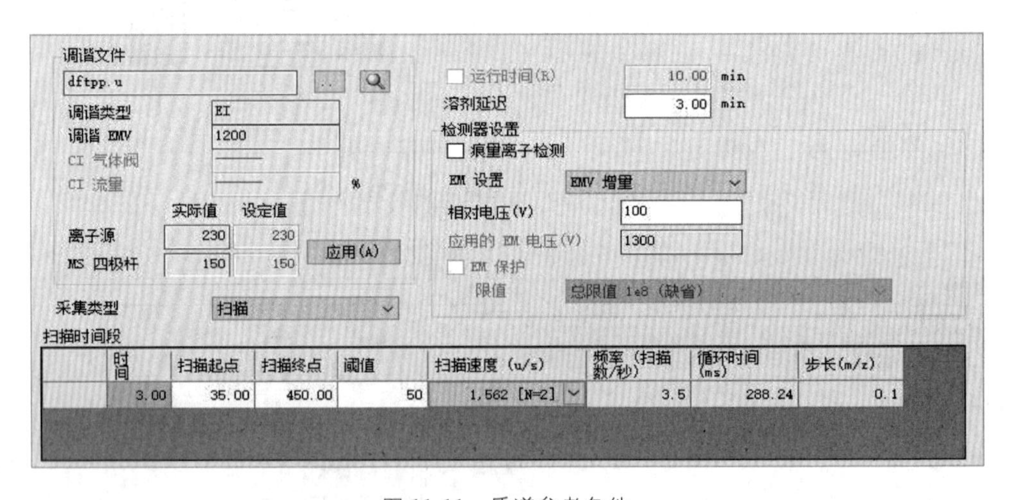

图 11-11　质谱参考条件

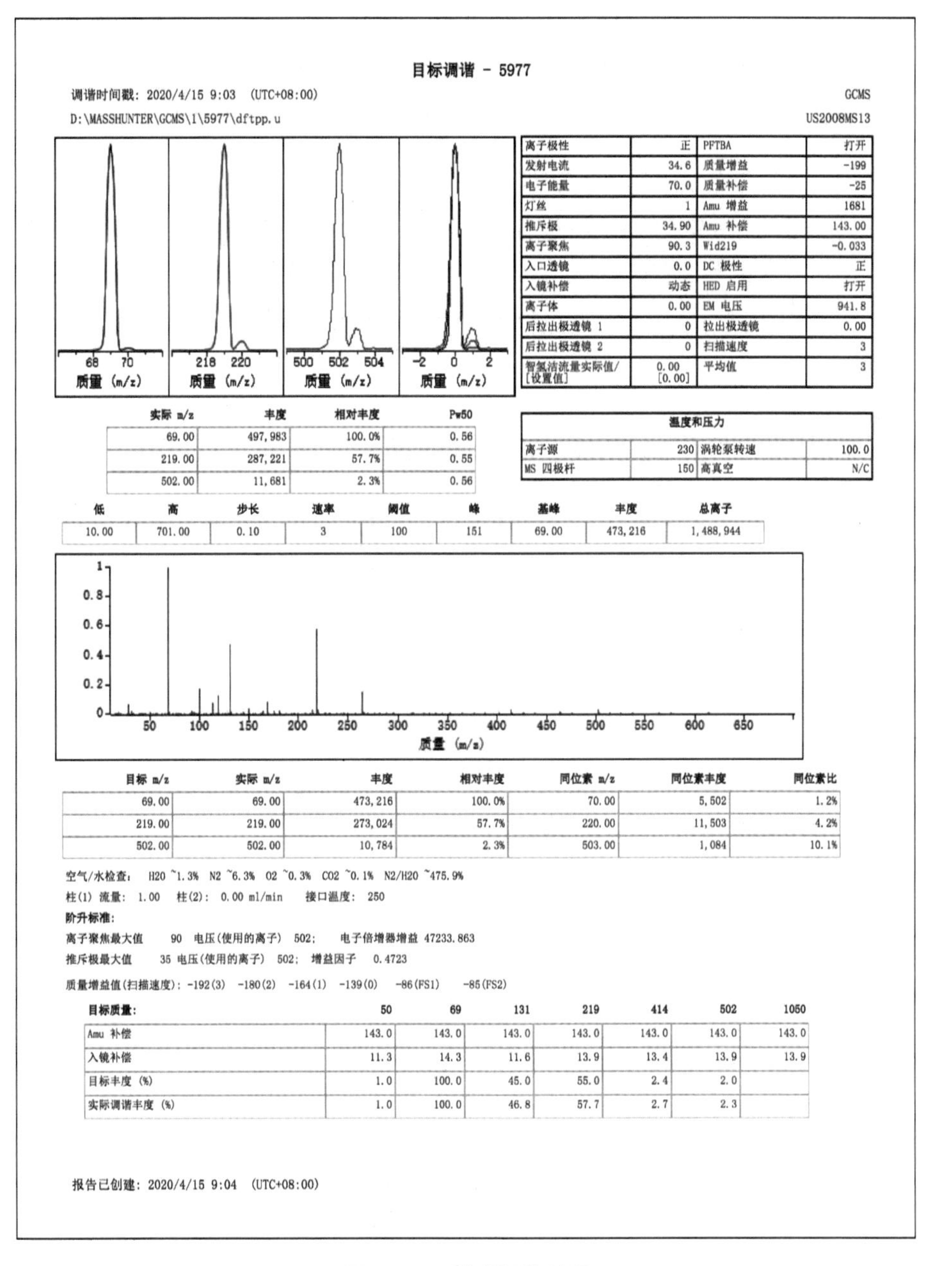

目标调谐 - 5977

调谐时间戳：2020/4/15 9:03　(UTC+08:00)　　GCMS

D:\MASSHUNTER\GCMS\1\5977\dftpp.u　　US2008MS13

离子极性	正	PFTBA	打开
发射电流	34.6	质量增益	-199
电子能量	70.0	质量补偿	-25
灯丝	1	Amu 增益	1681
推斥极	34.90	Amu 补偿	143.00
离子聚焦	90.3	Wid219	-0.033
入口透镜	0.0	DC 极性	正
入镜补偿	动态	HED 启用	打开
离子体	0.00	EM 电压	941.8
后拉出极透镜 1	0	拉出极透镜	0.00
后拉出极透镜 2	0	扫描速度	3
智氮洁流量实际值/[设置值]	0.00 [0.00]	平均值	3

实际 m/z	丰度	相对丰度	Pw50
69.00	497,983	100.0%	0.56
219.00	287,221	57.7%	0.55
502.00	11,681	2.3%	0.56

温度和压力			
离子源	230	涡轮泵转速	100.0
MS 四极杆	150	高真空	N/C

低	高	步长	速率	阈值	峰	基峰	丰度	总离子
10.00	701.00	0.10	3	100	151	69.00	473,216	1,488,944

目标 m/z	实际 m/z	丰度	相对丰度	同位素 m/z	同位素丰度	同位素比
69.00	69.00	473,216	100.0%	70.00	5,502	1.2%
219.00	219.00	273,024	57.7%	220.00	11,503	4.2%
502.00	502.00	10,784	2.3%	503.00	1,084	10.1%

空气/水检查：H2O ~1.3%　N2 ~6.3%　O2 ~0.3%　CO2 ~0.1%　N2/H2O ~475.9%

柱(1) 流量：1.00　柱(2)：0.00 ml/min　接口温度：250

阶升标准：

离子聚焦最大值　90　电压(使用的离子)　502；　电子倍增器增益 47233.863

推斥极最大值　35 电压(使用的离子)　502；增益因子　0.4723

质量增益值(扫描速度)：-192(3)　-180(2)　-164(1)　-139(0)　-86(FS1)　-85(FS2)

目标质量：	50	69	131	219	414	502	1050
Amu 补偿	143.0	143.0	143.0	143.0	143.0	143.0	143.0
入镜补偿	11.3	14.3	11.6	13.9	13.4	13.9	13.9
目标丰度 (%)	1.0	100.0	45.0	55.0	2.4	2.0	
实际调谐丰度 (%)	1.0	100.0	46.8	57.7	2.7	2.3	

报告已创建：2020/4/15 9:04　(UTC+08:00)

图 11-12　质谱调谐结果

11.6.2　校准

(1)仪器性能测试。取 1 μL 质谱调谐溶液直接进样，对气相色谱-质谱系统进行仪器性能测试，所得质量离子的丰度应符合表 11-2 的标准，否则需对质谱仪的一些参数进行调整或清洗离子源，十氟三苯基膦的调谐评估报告如图 11-13 所示。

表 11-2　十氟三苯基膦离子的丰度标准

质荷比	离子丰度标准	质荷比	离子丰度标准
51	强度为 198 碎片的 30%～60%	199	强度为 198 碎片的 5%～9%
68	强度小于 69 碎片的 2%	275	强度为 198 碎片的 10%～30%
70	强度小于 69 碎片的 2%	365	强度大于 198 碎片的 1%
127	强度为 198 碎片的 40%～60%	441	存在但不超过 443 碎片的强度
197	强度小于 198 碎片的 1%	442	强度大于 198 碎片的 40%
198	基峰，相对强度 100%	443	强度为 442 碎片的 17%～23%

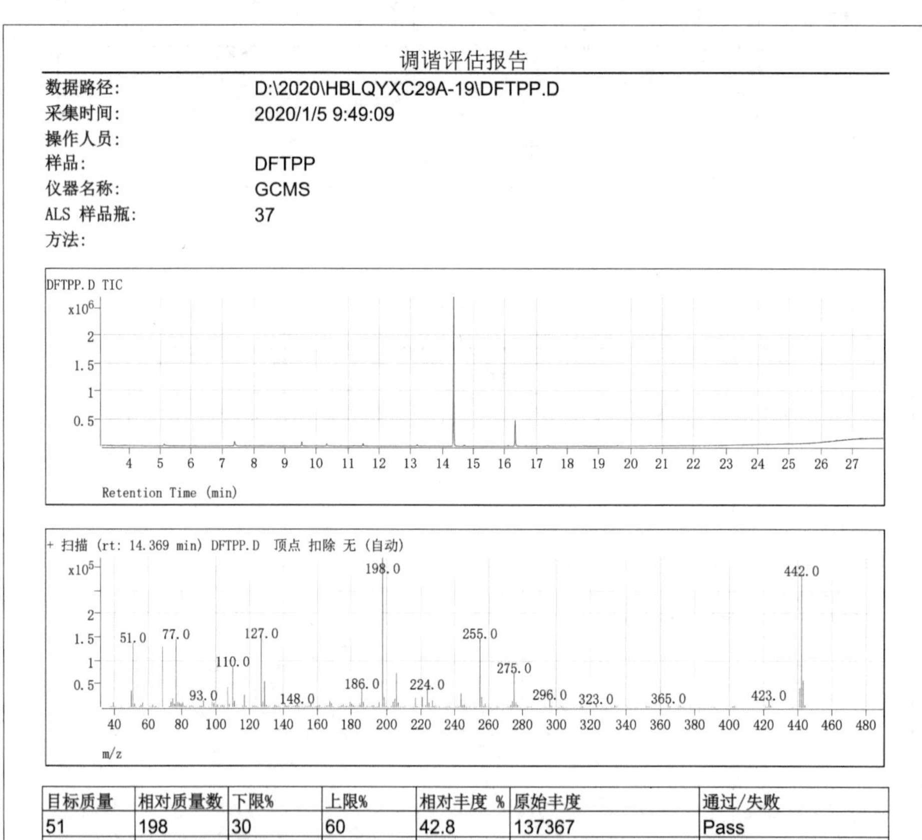

调谐评估报告

数据路径:　D:\2020\HBLQYXC29A-19\DFTPP.D
采集时间:　2020/1/5 9:49:09
操作人员:
样品:　DFTPP
仪器名称:　GCMS
ALS 样品瓶:　37
方法:

目标质量	相对质量数	下限%	上限%	相对丰度 %	原始丰度	通过/失败
51	198	30	60	42.8	137367	Pass
68	69	0	2	0.0	0	Pass
70	69	0	2	0.5	658	Pass
127	198	40	60	45.9	147230	Pass
197	198	0	1	0.0	0	Pass
198	198	100	100	100.0	321034	Pass
199	198	5	9	6.8	21686	Pass
275	198	10	30	22.8	73225	Pass
365	198	1	100	2.5	7979	Pass
441	443	1E-10	100	71.0	41399	Pass
442	198	40	100	88.0	282396	Pass
443	442	17	23	20.7	58341	Pass

图 11-13　十氟三苯基膦的调谐评估报告

(2)校准曲线的绘制。分别移取适量的标准使用液、替代物标准使用液和内标使用液，用正己烷定容后混匀。按照仪器参考条件，从低浓度到高浓度依次进样分析，以目标化合物的质量浓度与内标浓度的比值为横坐标，以目标化合物与内标化合物定量离子响应值的比值为纵坐标，绘制校准曲线。(如图 11-14～图 11-16)

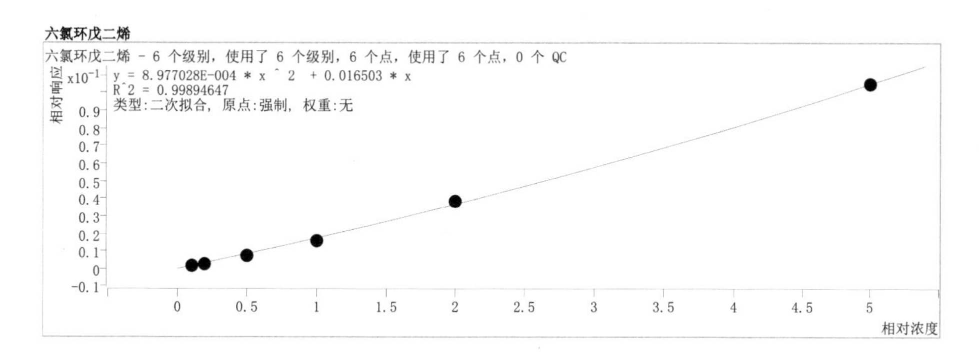

图 11-14　六氯环戊二烯校准曲线

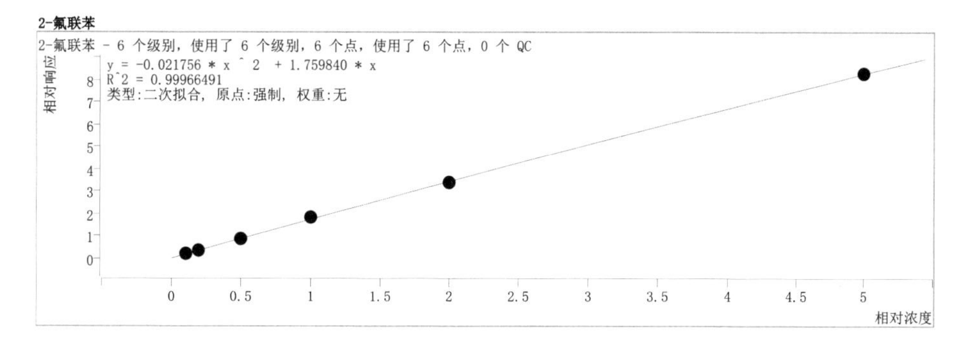

图 11-15　2-氟联苯校准曲线

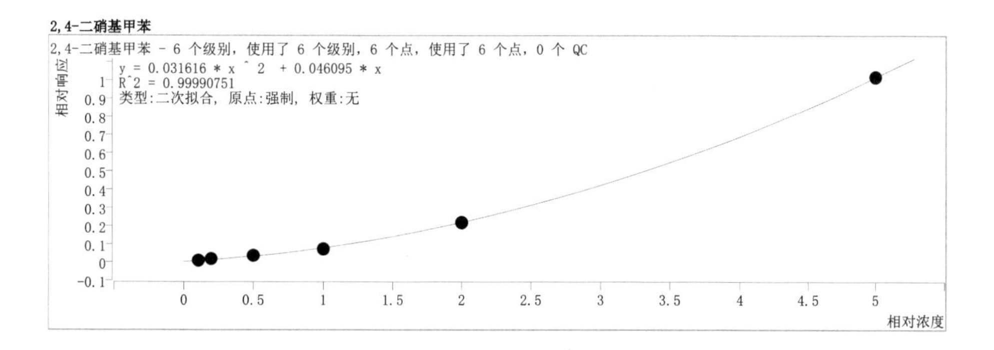

图 11-16　2,4-二硝基甲苯校准曲线

11.7 结果计算与表示

11.7.1 定性分析

目标化合物以相对保留时间或保留时间与质谱图进行比较，进行定性，样品中目标化合物的相对保留时间与校准曲线中该目标化合物的相对保留时间的差值应在 0.1 min 以内。扣除谱图背景后，将实际样品的质谱图与校准确认标准溶液的质谱图进行比较，实际样品中目标化合物质谱图中特征离子的相对丰度变化应在校准确认标准溶液的 30%之内。

按照仪器参考条件进行分析，得到不同浓度各目标化合物的质谱总离子流图，记录目标化合物的保留时间和定量离子质谱峰的峰面积。各目标化合物的标准物质总离子流图如图 11-17 所示，各目标化合物的保留时间和质谱参数见表 11-3。

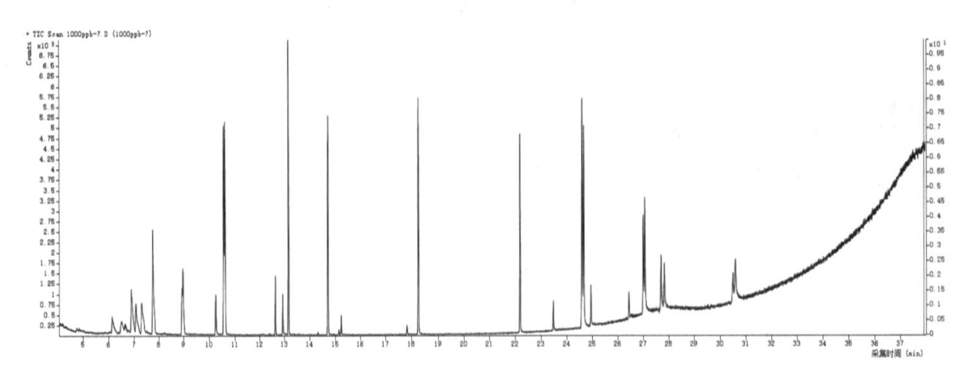

图 11-17 各目标化合物的标准物质总离子流图

表 11-3 各目标化合物的保留时间和质谱参数

目标化合物	保留时间(min)	定量离子(m/z)	限定离子(m/z)
六氯环戊二烯	12.64	130	239,235
2-氟联苯(SS)	13.16	172	171,170
苊-d_{10}(IS)	14.71	164	162,160
2,4-二硝基甲苯	15.22	165	89,63

注：SS 为替代物，IS 为内标。

11.7.2 定量分析

样品中目标化合物的含量按照公式(11-1)进行计算：

$$\omega = \frac{\rho_x \times V_x}{m \times W_{dm}} \tag{11-1}$$

式中：

ω—— 样品中目标化合物的含量，mg/kg；

ρ_x—— 由标准曲线计算所得试样中目标化合物的质量浓度，μg/mL；

V_x—— 试样的定容体积，mL；

m—— 土壤试样的质量（湿重），g；

W_{dm}—— 土壤试样的干物质含量，%。

11.7.3　结果表示

当测定结果小于 1 mg/kg 时，小数点后位数的保留与方法检出限一致；当测定结果大于或等于 1 mg/kg 时，最多保留 3 位有效数字。

11.8　质量保证和控制

11.8.1　空白实验

每 20 个样品应至少分析一个空白试验，测定结果中目标化合物的浓度应不超过方法检出限，否则需检查试剂空白、仪器系统，以及前处理过程。

11.8.2　校准曲线

校准曲线中目标化合物相对响应因子的相对偏差应小于或等于 20%，否则说明进样口或色谱柱存在干扰，需进行必要的维护。

连续进行分析时，每 24 h 分析一次校准曲线的中间浓度点，其测定结果与实际浓度值相对标准偏差应小于或等于 20%，否则须重新绘制校准曲线。

11.8.3　平行样品

每 20 个样品应至少分析一对平行样品，平行样品测定结果的相对偏差小于 30%。

11.8.4　基体加标

每 20 个样品应至少分析一个基体加标样品，土壤加标样品回收率应控制在 60%～140%。

11.8.5　替代物的回收率

实验室应建立替代物加标回收率控制图，按同一批样品（20～30 个）进行统计，剔除离群值，计算替代物的平均回收率及相对标准偏差 S，替代物的平均回收率应控制在 p±3 S 内。

11.9 注意事项

(1)在对未知高浓度样品进行分析前,应在相同条件的气相色谱仪上进行初步筛查,防止高浓度有机物对气相色谱-质谱系统的污染。

(2)半挥发性有机物在浓缩时会有损失,采用氮吹浓缩时应注意控制氮气流量,不要有明显涡流。

(3)彻底清洗所用的玻璃器皿,以消除干扰物质。先用热水加清洁剂清洗,再用自来水和不含有机物的试剂水淋洗,在 130 ℃的环境下烘干 2～3 h,在干净的环境中保存。

(4)实验中产生的废液和废物应集中收集、统一保管,并送具有资质的单位统一处理。

12　二噁英类的测定　同位素稀释高分辨气相色谱-高分辨质谱法

警告：实验中所使用的内标、替代物和标准样品均为易挥发的有毒化学品，其溶液配制须在通风橱中进行操作，操作时须按规定佩戴防护器具，同时避免接触皮肤和衣物。

12.1　适用范围

本方法适用于对全国区域土壤背景、农田土壤环境、建设项目土壤环境评价、土壤污染事故，以及河流、湖泊与海洋沉积物的环境调查中的二噁英类化合物进行分析。当取样量为 100 g 时，各目标化合物的检出限为 0.003～0.057 ng/kg，测定下限为 0.012～0.228 ng/kg，见表 12-1。

表 12-1　各目标化合物的检出限及测定下限

目标化合物	检出限(ng/kg)	测定下限(ng/kg)
2,3,7,8-T_4CDD	0.009	0.036
1,2,3,7,8-P_5CDD	0.006	0.024
1,2,3,4,7,8-H_6CDD	0.003	0.012
1,2,3,6,7,8-H_6CDD	0.003	0.012
1,2,3,7,8,9-H_6CDD	0.003	0.012
1,2,3,4,6,7,8-H_7CDD	0.009	0.036
O_8CDD	0.038	0.152
2,3,7,8-T_4CDF	0.006	0.024
1,2,3,7,8-P_5CDF	0.003	0.012
2,3,4,7,8-P_5CDF	0.003	0.012
1,2,3,4,7,8-H_6CDF	0.003	0.012
1,2,3,6,7,8-H_6CDF	0.004	0.012

续表

目标化合物	检出限(ng/kg)	测定下限(ng/kg)
1,2,3,7,8,9-H_6CDF	0.006	0.024
2,3,4,6,7,8-H_6CDF	0.003	0.012
1,2,3,4,6,7,8-H_7CDF	0.025	0.100
1,2,3,4,7,8,9-H_7CDF	0.057	0.228
O_8CDF	0.044	0.176

12.2 方法原理

采用同位素稀释高分辨气相色谱-高分辨质谱法测定土壤和沉积物中的二噁英类化合物,规定了土壤和沉积物中二噁英类化合物的采样、样品处理及仪器分析等过程的标准操作程序,以及整个分析过程的质量管理措施。按照相应的规范采集样品并干燥,加入提取内标后使用加速溶剂提取,提取液溶剂置换为正己烷后合并,进行净化、分离及浓缩操作。加入进样内标后,使用高分辨气相色谱-高分辨质谱法进行定性和定量分析。

12.3 试剂和材料

除非另有说明,分析时均使用符合国家标准的农残级试剂,并进行空白试验。有机溶剂浓缩 10 000 倍不得检出二噁英类化合物。

(1)甲醇(CH_3OH):色谱级,赛默飞世尔科技(中国)有限公司。

(2)丙酮(C_3H_8O):色谱级,赛默飞世尔科技(中国)有限公司。

(3)甲苯(C_7H_8):色谱级,赛默飞世尔科技(中国)有限公司。

(4)正己烷(C_6H_{14}):色谱级,赛默飞世尔科技(中国)有限公司。

(5)二氯甲烷(CH_2Cl_2):色谱级,赛默飞世尔科技(中国)有限公司。

(6)癸烷($C_{10}H_{22}$):色谱级,阿法埃莎(中国)化学有限公司(Alfa Aesar 公司)。

(7)水:用正己烷充分洗涤过的蒸馏水。

(8)二氯甲烷-正己烷溶液:二氯甲烷与正己烷以体积比 1∶3 混合。

(9)提取内标:威灵顿环境实验室标准品公司(Wellington Laboratories 公司),二噁英类内标物质(溶液),介质为壬烷。

(10)进样内标:威灵顿环境实验室标准品公司,二噁英类内标物质(溶液),介质为壬烷。

(11)标准溶液:威灵顿环境实验室标准品公司,以壬烷为溶剂配制的二噁英类标准物质与相应内标物质的混合溶液,介质为壬烷。标准溶液的质量浓度已知,且质量浓度序列涵盖同位素稀释高分辨气相色谱-高分辨质谱法的定量线性范围,包括5种质量浓度梯度。

(12)盐酸(HCl):优级纯,国药集团化学试剂有限公司。

(13)浓硫酸(H_2SO_4):优级纯,国药集团化学试剂有限公司。

(14)无水硫酸钠(Na_2SO_4):分析纯,国药集团化学试剂有限公司,于380 ℃的环境下加热处理4 h,密封保存。

(15)氢氧化钾(KOH):优级纯,国药集团化学试剂有限公司。

(16)硝酸银($AgNO_3$):优级纯,国药集团化学试剂有限公司。

(17)硅胶:日本和光纯药工业株式会社,层析填充柱用硅胶。

(18)2%氢氧化钾硅胶:取硅胶98 g,加入用氢氧化钾配制的50 g/L氢氧化钾溶液40 mL,使用旋转蒸发装置,在约50 ℃的环境下减压脱水。去除大部分水分后,继续在50~80 ℃的环境下减压脱水1 h,直至硅胶变成粉末状。所制成的硅胶含有2%(质量分数)的氢氧化钾,将其装入试剂瓶中密封,并保存在干燥器中。

(19)22%硫酸硅胶:取硅胶78 g,加入浓硫酸22 g,充分混合后变成粉末状。将所制成的硅胶装入试剂瓶中密封,并保存在干燥器中。

(20)44%硫酸硅胶:取硅胶56 g,加入浓硫酸44 g,充分混合后变成粉末状。将所制成的硅胶装入试剂瓶中密封,并保存在干燥器中。

(21)10%硝酸银硅胶:取硅胶90 g,加入用硝酸银配制的400 g/L硝酸银溶液28 mL,使用旋转蒸发装置,在约50 ℃的环境下减压充分脱水。配制过程中,应使用棕色遮光板或铝箔遮挡光线。所制成的硅胶含有10%(质量分数)的硝酸银,将其装入棕色试剂瓶中密封,并保存在干燥器中。

(22)活性炭硅胶:日本关东化学株式会社,市售成品。

(23)铜粒(粉):上海安谱实验科技股份有限公司,使用前用稀盐酸清洗,去除表面的氧化物后,用纯净水清洗并干燥。

(24)石英棉:上海安谱实验科技股份有限公司,使用前在200 ℃的环境下处理2 h,密封保存。

12.4 仪器和设备

(1)采样工具:符合《土壤环境监测技术规范》及《海洋监测规范》的要求,并使用对二噁英类化合物无吸附作用的不锈钢或铝合金材质器具。

（2）样品容器：符合《土壤环境监测技术规范》及《海洋监测规范》的要求，并使用对二噁英类化合物无吸附作用的不锈钢或玻璃材质可密封器具。

（3）快速溶剂萃取仪：赛默飞世尔科技（中国）有限公司，ASE-350 型。

（4）旋转蒸发仪：瑞士步琦有限公司，R-300 型。

（5）氮吹浓缩仪：上海安谱实验科技股份有限公司。

（6）填充柱：内径 8～15 mm、长 200～300 mm 的玻璃填充柱管。

（7）微量注射器：10 μL、50 μL。

（8）高分辨气相色谱-高分辨质谱仪：赛默飞世尔科技（中国）有限公司，TRACE1310-DFS 型。

（9）毛细管色谱柱：TR-DIOXIN-5MS 柱，60 m×0.25 mm×0.25 μm。

（10）一般实验室常用仪器和设备。

注：样品前处理装置要用碱性洗涤剂和水充分洗净，使用前依次用丙酮、正己烷等溶剂冲洗，定期进行空白试验，所有接口处严禁使用油脂。

12.5 样品

12.5.1 样品的采集和保存

土壤样品采集参照《土壤环境监测技术规范》执行，沉积物样品采集参照《海洋监测规范》执行。采样工具应保持清洁，采样前应使用水和有机溶剂清洗，避免采集的样品出现交叉污染，样品应尽快送至实验室进行样品制备和样品分析。

12.5.2 样品预处理

（1）样品的风干及筛分。参照《土壤环境监测技术规范》及《海洋监测规范》的相关规定进行操作，同时应避免日光直接照射及样品间出现交叉污染。

（2）含水率的测定。称取 5 g 以上的样品，于 105～110 ℃的环境下烘烤 4 h 后，放在干燥器中冷却至室温，然后称重，并计算含水率。

12.5.3 样品提取

在样品处理之前添加提取内标。样品与硅藻土充分混合后以甲苯为溶剂进行快速溶剂萃取，在 150 ℃的环境下静态萃取 10 min，循环 2 遍。将提取液溶剂置换为正己烷，作为分析样品，进行净化处理。

12.5.4 样品净化

样品净化选择多层硅胶柱净化方法，对干扰物的分离净化选择活性炭硅胶柱净化方法。

（1）多层硅胶柱净化。在填充柱底部垫一小团石英棉，用 10 mL 正己烷冲洗内壁。依次装填无水硫酸钠 4 g、硅胶 0.9 g、2%氢氧化钾硅胶 3 g、硅胶 0.9 g、44%硫酸硅胶 4.5 g、22%硫酸硅胶 6 g、硅胶 0.9 g、10%硝酸银硅胶 3 g、无水硫酸钠 6 g，用 100 mL 正己烷淋洗硅胶柱。将样品溶液浓缩至 1～2 mL，将浓缩液定量转移至多层硅胶柱上。用 200 mL 正己烷淋洗，淋洗速度约为 2.5 mL/min，洗出液浓缩至 1～2 mL。

（2）活性炭硅胶柱净化。在填充柱底部垫一小团石英棉，用 10 mL 正己烷冲洗内壁。干法填充约 10 mm 厚的无水硫酸钠和 1 g 活性炭硅胶，注入 10 mL 正己烷，敲击填充柱赶掉气泡，再填充约 10 mm 厚的无水硫酸钠，用正己烷冲洗管壁上的硫酸钠粉末，用 20 mL 正己烷淋洗活性炭硅胶柱。将经过初步净化的样品浓缩液定量转移至活性炭硅胶柱上。用 200 mL25%二氯甲烷-正己烷溶液淋洗，淋洗速度约为 2.5 mL/min，得到的洗出液为第一组分。用 200 mL 甲苯淋洗活性炭硅胶柱，淋洗速度约为 2.5 mL/min，得到的洗出液为第二组分，该组分含分析对象二噁英类化合物，将第二组分洗出液浓缩至 1～2 mL。

12.5.5　样品浓缩与定容

将所得的第二组分洗出液用高纯氮吹除多余的溶剂，浓缩至微湿。添加进样内标，加入癸烷定容，转移至进样瓶后作为最终分析样品。

12.5.6　空白试验

空白实验分为试剂空白与操作空白，试剂空白用于检查分析仪器的污染情况，操作空白用于检查样品制备过程的污染程度。

（1）试剂空白，任何样品进行仪器分析的同时都应该分析待测样品溶液所使用的溶剂，所有试剂空白测试结果均应低于检出限。

（2）操作空白，为评价实验环境的污染干扰水平，应定期进行操作空白实验。除不使用实际样品外，操作空白试验的样品制备、前处理、净化、仪器分析和数据处理步骤与实际样品分析步骤相同，结果应低于评价质量分数的 1/10。

12.6　分析步骤

12.6.1　仪器参考条件

（1）高分辨气相色谱参考条件。进样方式为不分流进样；进样口温度为 270 ℃；载气流量为 1 mL/min；色质接口温度为 270 ℃。升温程序，初始温度为 140 ℃，保持 1 min，以 20 ℃/min 的速率升至 200 ℃，保持 1 min，以 5 ℃/min 的速率升至 220 ℃，保持

16 min,以 5 ℃/min 的速率升至 235 ℃,保持 7 min,以 5 ℃/min 的速率升至 310 ℃,保持 10 min。

(2)高分辨质谱参考条件。设置仪器满足以下条件,并使用标准溶液确认保留时间窗口,使用离子检测方式对各目标化合物的两个监测峰离子进行监测,如表 12-2 所示。注入质量校准物质,稳定响应后,优化质谱仪器参数,确保表 12-2 中各质量数范围内质量校准物质峰离子的分辨率应全部达到 10 000 以上,使用 $^{13}C_{12}$-O_8CDF 作为内标时,分辨率应大于 12 000。

表 12-2　质量数设定(监测离子和锁定质量数)

同类物	M+	$(M+2)^+$	$(M+4)^+$
T_4CDDs	319.8965	321.8936	
P_5CDDs		355.8546	357.8517 *
H_6CDDs		389.8157	391.8127 *
H_7CDDs		423.7767	425.7737
O_8CDD		457.7377	459.7348
T_4CDFs	303.9016	305.8987	
P_5CDFs		339.8597	341.8568
H_6CDFs		373.8207	375.8178
H_7CDFs		407.7818	409.7788
O_8CDF		441.7428	443.7398
13C_{12}-T_4CDDs	331.9368	333.9339	
37Cl_4-T_4CDD	327.8847		
13C_{12}-P_5CDDs		367.8949	369.8919
13C_{12}-H_6CDDs		401.8559	403.8530
13C_{12}-H_7CDDs		435.8169	437.8140
13C_{12}-O_8CDD		469.7780	471.7750
13C_{12}-T_4CDFs	315.941 9	317.9389	
13C_{12}-P_5CDFs		351.9000	353.8970
13C_{12}-H_6CDFs	383.836 9	385.8610	
13C_{12}-H_7CDFs	417.825 3	419.8220	
同类物	M+	$(M+2)^+$	$(M+4)^+$
13C_{12}-O_8CDF	451.786 0	453.7830	
PFK (Lock mass)		292.9825(四氯代二噁英类定量用)	
		354.9792(五氯代二噁英类定量用)	
		392.9760(六氯代二噁英类定量用)	
		430.9729(七氯代二噁英类定量用)	
		442.9729(八氯代二噁英类定量用)	

注:“*”为可能存在 PCBs 干扰。

12.6.2 质量校正

开始仪器分析前需进行质量校正。各质量数范围内质量校准物质峰离子的荷质比及分辨率应全部达到 10 000 以上，通过锁定质量模式进行质量校正，各目标化合物锁定质量模式参数如图 12-1 所示。

```
Mid Time Windows:
      Start         Measure      End        Cycletime

# 1  30:00 min    8:00 min  38:00 min   0.90 sec
# 2  38:00 min    7:00 min  45:00 min   0.90 sec
# 3  45:00 min    5:00 min  50:00 min   0.90 sec
# 4  50:00 min    5:00 min  55:00 min   0.90 sec
# 5  55:00 min    5:00 min  60:00 min   0.90 sec

Mid Masses:
 Window # 1
      mass F  int  gr  time (ms)    Window # 2
  292.9819 l  14  1       6              mass F  int  gr  time (ms)
  303.9016     1  1      89         330.9787 l  20  1       5
  305.8981     1  1      89         339.8597     1  1     101
  315.9419     1  1      89         341.8567     1  1     101
  317.9389     1  1      89         351.9000     1  1     101
  319.8965     1  1      89         353.8970     1  1     101
  321.8936     1  1      89         355.8546     1  1     101
  327.8847     1  1      89         357.8516     1  1     101
  330.9787 c  14  1       6         367.8949     1  1     101
  331.9368     1  1      89         369.8919     1  1     101
  333.9339     1  1      89         380.9755 c  15  1       6
Window # 3
     mass F  int  gr  time (ms)     Window # 4
 373.8208     1  1      89               mass F  int  gr  time (ms)
 375.8178     1  1      89          404.9755 l  18  1       5
 380.9755 l  15  1       5          407.7818     1  1     101
 383.8639     1  1      89          409.7789     1  1     101
 385.8610     1  1      89          417.8253     1  1     101
 389.8157     1  1      89          419.8220     1  1     101
 391.8127     1  1      89          423.7766     1  1     101
 401.8559     1  1      89          425.7737     1  1     101
 403.8529     1  1      89          435.8169     1  1     101
 430.9723 c  15  1       5          437.8140     1  1     101
 445.7555     1  1      89          442.9723 c  18  1       5
Window # 5
    mass F  int  gr  time (ms)
441.7428     1  1     101
442.9728 l  18  1       5
443.7399     1  1     101
451.7855     1  1     101
453.7825     1  1     101
457.7377     1  1     101
459.7348     1  1     101
469.7779     1  1     101
471.7751     1  1     101
480.9691 c  18  1       5
MID Time Window 1: Resolution is 12473.
MID Time Window 2: Resolution is 12395.
MID Time Window 3: Resolution is 12229.
MID Time Window 4: Resolution is 13636.
MID Time Window 5: Resolution is 12549.
```

图 12-1 各目标化合物锁定质量模式参数

12.6.3 离子检测

按要求设置高分辨气相色谱-高分辨质谱联用仪条件。注入质量校准物质，响应稳定后，按照仪器参考条件及质量校正的要求进行仪器调谐和质量校正，之后对最终样品进行分析。每 12 h 对分辨率及质量校正进行验证，不符合仪器参考条件及质量校正的要求时应重新进行仪器调谐及质量校正。完成测定后，取得各监测离子的色谱图，确认质量校准物质峰离子丰度差异小于 20%及 2,3,7,8-氯代二噁英类的分离效果，以判断干扰是否存在，最后进行数据处理。按各目标化合物的离子荷质比记录谱图，17 种 2,3,7,8-氯代二噁英类选择离子扫描总离子流图如图 12-2 所示。

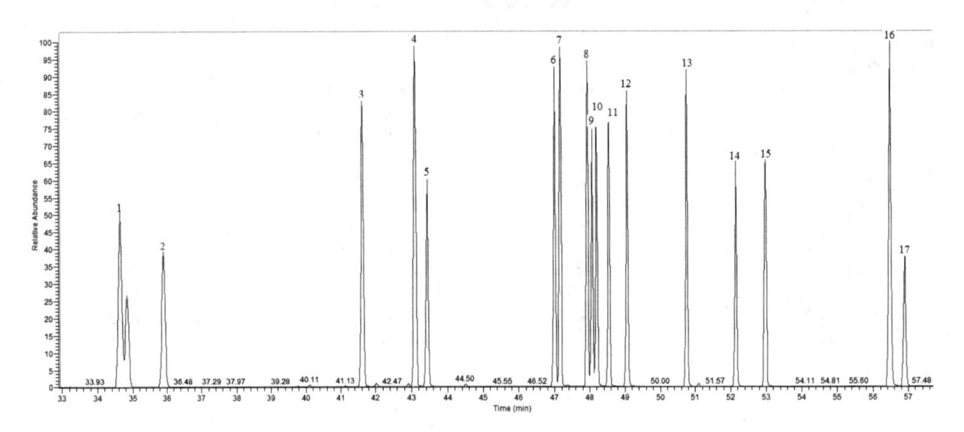

1—2,3,7,8-T4CDF；2—2,3,7,8-T4CDD；3—1,2,3,7,8-P5CDF；4—2,3,4,7,8-P5CDF；5—1,2,3,7,8-P5CDD；6—1,2,3,4,7,8-H6CDF；7—1,2,3,6,7,8-H6CDF；8—2,3,4,6,7,8-H6CDF；9—1,2,3,4,7,8-H6CDD；10—1,2,3,6,7,8-H6CDD；11—1,2,3,7,8,9-H6CD；12—1,2,3,7,8,9-H6CDF；13—1,2,3,4,6,7,8-H7CDF；14—1,2,3,4,6,7,8-H7CDD；15—1,2,3,4,7,8,9-H7CDF；16—O8CDD；17—O_8CDF

图 12-2 17 种 2,3,7,8-氯代二噁英类选择离子扫描总离子流图

12.6.4 相对响应因子制作

(1)标准溶液测定。测定标准溶液质量浓度序列中的 5 种质量浓度，17 种 2,3,7,8-氯代二噁英类的质量浓度见表 12-3。

表 12-3　17 种 2,3,7,8-氯代二噁英类质量浓度

目标化合物	质量浓度(ng/mL)				
	CS1	CS2	CS3	CS4	CS5
2,3,7,8-T_4CDD	0.5	2	10	40	200
1,2,3,7,8-P_5CDD	2.5	10	50	200	1000
1,2,3,4,7,8-H_6CDD	2.5	10	50	200	1000
1,2,3,6,7,8-H_6CDD	2.5	10	50	200	1000
1,2,3,7,8,9-H_6CDD	2.5	10	50	200	1000
1,2,3,4,6,7,8-H_7CDD	2.5	10	50	200	1000
O_8CDD	5.0	20	100	400	2000
2,3,7,8-T_4CDF	0.5	2	10	40	200
1,2,3,7,8-P_5CDF	2.5	10	50	200	1000
2,3,4,7,8-P_5CDF	2.5	10	50	200	1000
1,2,3,4,7,8-H_6CDF	2.5	10	50	200	1000
1,2,3,6,7,8-H_6CDF	2.5	10	50	200	1000
1,2,3,7,8,9-H_6CDF	2.5	10	50	200	1000
2,3,4,6,7,8-H_6CDF	2.5	10	50	200	1000
1,2,3,4,6,7,8-H_7CDF	2.5	10	50	200	1000
1,2,3,4,7,8,9-H_7CDF	2.5	10	50	200	1000
O_8CDF	5.0	20	100	400	2000

(2)离子丰度比确认。标准溶液中各目标化合物对应的两个检测离子的离子丰度比应与理论离子丰度比大体一致(见表 12-4),变化范围应在±15%以内。

表 12-4　根据氯原子同位素丰度比推算的理论离子丰度比

目标化合物	M	M+2	M+4	M+6	M+8	M+10	M+12	M+14
T4CDDs	77.43	100.0	48.74	10.72	0.94	0.01	—	—
P5CDDs	62.06	100.0	64.69	21.08	3.50	0.25	0.07	—
H6CDDs	51.79	100.0	80.66	34.85	8.54	1.14	0.37	0.02
H7CDDs	44.43	100.0	96.64	52.03	16.89	3.32	1.11	0.11
O8CDD	34.54	88.80	100.0	64.48	26.07	6.78	—	—
T4CDFs	77.55	100.0	48.61	10.64	0.92	—	—	—
P5CDFs	62.14	100.0	64.57	20.98	3.46	0.24	0.07	—
H6CDFs	51.84	100.0	80.54	34.72	8.48	1.12	0.37	0.02
H7CDFs	44.47	100.0	96.52	51.88	16.80	3.29	1.10	0.11
O8CDF	34.61	88.89	100.0	64.39	25.98	6.74	—	—

注:M 表示质量数最低的同位素,以最大离子丰度作为 100%。

(3)信噪比确认。标准溶液浓度序列中最低质量浓度的化合物信噪比应大于 10,取

谱图基线测量值标准偏差的2倍作为噪声值，也可以取噪声最大值和最小值之差的2/5作为噪声值。以噪声中线为基准，到峰顶的高度为峰高。

(4)相对响应因子计算。计算各质量浓度点待测目标化合物相对于提取内标的相对响应因子，并计算其平均值和相对标准偏差，相对标准偏差应在±20%以内，17种2,3,7,8-氯代二噁英类各质量浓度点相对响应因子见表12-5。

表12-5 17种2,3,7,8-氯代二噁英类各质量浓度点相对响应因子

目标化合物	RRFes (CS1)	RRFes (CS2)	RRFes (CS3)	RRFes (CS4)	RRFes (CS5)	平均值	标准偏差	相对标准偏差 RSD(%)
2,3,7,8-T_4CDD	1.0156	0.9850	0.9428	0.9567	0.9804	0.9761	0.0280	2.87
1,2,3,7,8-P_5CDD	0.9013	0.9278	0.8803	0.8519	0.8500	0.8822	0.0332	3.76
1,2,3,4,7,8-H_6CDD	1.3871	1.4239	1.3555	1.3158	1.3725	1.3710	0.0399	2.91
1,2,3,6,7,8-H_6CDD	1.3134	1.3135	1.3655	1.3215	1.2777	1.3183	0.0313	2.38
1,2,3,7,8,9-H_6CDD	1.2782	1.2553	1.2367	1.2156	1.1644	1.2300	0.0434	3.53
1,2,3,4,6,7,8-H_7CDD	1.4686	1.3951	1.3198	1.3529	1.3532	1.3779	0.0573	4.16
O_8CDD	1.3821	1.3646	1.3682	1.4208	1.3681	1.3808	0.0234	1.69
2,3,7,8-T_4CDF	1.8035	1.8176	1.7613	1.7482	1.7967	1.7855	0.0294	1.65
1,2,3,7,8-P_5CDF	0.7907	0.8019	0.8232	0.8143	0.8416	0.8143	0.0196	2.41
2,3,4,7,8-P_5CDF	1.5583	1.5824	1.6352	1.5821	1.5136	1.5743	0.0441	2.80
1,2,3,4,7,8-H_6CDF	1.0010	0.9949	0.9938	0.9341	1.0029	0.9853	0.0289	2.93
1,2,3,6,7,8-H_6CDF	0.9782	0.9903	1.0336	1.0083	0.9741	0.9969	0.0244	2.45
1,2,3,7,8,9-H_6CDF	0.7451	0.7751	0.7259	0.7356	0.7692	0.7502	0.0213	2.84
2,3,4,6,7,8-H_6CDF	0.9331	0.9779	0.9656	1.0317	0.9946	0.9806	0.0364	3.71
1,2,3,4,6,7,8-H_7CDF	1.1618	1.2075	1.1432	1.1212	1.0775	1.1423	0.0482	4.22
1,2,3,4,7,8,9-H_7CDF	1.3638	1.4467	1.4249	1.3708	1.3307	1.3874	0.0473	3.41
O_8CDF	1.2271	1.2122	1.1980	1.2852	1.2428	1.2331	0.0336	2.72

12.6.5 样品测定

取得相对响应因子后，按以下步骤对处理好的最终样品进行分析。

(1)标准溶液确认。选择中间质量浓度的标准溶液，按一定周期或频次(每12 h或每批样品至少一次)进行测定。质量浓度变化应不超过±35%，否则需查找原因，重新测定或重新制作相对响应因子。

(2)测定样品。将空白样品和最终样品按照离子检测的程序进行测定，得到二噁英类化合物各监测离子的色谱图。

12.7 结果计算与表示

12.7.1 定性分析

(1)二噁英类同类物。二噁英类同类物的两个监测离子在指定保留时间窗口内同时存在，并且其离子丰度比与表 12-2 所列理论离子丰度比一致，相对偏差应小于 15%，同时满足上述条件的色谱峰可定性为二噁英类物质。

(2)2,3,7,8-氯代二噁英类。除满足仪器参考条件的要求外，色谱峰的保留时间应与标准溶液一致(3 s 以内)，同时内标的相对保留时间也应与标准溶液一致(±0.5%以内)，同时满足上述条件的色谱峰可定性为 2,3,7,8-氯代二噁英类。

12.7.2 定量分析

采用内标法计算样品中被检出的二噁英类化合物的绝对量，计算样品中待测目标化合物的质量分数。

根据提取内标峰面积与进样内标峰面积的比及对应的相对响应因子均值，计算提取内标的回收率，并确认提取内标的回收率是否在表 12-6 规定的范围之内。

表 12-6 提取内标回收率

氯原子取代数	内标	范围	内标	范围
四氯	$13C_{12}$-2,3,7,8-T_4CDD	25%～164%	$13C_{12}$-2,3,7,8-T_4CDF	24%～169%
五氯	$13C_{12}$-1,2,3,7,8-P_5CDD	25%～181%	$13C_{12}$-1,2,3,7,8-P_5CDF	24%～185%
	—	—	$13C_{12}$-2,3,4,7,8-P_5CDF	21%～178%
六氯	$13C_{12}$-1,2,3,4,7,8-H_6CDD	32%～141%	$13C_{12}$-1,2,3,4,7,8-H_6CDF	32%～141%
	$13C_{12}$-1,2,3,6,7,8-H_6CDD	28%～130%	$13C_{12}$-1,2,3,6,7,8-H_6CDF	28%～130%
	—	—	$13C_{12}$-2,3,4,6,7,8-H_6CDF	28%～136%
	—	—	$13C_{12}$-1,2,3,7,8,9-H_6CDF	29%～147%
七氯	$13C_{12}$-1,2,3,4,6,7,8-H_7CDD	23%～140%	$13C_{12}$-1,2,3,4,6,7,8-H_7CDF	28%～143%
	—	—	$13C_{12}$-1,2,3,4,7,8,9-H_7CDF	26%～138%
八氯	$13C_{12}$-O_8CDD	17%～157%	—	—

12.7.3 结果表示

高于样品检出限的二噁英类同类物的质量分数直接记录，低于样品检出限的质量分数记为 N.D.。同类物总量的质量分数根据各异构体的质量分数累加计算，二噁英类总量的质量分数则根据各同类物的质量分数累加计算。

2,3,7,8-氯代二噁英类的实测质量分数进一步换算为毒性当量质量分数，毒性当量质量分数为实测质量分数与该同类物的毒性当量因子的乘积。对于低于样品检出限的测定结果如无特别指明，则使用样品检出限的 1/2 计算毒性当量质量分数。实测质量分数单位和毒性当量质量分数单位均以 ng/kg 表示。

报告检出限时，按照《数值修约规则与极限数值的表示和判定》(GB8170)修约为 1 位有效数字。质量分数结果的位数应不多于检出限的位数，按照《数值修约规则与极限数值的表示和判定》修约为 2 位或 1 位有效数字。

12.8 质量保证和控制

12.8.1 内标回收率

提取内标的回收率应对所有样品提取内标的回收率进行确认。

12.8.2 方法检出限确认

针对二噁英类化合物分析的特殊性，本方法规定了 3 种检出限，即仪器检出限、方法检出限和样品检出限，应对 3 种检出限进行检验和确认。

(1)仪器检出限。定期对仪器进行检查和调谐，当改变测量条件时，应重新确认仪器检出限。

(2)方法检出限。定期检查和确认方法检出限，当样品制备或测试条件改变时，应重新确认方法检出限，需要注意的是，不同的实验条件或操作人员得到的方法检出限可能不同。

(3)样品检出限。对每一个样品都要计算样品检出限，样品检出限应低于评价质量分数的 1/10，如果排放标准或质量标准中规定了分析方法的检出限，则本方法的样品检出限应满足相关规定和要求。

12.8.3 平行实验

平行实验频度取样品总数的 10%左右，对于 17 种 2,3,7,8-氯代二噁英类，对高于检出限 3 倍以上的平行实验结果取平均值，单次平行实验结果应在平均值的±30%以内。

12.8.4 标准溶液

标准溶液应在密封的玻璃容器中避光、冷藏保存，以避免由于溶剂挥发引起的质量浓度变化。

12.8.5　定性和定量

（1）气相色谱。应定期确认相对响应因子是否稳定、待测目标化合物的保留时间是否在合理的范围内，以及色谱峰是否能够有效分离。如果出现异常，可以尝试把色谱柱的一端或两端截掉 10～30 cm，或重新老化色谱柱。如果问题仍不能解决，则应更换新的色谱柱。

（2）质谱仪。使用质量校准物质调谐并进行质量校正，确认动态分辨率满足要求，定期检查并记录仪器的基本参数。

（3）参数设置。根据标准溶液的色谱峰保留时间对时间窗口进行分组，使待测目标化合物及相应内标的色谱峰在适当的时间窗口中出现，每组时间窗口中的选择离子的检测周期应小于 1 s。

（4）仪器稳定性。定期测定、计算相对响应因子，并同使用的相对响应因子值进行比较，变化范围应在±35％以内，否则应重新制作相对响应因子。

12.9　注意事项

（1）本方法中涉及的试剂及目标化合物具有一定的健康风险，分析人员应做好防护措施。

（2）分析人员应了解二噁英类化合物的分析操作及相关风险，并接受相关的专业培训。

（3）实验室应选用可直接使用的低质量分数标准物质，减少或避免对高质量分数标准物质的操作。

（4）实验室应配备手套、实验服、安全眼镜、面具、通风橱等防护器具。

（5）实验中产生的废液和废物应集中收集、统一保管，并送具有资质的单位统一处理。

第二篇　无机分析测试方法

1　总砷的测定　原子荧光法

警告：实验中所使用的试剂和标准溶液对人体健康有危害，操作应在通风橱中进行，并按规定佩戴防护器具，同时避免接触皮肤。

1.1　适用范围

本方法适用于土壤中总砷的测定。当取样量为 0.5 g，消解定容至 50 mL 时，方法检出限为 0.01 mg/kg。

1.2　方法原理

样品中的砷经加热消解后，加入硫脲使五价砷还原为三价砷，再加入硼氢化钾将其还原为砷化氢，由氩气导入石英原子化器进行原子化成为原子态砷，在特制砷空心阴极灯的照射下，激发产生原子荧光，产生的荧光强度与试样中被测元素含量成正比，与校准系列比较，求得样品中砷的含量。

1.3　试剂和材料

除非另有说明外，分析时均使用符合国家标准的分析纯化学试剂，实验用水为新制备的去离子水。

(1)盐酸(HCl)：ρ=1.19 g/mL，优级纯。

(2)硝酸(HNO_3)：ρ=1.42 g/mL，优级纯。

(3)氢氧化钾(KOH)：优级纯。

(4)硼氢化钾(KBH_4)：优级纯。

(5)硫脲(H_2NOSNH_2)：分析纯。

(6)抗坏血酸($C_6H_8O_6$)：分析纯。

(7)三氧化二砷(As_2O_3)：优级纯。

(8)(1+1)王水：取 1 份硝酸与 3 份盐酸混合，然后用去离子水稀释一倍。

(9)还原剂(1%硼氢化钾溶液+0.2%氢氧化钾溶液):称取 0.2 g 氢氧化钾放入烧杯中,用少量水溶解,称取 1.0 g 硼氢化钾放入氢氧化钾溶液中,溶解后用水稀释至 100 mL,此溶液用时现配。

(10)载液(1+9 盐酸溶液):量取 50 mL 盐酸,加水定容至 500 mL,混匀。

(11)硫脲溶液(5%):称取 10 g 硫脲,溶解于 200 mL 水中,摇匀,用时现配。

(12)抗坏血酸(5%):称取 10 g 抗坏血酸,溶解于 200 mL 水中,摇匀,用时现配。

1.4 仪器和设备

(1)氢化物发生原子荧光光谱仪。

(2)砷空心阴极灯。

(3)水浴锅。

(4)一般实验室常用仪器和设备。

1.5 样品

称取 0.5 g(精确至 0.1 mg)经风干、研磨至粒径小于 0.149 mm(100 目)的土壤样品。

1.6 实验步骤

1.6.1 试液的制备

将准确称取的土壤样品置于 50 mL 具塞比色管中,加少许水润湿样品,加入 10 mL (1+1)王水,加塞后摇匀。于沸水浴中消解 2 h,中间摇动几次,取出冷却,用水稀释至刻度,摇匀后放置。吸取 10 mL 消解试液于 50 mL 比色管中,加 3 mL 盐酸、5 mL 硫脲溶液和 5 mL 抗坏血酸溶液,用水稀释至刻度,摇匀放置,取上清液待测。

1.6.2 空白试验

采用与制备试液相同的试剂和步骤,制备全程序空白溶液,每批样品至少制备 2 个以上空白溶液。

1.6.3 校准曲线

分别准确吸取 0 mL、0.5 mL、1 mL、1.5 mL、2 mL 和 4 mL 砷标准工作溶液置于 6 个 50 mL 容量瓶中,分别加入 5 mL 盐酸、5 mL 硫脲溶液和 5 mL 抗坏血酸溶液,然后用水稀释至刻度,摇匀,即得含砷量分别为 0 μg/L、10 μg/L、20 μg/L、30 μg/L、40 μg/L 和 80 μg/L 的校准系列溶液。此校准系列适用于一般样品的测定。

1.6.4　测定

将仪器调至最佳工作条件，在还原剂和载液的带动下，测定校准系列各点的荧光强度（校准曲线是减去标准空白后的荧光强度对浓度绘制的校准曲线），然后测定样品空白、试样的荧光强度。

1.7　精密度

在重复条件下，获得的两次独立测定结果的相对偏差应不超过7%。

1.8　正确度

测定土壤中总砷的相对误差绝对值应不超过5%。

1.9　质量保证与控制

空白试验、定量校准、精密度控制、正确度控制等要求要参照《农用地土壤污染状况详查质量保证与质量控制技术规定》。

附录A（资料性附录）　仪器参考工作条件

不同型号仪器的最佳参数不同，可根据仪器使用说明书自行选择，以下是本方法通常采用的参数。

项目	工作参数	项目	工作参数
负高压（V）	300	原子化器预加热温度（℃）	200
A道灯电流（mA）	0	载气流量（mL/min）	400
B道灯电流（mA）	60	屏蔽气流量（mL/min）	1000
观测高度（mm）	8	测量方法	校准曲线
读数方式	峰面积	读数时间（s）	10
延迟时间（s）	1	测量重复次数	2

附录B(资料性附录)　元素标准储备溶液的配制

(1)砷标准贮备液。称取0.66 g三氧化二砷,在105 ℃的环境下烘烤2 h,于烧杯中加入10 mL的10%氢氧化钠溶液,加热溶解,冷却后移入500 mL容量瓶中,并用水稀释至刻度,摇匀。此标准溶液砷的浓度为1000 mg/L(有条件的单位可以到国家认可的部门直接购买标准贮备液)。

(2)砷标准中间溶液。吸取10 mL砷标准贮备液,注入100 mL容量瓶中,用(1+9)盐酸溶液稀释至刻度,摇匀。此标准溶液砷的浓度为100 mg/L。

(3)砷标准工作溶液。吸取1 mL砷标准中间溶液,注入100 mL容量瓶中,用(1+9)盐酸溶液稀释至刻度,摇匀。此标准溶液砷的浓度为1 mg/L。

2　11种金属元素的测定　电感耦合等离子体质谱法

警告：实验中所使用的试剂和标准溶液对人体健康有危害，操作应在通风橱中进行，并按规定佩戴防护器具，同时避免接触皮肤。

2.1　适用范围

本方法适用于土壤中铍(Be)、镉(Cd)、钴(Co)、铬(Cr)、铜(Cu)、钼(Mo)、镍(Ni)、铅(Pb)、铊(Tl)、钒(V)、锌(Zn)等金属元素的测定，若通过验证，本方法也可适用于其他金属元素的测定。当取样量为0.1 g时，各金属元素的方法检出限和定量限见表2-1。

表2-1　各金属元素的方法检出限和定量限

元素名称	方法检出限(mg/kg)	定量限(mg/kg)	元素名称	方法检出限(mg/kg)	定量限(mg/kg)
铍	0.003	0.01	铅	2.0	8.0
镉	0.03	0.1	铊	0.02	0.08
钴	0.007	0.03	钼	0.1	0.4
铬	0.4	1.6	钒	0.03	0.12
铜	0.6	2.4	锌	2.0	8.0
镍	0.3	1.2	—	—	—

2.2　方法原理

样品经消解预处理后，采用电感耦合等离子体质谱仪进行检测，根据元素的质谱图或特征离子进行定性，内标法定量。

2.3　试剂和材料

除非另有说明，分析时均使用符合国家标准的优级纯化学试剂，实验用水为新制备的去离子水。

(1)浓盐酸(HCl):ρ=1.19 g/mL,优级纯或高纯。

(2)浓硝酸(HNO_3):ρ=1.42 g/mL,优级纯或高纯。

(3)氢氟酸(HF):ρ=1.49 g/mL。

(4)高氯酸($HClO_4$):ρ=1.77 g/mL。

(5)2%硝酸溶液:2+98。

(6)5%硝酸溶液:5+95。

(7)50%王水溶液:50+50。

(8)单元素标准贮备液:ρ=1000 mg/L,可用高纯度的金属(纯度大于99.99%)或金属盐类(基准或高纯试剂)配制成1000 mg/L含2%硝酸的标准贮备液,或直接购买有证标准溶液。

(9)多元素标准贮备液:ρ=100 mg/L,用2%硝酸溶液稀释单元素标准贮备液,或直接购买有证多元素混合标准溶液。

(10)多元素标准使用溶液:ρ=1 mg/L,用2%硝酸溶液稀释单元素标准贮备液或多元素标准贮备液。

(11)内标标准储备溶液:ρ=10 mg/L,宜选用^{6}Li、^{45}Sc、^{74}Ge、^{89}Y、^{103}Rh、^{115}In、^{185}Re和^{209}Bi为内标元素,或直接购买有证标准溶液配制,介质为2%硝酸溶液。

(12)质谱仪调谐溶液:ρ=1 μg/L,宜选用含有Li、Y、Be、Mg、Co、In、Tl、Pb和Bi等元素的溶液为质谱仪的调谐溶液,或直接购买有证标准溶液配制。

注:所有元素的标准溶液配制后均应在密封的聚乙烯或聚丙烯瓶中保存。

(13)氩气(Ar):纯度大于或等于99.99%。

2.4 仪器和设备

(1)电感耦合等离子体质谱仪:能够扫描的质量范围为6~240 amu,在10%峰高处的峰宽应介于0.6~0.8 amu。

(2)温控电热板:控制精度为2.5 ℃。

(3)天平:感量为0.1 mg。

(4)一般实验室常用仪器和设备。

2.5 样品

所用样品均经风干、研磨至粒径小于0.149 mm(100目)。

2.6　实验步骤

2.6.1　试液的制备

将准确称取的土壤样品置于聚四氟乙烯坩埚中，加入 10 mL 混酸（浓盐酸、浓硝酸、氢氟酸和高氯酸的体积比为 5∶5∶8∶2），浸泡 12 h。之后置于温控电热板上，使样品从室温升至 150 ℃，并保持 2 h。然后继续升温至 220 ℃，至白烟冒尽。加入 5 mL50%盐酸溶液，浸提 5 min，将溶液转移至 100 mL 比色管中，用去离子水定容至 100 mL，取上清液待测。

2.6.2　空白试样的制备

不加样品，按与消解试样相同的步骤和条件进行处理，制备空白溶液。

2.6.3　仪器操作参考条件

不同型号仪器的最佳工作条件不同，标准模式和反应池模式应按照仪器使用说明书进行操作。

2.6.4　仪器调谐

点燃等离子体后，仪器需预热稳定 30 min。用质谱仪调谐溶液进行仪器的灵敏度、氧化物和双电荷调谐。在仪器灵敏度、氧化物、双电荷满足要求的条件下，质谱仪给出的调谐液中所含元素信号强度的相对标准偏差应小于或等于 5%。在涵盖待测元素的质量数范围内进行质量校正和分辨率校验，若质量校正结果与真实值的差别超过 0.1 amu，或调谐元素信号的分辨率在 10%峰高处所对应的峰宽超过 0.6～0.8 amu 的范围，应按照仪器使用说明书的要求将质量校正到正确值。

2.6.5　校准曲线的绘制

分别取一定体积的多元素标准使用液和内标标准储备液于容量瓶中，用 2%硝酸溶液进行稀释，配制成的内标标准溶液中，镉的浓度分别为 0 μg/L、0.05 μg/L、0.1 μg/L、0.2 μg/L、0.5 μg/L 和 1 μg/L，铬、镍、铜的浓度分别为 0 μg/L、10 μg/L、20 μg/L、40 μg/L、100 μg/L 和 200 μg/L，钴的浓度为 0 μg/L、5 μg/L、10 μg/L、20 μg/L、50 μg/L 和 100 μg/L，铅、钒、锌的浓度分别为 0 μg/L、25 μg/L、50 μg/L、100 μg/L、250 μg/L 和 500 μg/L，钼、铊、铍的浓度分别为 0 μg/L、0.5 μg/L、1 μg/L、2 μg/L、5 μg/L 和 10 μg/L。内标标准溶液应在样品雾化之前通过蠕动泵在线加入，所选内标的浓度应远高于样品自身所含内标元素的浓度，常用的内标浓度范围为 1 mg/L。用电感耦合等离子体质谱仪进行测定，以各元素的浓度为横坐标，以响应值和内标响应值的比值为纵坐标，绘制校准曲线。校准曲线的浓度范围可根据测量需要进行调整。

2.6.6 试样测定

每个试样测定前需用5%硝酸溶液冲洗系统，直到信号降至最低，待分析信号稳定后才可开始测定。将制备好的试样加入与校准曲线相同量的内标标准溶液，在相同的仪器分析条件下进行测定。若样品中待测元素浓度超出校准曲线范围，需经稀释后重新测定，稀释液使用2%硝酸溶液。

2.6.7 空白试样测定

按照与测定试样相同的测定条件测定空白试样。

2.7 精密度

按照上述的前处理方法对国家一级标准物质进行6次平行测定，测定结果的相对偏差应不超过7%。

2.8 质量保证与控制

(1)每批样品应至少分析两个空白试样，空白值应符合下列情况之一才能被认为是可接受的：

①应低于方法检出限；

②应低于标准限值的10%；

③应低于每批样品最低测定值的10%。

(2)每次进行分析时应绘制校准曲线，曲线的相关系数应大于0.999。

(3)每分析20个样品应分析一次校准曲线的中间浓度点，其测定结果与实际浓度值的相对偏差应小于或等于10%，否则应查找原因或重新绘制校准曲线。每批样品分析完毕后应进行一次曲线最低点的分析，其测定结果与实际浓度值的相对偏差应小于或等于30%。

(4)在每次进行分析时，试样中内标的响应值应介于校准曲线响应值的70%～130%，否则说明仪器响应发生漂移或有干扰产生，应查找原因后重新进行分析。如果是基体干扰，则需要进行稀释后测定；如果是由于样品中含有内标元素，则需要更换内标或提高内标元素浓度。

(5)每批样品应至少分析一个试剂空白(2%硝酸)加标，其加标回收率应控制在80%～120%。也可使用有证标准物质代替加标，其测定值应在标准要求的范围内。

(6)每批样品应至少测定一个基体加标和一个基体重复加标，测定的加标回收率应控制在75%～125%，两个加标样品测定值的偏差应在20%以内。如果不在范围内，应考虑存在基体干扰，可采用稀释样品或增大内标浓度的方法消除干扰。

附录 A(资料性附录)　仪器参考工作条件

不同型号仪器的最佳参数不同,可根据仪器使用说明书自行选择,以下是本方法通常采用的参数。

项目	工作参数	项目	工作参数
RF 功率(W)	1150	重复次数	3
采样深度(mm)	6.9	单个元素积分时间(s)	0.5
载气流量(L/min)	1.15	采样锥类型	Ni 锥
样品提升速度(rps)	0.1	雾化器类型	高盐雾化器
雾化室温度(℃)	2	冷却水温度(℃)	18

附录 B(资料性附录)　元素标准储备溶液的配制

(1)单元素标准贮备液。可用高纯度的金属(纯度大于 99.99%)或金属盐类(基准或高纯试剂)配制成 1000 mg/L 含 2%硝酸的标准贮备液,或直接购买有证标准溶液。

(2)多元素标准贮备液。用 2%硝酸溶液稀释单元素标准贮备液,或直接购买有证多元素混合标准溶液。

(3)内标标准储备溶液。宜选用^{6}Li、^{45}Sc、^{74}Ge、^{89}Y、^{103}Rh、^{115}In、^{185}Re 和^{209}Bi 为内标元素,或直接购买有证标准溶液配制,介质为 2%硝酸溶液。

3 铬(六价)的测定 紫外/可见分光光度法

警告:实验中所使用的试剂和标准溶液对人体健康有危害,操作应在通风橱中进行,并按规定佩戴防护器具,同时避免接触皮肤。

3.1 适用范围

本方法是从土壤、淤泥、沉积物和类似的废弃物材料中的可溶性、吸附态或沉淀形态的铬化合物中提取六价铬离子(Cr^{6+})的一种碱性消解程序。为了定量分析固体基体中的六价铬离子,必须要满足3个要求:提取液必须能消解各种形态的六价铬离子;提取的条件是不会将游离态的六价铬离子还原成三价铬离子;本方法不会将样品中含有的游离态三价铬离子氧化成六价铬离子。

满足上述要求后,在碱性的提取条件下,发生六价铬离子被还原,或游离态三价铬离子被氧化的量最小,向磷酸盐缓冲溶液中加入二价镁离子能起到抑制氧化的作用。提取程序的准确度通过使用可溶的和不可溶的六价铬离子(如重铬酸钾等)的加标回收率数据,以及测量土壤的附属性质来评估,显示土壤在消解过程中维持六价铬离子加标的倾向(如氧化还原电位、pH值、有机物含量、二价铁化物及硫化物等)。不可溶的六价铬离子加标的回收率可用来评估前面的两个要求,由本方法引入的氧化,通常只有在锰含量高的土壤中可以检测到,可使用可溶的三价铬离子盐或新鲜的$Cr(OH)_4$沉淀进行修正。

本方法消解物质中六价铬离子的量化需要使用紫外/可见分光光度法来进行比色,用于测定六价铬含量在0.5~50 mg/L的样品。

3.2 方法原理

在规定的温度和时间内,将样品在碳酸钠-氢氧化钠溶液中进行消解。在碱性提取环境中,六价铬离子的还原和三价铬离子的氧化的可能性都被降到最小,含二价镁离子的磷酸缓冲溶液的加入也可以起到抑制氧化的作用。在干扰物质(如钼、钒、汞等)的存在下,六价铬可以在酸性溶液中与二苯碳酰二肼反应,产生红紫色物质。用比色法测定,在

540 nm处,每克六价铬的吸收值大约有40 000。

3.3　干扰和消除

六价铬的测定反应一般不受干扰,但当六价铬的浓度很低的时候就会有干扰。六价钼和汞盐也会与显色剂反应,但在特定的pH值下,产生的红紫色强度要比六价铬产生的低很多。钼和汞的浓度在200 mg/L以下时不会产生干扰,但钒的干扰会强烈些,不过只要钒的浓度在铬的10倍以下就不会有干扰。铁离子的浓度大于1 mg/L时会与显色剂生成黄色物质,但在特定的测定波长下,黄色物质的干扰不会很强。

3.4　试剂和仪器

除非另有说明,分析时均使用符合国家标准的分析纯化学试剂,实验用水为新制备的去离子水。

(1)消解容器:250 mL硼硅酸盐玻璃或石英容器。

(2)100 mL量筒,或使用同等规格的器皿。

(3)容量瓶:A级玻璃器皿,体积为1000 mL和100 mL,带有塞子,或使用同等规格的器皿。

(4)真空过滤装置。

(5)薄膜(0.45 μm):最好为纤维质或聚碳酸酯,当进行真空过滤操作时,需要确认过滤薄膜的爆破压力加热装置能够维持溶液温度在90～95 ℃,能够连续自动地搅拌,或使用同等规格的仪器。

(6)移液管:A级玻璃器皿,根据需要选用规格。

(7)经校准的pH计。

(8)经校准的天平。

(9)温度测量仪器(具有可追溯的NIST校准记录),量程达到100 ℃(如温度计、电热调节器、红外感应器等)。

(10)一台自动连续搅拌装置(如磁力搅拌器、机械搅动棒等),每个消解样品配备一台。

(11)硝酸(HNO_3):ρ=5 mol/L,分析纯或光谱纯,在20～25 ℃的环境下避光保存。不能用淡黄色的浓硝酸来稀释,因为其中有由硝酸根离子通过光致还原形成的二氧化氮,对六价铬离子具有还原性。

(12)无水碳酸钠(Na_2CO_3)。

(13)氢氧化钠(NaOH):分析纯。

(14)无水氯化镁($MgCl_2$):分析纯,在 20～25 ℃的环境下密封保存,400 mg 的无水氯化镁大约相当于 100 mg 二价镁离子。

(15)磷酸盐缓冲溶液(K_2HPO_4):分析纯。

(16)pH 值为 7 的 0.5 mol K_2HPO_4/0.5 mol KH_2PO_4 缓冲液:将 87.09 g K_2HPO_4 和 68.04 g KH_2PO_4 溶解在 700 mL 试剂水中,然后转移至 1 L 的容量瓶中定容。

(17)铬酸铅($PbCrO_4$):分析纯,不溶解的基体加标是将 10～20 mg 铬酸铅加入另一等分试样中来制备,于干燥环境中将铬酸铅在 20～25 ℃的环境下密封保存。

(18)消解溶液:将 20±0.05 g 氢氧化钠和 30±0.05 g 无水碳酸钠溶解在容积为 1 L 的容量瓶中,然后稀释至刻度线。将溶液在 20～25 ℃的环境下密封保存于聚乙烯瓶中,且每月都要重新配制。使用前必须测量其 pH 值,若小于 11.5 则须重新配制。

(19)重铬酸钾加标溶液:1000 mg/L 的六价铬离子,将 2.829 g 干燥的(105 ℃)重铬酸钾溶解于试剂水中,转移至 1 L 的容量瓶中,然后稀释至刻度线。也可使用 1000 mg/L 的标定过的商品 Cr(VI)标准溶液,于 20～25 ℃的环境下储存在密封容器中,最多可使用 6 个月。

(20)基体加标溶液:100 mg/L 的六价铬离子,将 10 mL 用重铬酸钾制备的 1000 mg/L 六价铬离子加标溶液加入 100 mL 的容量瓶中,用试剂水稀释至刻度,然后混合均匀。

(21)10%硫酸溶液(v/v):将 10 mL 的色谱纯或重蒸馏级的硫酸溶于 100 mL 水中。

(22)二苯碳酰二肼溶液:将 0.25 g 二苯碳酰二肼溶于 50 mL 丙酮中,存储于棕色瓶中,若溶液变色,则须丢弃。

(23)丙酮:分析纯,不要用金属容器或内衬金属盖的容器盛装。

3.5 样品

样品应使用塑料或玻璃的装置和容器采集并保存,不得使用不锈钢制品。样品在检测前须在 4±2 ℃的环境下保存,并保持野外潮湿状态。

在野外潮湿土壤样品中,收集 30 d 后的六价铬仍可以保持含量的稳定。在碱性消解液中,六价铬在 168 h 内是稳定的。

实验中产生的六价铬溶液或废料应当用适当的方法处理,如用维生素 C 或其他还原性试剂处理,将其中的六价铬离子还原为三价铬离子。

3.6　实验步骤

(1)通过制备和监测一个温度空白溶液(一个 250 mL 容器中装有 50 mL 消解溶液)来调节碱性消解时每台加热装置的温度设置,保持消解溶液的温度为 90～95 ℃,使用具有可追溯的 NIST 的温度计或同级测量装置来测量。

(2)将 2.5±0.1 g 湿润的样品放入容积为 250 mL 干净的有标签的消解容器中,在取等分试样之前必须将样品充分混合,对于作为加标的特别等分试样在此时应将掺入的材料直接加入样品等分试样中。每个等分试样都应进行固体百分含量测试,以计算干重的最终结果。

(3)使用量筒将 50±1 mL 的消解溶液加入每个样品中,同时加入大约 400 mg 氯化镁和 0.5 mL 1 mol 的磷酸盐缓冲溶液。对于那些能校正铬的氧化还原的分析技术,可选择是否加入氯化镁和磷酸氢二钾-磷酸二氢钾缓冲溶液,最后将所有的样品盖上表面皿。

(4)使用合适的搅拌装置连续搅拌样品至少 5 min(不加热)。

(5)加热样品至 90～95 ℃,并将温度维持在 90～95 ℃,不间断地搅拌至少 60 min。

(6)不间断地搅拌,让每个样品逐渐冷却至室温,将样品消解物转移至过滤装置中;利用试剂水连续冲洗消解容器 3 次,并将冲洗液也转移至过滤装置中。通过 0.45 μm 的薄膜过滤器过滤,用试剂水冲洗过滤器的内边缘和滤垫,将滤液和冲洗液转移至一个清洁的 250 mL 容器中。

注:基体加标过滤后的残留固体和滤纸应当保存,可能会用来评估较低的六价铬离子基体加标回收率,将过滤的固体在 4±2 ℃的环境下储存。

(7)将合适的搅拌装置插入样品消解烧杯中,将容器放置在搅拌器上,不断地搅拌,缓慢滴加 5 mol 硝酸至烧杯中,若样品使用六价铬比色法进行分析,则应将 pH 值调节至 7.5±0.5(使用替代分析方法要相应地调节 pH 值,如使用方法 EPA7199A,pH 值应为 9.0±0.5),并用 pH 计监控 pH 值。若溶液的 pH 值达不到需要的范围,则应将溶液倒掉,重新消解样品。若远远超过 pH 值范围的情况重复发生,应制备稀释的硝酸溶液,重新消解样品。若有絮状沉淀产生,则应让样品通过 0.45 μm 的薄膜过滤器过滤。若用 0.45 μm 的滤纸时产生阻塞,可使用更大规格的滤纸(沃特曼 GFB 或 GFF 规格)预先过滤样品。

注:此步骤将会产生二氧化碳,应在通风橱中进行。

(8)移除搅拌装置并清洗,将清洗液收集在烧杯中,将烧杯中的溶液转移至 100 mL

容量瓶中，并加入试剂水调节溶液体积至容量瓶的 100 mL 刻度线，混合均匀。

(9)显色及测量。将 95 mL 萃取物放入 100 mL 烧瓶中，加入 2 mL 二苯碳酰二肼溶液，混合均匀，再用硫酸溶液调节 pH 值为 2.0±0.5，用纯净水稀释到 100 mL，放置 5～10 min，等待完全显色。在波长 540 nm 下，用 1 cm 比色皿，以纯水为参比，测量吸光度。用试剂空白进行校正，即用不加二苯碳酰二肼溶液的样品溶液校正样品的浊度(即浊度空白)。根据校正后的吸光度，参照校准曲线测定六价铬的浓度。

(10)校正曲线的绘制。为了补偿前处理中样品的流失，标准溶液也要进行相同的前处理步骤。吸取一定量的标准溶液倒入 250 mL 容量瓶中，稀释到一定浓度，使标准曲线的范围在 0.5～5 mg/L 之间即可。再用显色及测量的方法处理标准溶液，以校正后的吸光度及其对应的六价铬浓度绘制校准曲线。

(11)验证。每一种样品基质分析都是用来校正前处理中的样品流失，或者干扰物质的影响。将两份加了标准溶液，且经过 pH 校正的萃取液用标准加入法进行校正，第二份的浓度是第一份的 2 倍。在任何情况下，第二份比第一份的增加小于 30μg/L，为了确定没有干扰，加标回收率必须在 85%～115%之间。若加入溶液的溶度在标准曲线范围之外，则要用空白溶液进行稀释。若结果显示有干扰，则样品要进行稀释和重新分析。若在稀释后干扰还存在，则要采用其他的方法(如 EPA7195、EPA7197、螯合/萃取等)。

(12)若酸提取法的加标回收率在 85%以下，则要重新分析、验证是不是溶剂残留的原因造成的。这需要用 1 mol/L 氢氧化钠处理萃取液，调整 pH 值为 8.0～8.5，重新加标和分析。若这样处理得到的回收率在 85%～115%之间，则方法被验证。

(13)分析所有的萃取物，不能用此方法分析的样品用标准加入法分析。

3.7 质量保证和质量控制

3.7.1 校准曲线

用线性拟合曲线进行校准，其相关系数应大于或等于 0.999，否则需重新绘制校准曲线。

3.7.2 校准核查

每分析 20 个样品应选择曲线中间浓度进行曲线核查，分析测试的相对偏差应控制在 10%以内，否则应重新绘制校准曲线。

3.7.3 空白试验

每批样品(最多 20 个)应至少进行一次空白试验，空白结果中目标化合物的浓度应小于方法检出限。

3.7.4　平行样品

每批样品（最多 20 个）应至少进行一次平行样品测定，平行样品的相对偏差应小于 20％。

3.7.5　实际样品加标和加标平行

每批样品（最多 20 个）应至少分析一个实际样品加标和一个加标平行，实际样品加标回收率应在 70％～130％，若加标回收率达不到要求，则此样品批次必须重新分析。

4 总汞的测定 原子荧光光谱法

警告：实验中所使用的试剂和标准溶液对人体健康有危害，操作应在通风橱中进行，并按规定佩戴防护器具，同时避免接触皮肤。

4.1 适用范围

本方法适用于土壤中总汞的测定。当取样量为 0.5 g，消解定容至 50 mL 时，方法检出限为 0.002 mg/kg。

4.2 方法原理

使用硝酸-盐酸混合试剂在沸水浴中加热消解土壤试样，再用硼氢化钾或硼氢化钠将样品中所含汞还原成原子态汞，由氩气导入原子化器中，在特制汞空心阴极灯的照射下，基态汞原子被激发至高能态，在去活化回到基态时，发射出特征波长的荧光，其荧光强度与汞的含量成正比。与校准系列进行比较，求得样品中汞的含量。

4.3 试剂和材料

除非另有说明外，分析时均使用符合国家标准的分析纯化学试剂，实验用水为新制备的去离子水。

(1)盐酸(HCl)：ρ=1.19 g/mL，优级纯。

(2)硝酸(HNO_3)：ρ=1.42 g/mL，优级纯。

(3)硫酸(H_2SO_4)：ρ=1.84 g/mL，优级纯。

(4)氢氧化钾(KOH)：优级纯。

(5)硼氢化钾(KBH_4)：优级纯。

(6)重铬酸钾($K_2Cr_2O_7$)：优级纯。

(7)氯化汞($HgCl_2$)：优级纯。

(8)硝酸-盐酸混合试剂[(1+1)王水]：取 1 份硝酸与 3 份盐酸混合，然后用去离子水稀释一倍。

(9)还原剂[0.01%硼氢化钾+0.2%氢氧化钾溶液]:称取 0.2 g 氢氧化钾放入烧杯中,用少量水溶解,称取 0.01 g 硼氢化钾放入氢氧化钾溶液中,用水稀释至 100 mL,此溶液用时现配。

(10)载液[(1+19)硝酸溶液]:量取 25 mL 硝酸,缓缓倒入放有少量去离子水的 500 mL 容量瓶中,用去离子水定容至刻度,摇匀。

(11)保存液:称取 0.5 g 重铬酸钾,用少量水溶解,加入 50 mL 硝酸,用水稀释至 1000 mL,摇匀。

(12)稀释液:称取 0.2 g 重铬酸钾,用少量水溶解,加入 28 mL 硫酸,用水稀释至 1000 mL,摇匀。

4.4　仪器设备

(1)原子荧光分光光度计。

(2)汞空心阴极灯。

(3)水浴锅。

(4)一般实验室常用仪器和设备。

4.5　样品

称取 0.25 g(精确至 0.1 mg)经风干、研磨至粒径小于 0.149 mm(100 目)的土壤样品。

4.6　实验步骤

4.6.1　试液制备

将准确称取的土壤样品置于 50 mL 具塞比色管中,加少许水润湿样品,加入 10 mL (1+1)王水,加塞后摇匀。于沸水浴中消解 2 h,取出冷却,立即加入 10 mL 保存液,用稀释液稀释至刻度,摇匀后放置,取上清液待测。

4.6.2　空白试验

采用与制备试液相同的试剂和步骤,制备全程序空白溶液,每批样品至少制备 2 个以上空白溶液。

4.6.3　校准曲线

分别准确吸取 0 mL、0.5 mL、1 mL、2 mL、3 mL、5 mL 和 10 mL 汞标准工作液置于

7个50 mL容量瓶中，加入10 mL保存液，用稀释液稀释至刻度，摇匀，即得含汞量分别为0 μg/L、0.2 μg/L、0.4 μg/L、0.8 μg/L、1.2 μg/L、2 μg/L和4 μg/L的校准系列溶液。此校准系列适用于一般样品的测定。

4.6.4 测定

将仪器调至最佳工作条件，在还原剂和载液的带动下，测定校准系列各点的荧光强度（校准曲线是减去标准空白后的荧光强度对浓度绘制的校准曲线），然后测定样品空白、试样的荧光强度。

4.7 精密度

在重复条件下，获得的两次独立测定结果的相对偏差应不超过7%。

4.8 正确度

测定土壤中总汞的相对误差绝对值应不超过5%。

4.9 质量保证与控制

空白试验、定量校准、精密度控制、正确度控制等要求要按照《农用地土壤污染状况详查质量保证与质量控制技术规定》。

附录A（资料性附录） 仪器参考工作条件

不同型号仪器的最佳参数不同，可根据仪器使用说明书自行选择，以下是本方法通常采用的参数。

表 A　仪器参数

项目	工作参数	项目	工作参数
负高压(V)	280	原子化器预加热温度(℃)	200
A 道灯电流(mA)	35	载气流量(mL/min)	300
B 道灯电流(mA)	0	屏蔽气流量(mL/min)	900
观测高度(mm)	8	测量方法	校准曲线
读数方式	峰面积	读数时间(s)	10
延迟时间(s)	1	测量重复次数	2

附录 B(资料性附录)　元素标准储备溶液的配制

(1)汞标准贮备液。称取经干燥处理的 0. 135 4 g 氯化汞,用保存液溶解后转移至 1000 mL 容量瓶中,再用保存液稀释至刻度,摇匀。此标准溶液汞的浓度为 100 mg/L(有条件的单位可以到国家认可的部门直接购买标准贮备液)。

(2)汞标准中间溶液。吸取 10 mL 汞标准贮备液注入 1000 mL 容量瓶中,用保存液稀释至刻度,摇匀。此标准溶液汞的浓度为 1 mg/L。

(3)汞标准工作溶液。吸取 2 mL 汞标准中间溶液注入 100 mL 容量瓶中,用保存液稀释至刻度,摇匀。此标准溶液汞的浓度为 20 mg/L,用时现配。

5 总锑的测定 原子荧光光谱法

警告：实验中所使用的试剂和标准溶液对人体健康有危害，操作应在通风橱中进行，并按规定佩戴防护器具，同时避免接触皮肤。

5.1 适用范围

本方法适用于土壤中总锑的测定。当取样量为 0.5 g 时，方法检出限为 0.01 mg/kg，测定下限为 0.04 mg/kg。

5.2 方法原理

样品经微波消解后，试液进入原子荧光分光光度计，在硼氢化钾的还原作用下，生成锑化氢气体。在氩氢火焰中形成基态原子，在锑元素灯的照射下，激发产生原子荧光，原子荧光强度与试液中锑元素的含量成正比。

5.3 试剂和材料

除非另有说明外，分析时均使用符合国家标准的分析纯化学试剂，实验用水为新制备的蒸馏水。

(1)盐酸(HCl)：ρ=1.19 g/mL，优级纯。

(2)硝酸(HNO_3)：ρ=1.42 g/mL，优级纯。

(3)氢氧化钾(KOH)。

(4)硼氢化钾(KBH_4)。

(5)盐酸溶液(5+95)：移取 25 mL 盐酸用实验用水稀释至 500 mL。

(6)盐酸溶液(1+1)：移取 500 mL 盐酸用实验用水稀释至 1000 mL。

(7)硫脲(CH_4N_2S)：分析纯。

(8)抗坏血酸($C_6H_8O_6$)：分析纯。

(9)硼氢化钾溶液：ρ=20 g/L，称取 0.5 g 氢氧化钾放入盛有 100 mL 蒸馏水的烧杯中，用玻璃棒搅拌，待完全溶解后再加入称好的 2 g 硼氢化钾，搅拌溶解，用时现配。

注：也可以用氢氧化钠和硼氢化钠配制。

(10)硫脲-抗坏血酸混合溶液：称取硫脲、抗坏血酸各 10 g，用 100 mL 蒸馏水溶解，混匀，用时现配。

(11)氩气(Ar)：纯度大于或等于 99.99%。

(12)慢速定量滤纸。

5.4　仪器设备

(1)具有温度控制和程序升温功能的微波消解仪，温度精度可达±2.5 ℃。

(2)原子荧光光度计。

(3)恒温水浴装置。

(4)天平：精度为 0.000 1 g。

(5)一般实验室常用仪器和设备。

5.5　样品

准确称取 0.5 g(精确至 0.1 mg，样品中元素含量低时，可将样品称取量提高至 1 g)经风干、研磨至粒径小于 0.149 mm(100 目)的土壤样品。

5.6　实验步骤

5.6.1　试液制备

将准确称取的土壤样品置于溶样杯中，用少量实验用水润湿。在通风橱中，先加入 6 mL 盐酸，再慢慢加入 2 mL 硝酸，混匀，使样品与消解液充分接触。若有剧烈的化学反应，则待反应结束后再将溶样杯置于消解罐中密封。将消解罐装入消解罐支架后放入微波消解仪的炉腔中，确认主控消解罐上的温度传感器及压力传感器均已与系统连接好。按照微波酸溶升温程序(见表 5-1)推荐的升温程序进行微波消解，程序结束后冷却。待罐内温度降至室温后在通风橱中取出，缓慢泄压放气，打开消解罐盖。

表 5-1　微波酸溶升温程序

升温时间(min)	目标温度(℃)	保持时间(min)
5	100	2
5	150	3
5	180	25

把玻璃小漏斗插于 50 mL 容量瓶的瓶口，用慢速定量滤纸将消解后的溶液过滤、转移至容量瓶中。用实验用水洗涤溶样杯及沉淀，将所有洗涤液倒入容量瓶中，最后用实验用水定容至标线，混匀。

5.6.2 试料制备

取 10 mL 试液置于 50 mL 容量瓶中，加入 20 mL 盐酸、10 mL 硫脲-抗坏血酸混合溶液，混匀。室温放置 30 min，用实验用水定容至标线，混匀。

注：室温低于 15 ℃时，置于 30 ℃水浴中保温 20 min。

5.6.3 分析步骤

（1）原子荧光光度计的调试。原子荧光光度计开机预热 30 min，按照仪器使用说明书设定灯电流、负高压、载气流量、屏蔽气流量等工作参数（见表 5-2）。

表 5-2 原子荧光光度计的工作参数

元素名称	灯电流（mA）	负高压（V）	原子化器温度（℃）	载气流量（mL/min）	屏蔽气流量（mL/min）	灵敏线波长（nm）
锑	40～80	230～300	200	200～400	400～700	217.6

（2）校准曲线。分别移取 0 mL、0.5 mL、1 mL、2 mL、3 mL、4 mL 和 5 mL 锑标准溶液置于 7 个 50 mL 容量瓶中，分别加入 5 mL 盐酸、10 mL 硫脲-抗坏血酸混合溶液，室温放置 30 min（室温低于 15 ℃时，置于 30 ℃水浴中保温 20 min），用实验用水定容至标线，混匀，即得锑浓度分别为 0 μg/L、1 μg/L、2 μg/L、4 μg/L、6 μg/L、8 μg/L 和 10 μg/L 的校准系列溶液。以硼氢化钾溶液为还原剂，5＋95（v/v）盐酸溶液为载流，由低浓度到高浓度依次测定校准系列溶液的原子荧光强度。用扣除空白的校准系列原子荧光强度为纵坐标，溶液中相对应的元素浓度为横坐标，绘制校准曲线。

5.6.4 空白试验

按照与制备试液和试料相同的试剂和步骤进行空白试验。

5.6.5 测定

将制备好的试液导入原子荧光光度计中，按照与绘制校准曲线相同的仪器工作条件进行测定。若被测元素浓度超过校准曲线的浓度范围，则应稀释后重新进行测定。同时将制备好的空白试液导入原子荧光光度计中，按照与绘制校准曲线相同的仪器工作条件进行测定。

5.7　精密度

在重复条件下，获得的两次独立测定结果的相对偏差应不超过 7%。

5.8　正确度

测定土壤中总锑的相对误差绝对值应不超过 5%。

5.9　质量保证与控制

(1)每批样品应至少测定两个全程序空白，空白样品需使用和样品完全一致的消解程序，测定结果应低于测定下限。

(2)根据批量大小，每批样品插入 1～2 个标准物质，测定结果应在可以控制的范围内。

(3)在每批次或每 20 个样品中应至少做 10%样品的重复消解。

(4)若样品消解过程中产生的压力过大，造成泄压而破坏其密闭系统，则此样品的数据不应被采用。

(5)本方法规定校准曲线的相关系数应不小于 0.999。

附录 A(资料性附录)　元素标准储备溶液的配制

(1)锑标准溶液(100 mg/L)。称取 0.119 7 g 在 105 ℃的环境下干燥 2 h 的三氧化二锑(质量分数在 99.99%以上)，溶解于 80 mL 盐酸中，转入 1000 mL 容量瓶中，补加 120 mL 盐酸，用蒸馏水定容至标线，混匀，或购买市售有证标准物质。

(2)锑标准中间液(1.00 mg/L)。移取 5 mL 锑标准溶液置于 500 mL 容量瓶中，加入 100 mL 盐酸，用实验用水定容至标线，混匀。

(3)锑标准使用液(100 μg/L)。移取 10 mL 锑标准中间液置于 100 mL 容量瓶中，加入 20 mL 盐酸，用实验用水定容至标线，混匀，用时现配。

6 氰化物的测定 分光光度法

警告：氢氰酸和氰化物属于剧毒物质，在酸性溶液中，剧毒的氢氰酸气体（带有刺鼻的杏仁味）会挥发出来，所以除非是在特定步骤下进行实验，否则不应酸化样品。整个实验应在通风橱内进行，实验人员在处理被污染的样品时应佩戴防护器具。

6.1 适用范围

本方法适用于土壤中氰化物的测定。当取样量为 10 g 时，异烟酸-巴比妥酸分光光度法的检出限为 0.01 mg/kg，测定下限为 0.04 mg/kg。

6.2 术语和定义

以下术语和定义适用于本方法。

氰化物是指在 pH 值为 4 的介质中，硝酸锌的存在下，加热蒸馏能形成氰化氢的氰化物，包括全部简单氰化物（多为碱金属和碱土金属的氰化物）和锌氰络合物，不包括铁氰化物、亚铁氰化物、铜氰络合物、镍氰络合物和钴氰络合物。

6.3 方法原理

样品中的氰离子在弱酸性条件下与氯胺 T 反应生成氯化氰，然后与异烟酸反应，经水解后生成戊烯二醛，最后与巴比妥酸反应生成紫蓝色化合物，该物质在 600 nm 波长处有最大吸收。

6.4 干扰和消除

（1）当试样微粒不能完全在水中均匀分散，而是积聚在试剂-空气表面或试剂-玻璃器壁界面时，将导致准确度和精密度降低，可在蒸馏前加 5 mL 乙醇以消除影响。

（2）试样中存在硫化物会干扰测定，蒸馏时加入硫酸铜可以抑制硫化物的干扰。

（3）试料中酚的含量低于 500 mg/L 时不影响氰化物的测定。

(4)油脂类的干扰可在显色前加入十二烷基硫酸钠予以消除。

6.5　试剂和材料

除非另有说明,分析时均使用符合国家标准的分析纯化学试剂,实验用水为新制备的蒸馏水或去离子水。

(1)酒石酸($C_4H_6O_6$)溶液:ρ=150 g/L,称取 15 g 酒石酸溶于水中,稀释至 100 mL,摇匀。

(2)硝酸锌[$Zn(NO_3)_2 \cdot 6H_2O$]溶液:ρ=100 g/L,称取 10 g 硝酸锌溶于水中,稀释至 100 mL,摇匀。

(3)磷酸(H_3PO_4):ρ=1.69 g/mL。

(4)盐酸(HCl):ρ=1.19 g/mL。

(5)盐酸溶液:c=1 mol/L,称取 83 mL 盐酸缓慢注入水中,放冷后稀释至 1000 mL。

(6)氯化亚锡($SnCl_2 \cdot 2H_2O$)溶液:ρ=50 g/L,称取 5 g 二水合氯化亚锡溶于 40 mL 盐酸溶液中,用水稀释至 100 mL,用时现配。

(7)硫酸铜($CuSO_4 \cdot 5H_2O$)溶液:ρ=200 g/L,称取 200 g 五水合硫酸铜溶于水中,稀释至 1000 mL,摇匀。

(8)氢氧化钠(NaOH)溶液:ρ=100 g/L,称取 100 g 氢氧化钠溶于水中,稀释至 1000 mL,摇匀,贮存于聚乙烯容器中。

(9)氢氧化钠溶液:ρ=10 g/L,称取 10 g 氢氧化钠溶于水中,稀释至 1000 mL,摇匀,贮存于聚乙烯容器中。

(10)氢氧化钠溶液:ρ=15 g/L,称取 15 g 氢氧化钠溶于水中,稀释至 1000 mL,摇匀,贮存于聚乙烯容器中。

(11)氢氧化钠溶液:ρ=20 g/L,称取 20 g 氢氧化钠溶于水中,稀释至 1000 mL,摇匀,贮存于聚乙烯容器中。

(12)氯胺 T($C_7H_7ClNNaO_2S \cdot 3H_2O$)溶液:ρ=10 g/L,称取 1 g 氯胺 T 溶于水中,稀释至 100 mL,摇匀,贮存于棕色瓶中,用时现配。

(13)磷酸二氢钾溶液:pH=4,称取 136.1 g 无水磷酸二氢钾(KH_2PO_4)溶于水中,加入 2 mL 冰乙酸($C_2H_4O_2$),用水稀释至 1000 mL,摇匀。

(14)异烟酸-巴比妥酸显色剂:称取 2.5 g 异烟酸($C_6H_6NO_2$)和 1.25 g 巴比妥酸($C_4H_4N_2O_3$)溶于 100 mL 氢氧化钠溶液中,摇匀,用时现配。

(15)磷酸盐缓冲溶液:pH=7,称取 34 g 无水磷酸二氢钾(KH_2PO_4)和 35.5 g 无水磷酸氢二钠(Na_2HPO_4)溶于水中,稀释至1000 mL,摇匀。

(16)异烟酸溶液:称取1.5 g异烟酸溶于25 mL氢氧化钠溶液中,加水稀释定容至100 mL。

(17)吡唑啉酮溶液:称取0.25 g吡唑啉酮(3-甲基-1-苯基-5-吡唑啉酮,$C_{10}H_{10}ON_2$),溶于20 mL N,N-二甲基甲酰胺[$HCON(CH_3)_2$]中。

(18)异烟酸-吡唑啉酮溶液:将吡唑啉酮溶液和异烟酸溶液按照1∶5混合,用时现配。

注:异烟酸配制成溶液后如呈现明显淡黄色,使空白值增高,可过滤,实验中以选用无色的N,N-二甲基甲酰胺为宜。

(19)氰化钾(KCN)标准贮备溶液:ρ=5 μg/mL,购买市售有证标准物质,如自行配制,可参照《水质 氰化物的测定 容量法和分光光度法》执行。

(20)氰化钾标准使用溶液:ρ=0.5ng/mL,吸取10 mL氰化钾标准溶液于1000 mL棕色容量瓶中,用氢氧化钠溶液稀释至标线,摇匀,用时现配。

6.6 仪器和设备

除非另有说明,分析时均使用符合国家标准的A级玻璃量器。

(1)天平:精度为0.01 g。

(2)分光光度计:带10 mm比色皿。

(3)恒温水浴装置:控温精度±1 ℃。

(4)电炉:600W或800W,功率可调。

(5)全玻璃蒸馏器:500 mL。

(6)接收瓶:100 mL容量瓶。

(7)具塞比色管:25 mL。

(8)量筒:250 mL。

(9)一般实验室常用仪器和设备。

6.7 样品

6.7.1 采集与保存

采样点位的布设和采样方法按照《土壤环境监测技术规范》执行,采集后用可密封的聚乙烯或玻璃容器在4 ℃左右的环境下冷藏保存,样品要充满容器,并在采集后48 h内完成样品分析。

6.7.2　样品称量

称取约 10 g(精确到 0.01 g)干重的样品于称量纸上,略微裹紧后移入蒸馏瓶。另称取样品按照《土壤　干物质和水分的测量　重量法》进行干物质的测定。

注:如样品中氰化物含量较高,可适当减少样品称量或对吸收液(试样 A)稀释后进行测定。

6.7.3　氰化物试料制备

连接蒸馏装置,打开冷凝水,在接收瓶中加入 10 mL 氢氧化钠溶液作为吸收液。在加入试样后的蒸馏瓶中依次加 200 mL 水、3 mL 氢氧化钠溶液和 10 mL 硝酸锌溶液,摇匀,迅速加入 5 mL 酒石酸溶液,立即盖塞。打开电炉,由低档逐渐升高,馏出液以 2～4 mL/min 的速率进行加热蒸馏。接收瓶内试样近 100 mL 时,停止蒸馏,用少量水冲洗馏出液导管后取出接收瓶,用水定容,此为试料 A。

6.7.4　空白试料制备

蒸馏瓶中只加 200 mL 水和 3 mL 氢氧化钠溶液,按氰化物试料制备的流程操作,得到空白试验试料 B。

6.8　分析步骤

6.8.1　异烟酸-巴比妥酸分光光度法校准曲线的绘制

取 6 支 25 mL 具塞比色管,分别加入 0 mL、0.1 mL、0.5 mL、1.5 mL、4 mL 和 10 mL 氰化钾标准使用溶液,再加入氢氧化钠溶液至 10 mL,标准系列中氰离子的含量分别为 0 μg、0.05 μg、0.25 μg、0.75 μg、2 μg 和 5 μg。向各管中加入 5 mL 磷酸二氢钾溶液,混匀,迅速加入 0.3 mL 氯胺 T 溶液,立即盖塞,混匀,放置 1～2 min。向各管中加入 6 mL 异烟酸-巴比妥酸显色剂,加水稀释至标线,摇匀,于 25 ℃的环境下显色 15 min(15 ℃的环境下显色 25 min,30 ℃的环境下显色 10 min)。分光光度计在 600 nm 波长下,用 10 mm 比色皿,以水为参比,测定吸光度。以氰离子的含量为横坐标,以扣除试剂空白后的吸光度为纵坐标,绘制校准曲线。

注:氰化氢易挥发,因此每一步的操作都要迅速,并随时盖紧瓶塞。

6.8.2　试样的测定

从试样 A 中吸取 10 mL 试料 A 置于 25 mL 具塞比色管中,按 6.8.1 进行操作。

6.8.3　空白试验

从试样 B 中吸取 10 mL 空白试料 B 置于 25 mL 具塞比色管中,按 6.8.1 进行操作。

6.9 结果计算与表示

6.9.1 结果计算

氰化物含量以氰离子(CN^-)计，按照公式(6-1)计算：

$$\omega = \frac{(A - A_0 - a) \times V_1}{b \times \mathrm{m} \times W_{dm} \times V_2} \tag{6-1}$$

式中：

ω——氰化物(105 ℃的环境下干重)的含量，mg/kg；

A——试料 A 的吸光度；

A_0——空白试料 B 的吸光度；

a——校准曲线截距；

V_1——试样 A 的体积，mL；

b——校准曲线斜率；

m——称取的样品质量，g；

W_{dm}——样品中的干物质含量，%；

V_2——试料 B 的体积，mL。

6.9.2 结果表示

当测定结果小于 1 mg/kg 时，保留小数点后 2 位；当测定结果大于或等于 1 mg/kg 时，保留 3 位有效数字。

6.10 质量保证和控制

(1)空白试验的氰化物含量应小于方法检出限。

(2)每批样品应做 10%的平行样品分析，其氰化物的相对偏差应小于 25%。若样品不均匀，应在满足精密度的要求下至少做两个平行样品的测定，平行样品取平均值报出结果。

(3)每批样品应做 10%的加标样品分析，氰化物的加标回收率应控制在 70%～120%。氰化物的加标物使用氰化物标准溶液，加标后的样品与待测样品同步处理。

(4)定期使用有证标准物质进行检验。

(5)校准曲线回归方程的相关系数 Y≥0.999。

(6)每批样品应做一个中间校核点，其测定值与校准曲线相应点浓度的相对偏差应不超过 5%。

6.11　注意事项

实验中产生的废液应集中收集、统一保管，并送具有资质的单位统一处理。

附录 A（资料性附录）　铁氰化钾标准溶液的配制和标定

1.试剂和材料

除非另有说明，分析时均使用符合国家标准的分析纯化学试剂，实验用水为新制备的蒸馏水或去离子水。

（1）碘化钾（KI）。

（2）盐酸溶液：1＋1。

（3）淀粉溶液：ρ＝0.01 g/mL，称取 1 g 可溶性淀粉，用少量水调成糊状，慢慢倒入 100 mL 沸水，继续煮沸至溶液澄清，冷却后贮存于试剂瓶中，用时现配。

（4）冰乙酸（$C_2H_4O_2$）。

（5）硫酸锌（$ZnSO_4$）溶液：ρ＝0.15 g/mL，称取 15 g 硫酸锌，用刚刚煮好的沸水溶解稀释至 100 mL。

（6）重铬酸钾（$1/6K_2Cr_2O_7$）标准溶液：c＝0.1 mol/L，称取 4.903 g 在 105 ℃的环境下烘干 2 h 的基准重铬酸钾溶于水中，转移至 1000 mL 容量瓶中，定容至标线，摇匀。

（7）硫代硫酸钠（$Na_2S_2O_2$）标准溶液：c＝0.1 mol/L，称取 24.5 g 五水合硫代硫酸钠（$Na_2S_2O_3 \cdot 5H_2O$）和 0.2 g 无水碳酸钠（Na_2CO_3）溶于水中，转移至 1000 mL 棕色容量瓶中，定容至标线，摇匀，待标定后使用。

（8）硫代硫酸钠标准溶液：吸取 15 mL 重铬酸钾标准溶液于碘量瓶中，加入 1 g 碘化钾及 50 mL 水，加入 5 mL 盐酸溶液，密塞混匀。于暗处放置 5 min 后，用待标定的硫代硫酸钠标准溶液滴定至溶液呈淡黄色时，加入 1 mL 淀粉溶液，继续滴定至蓝色刚好消失，记录标准溶液用量，同时做空白滴定。

硫代硫酸钠标准溶液的摩尔浓度按照公式（A-1）计算：

$$c=\frac{15.00}{V_1-V_2}\times 0.10 \tag{A-1}$$

式中：

V_1——滴定重铬酸钾标准溶液时硫代硫酸钠标准溶液用量，mL；

V_2——滴定空白溶液时硫代硫酸钠标准溶液用量，mL；

0.10——重铬酸钾标准溶液的浓度，mol/L。

(9)硫代硫酸钠($Na_2S_2O_3$)标准滴定溶液：c=0.01 mol/L，移取10 mL上述标定过的硫代硫酸钠标准溶液于100 mL棕色容量瓶中，用水定容至标线，摇匀，用时现配。

2.铁氰化钾标准贮备溶液的配制和标定

(1)铁氰化钾标准贮备溶液，$\rho_1(CN^-)\approx 1$ g/L。称取1.3 g铁氰化钾($K_3[Fe(CN)_6]$)溶于水中，稀释至500 mL，摇匀，避光贮存于棕色瓶中，在4 ℃以下的环境中冷藏至少可稳定2个月，使用时用硫代硫酸钠标准溶液标定其准确浓度。

(2)铁氰化钾标准贮备溶液的标定。吸取25 mL铁氰化钾标准贮备溶液于碘量瓶中，加入25 mL水和3 g碘化钾，摇动溶液使碘化钾溶解，加入1滴冰乙酸和10 mL硫酸锌溶液，塞紧瓶塞，摇匀，于暗处放置10 min后，用硫代硫酸钠标准溶液滴定至溶液呈淡黄时，加入3 mL淀粉溶液，继续滴定至蓝色刚好消失，记录硫代硫酸钠标准溶液的用量。另取50 mL实验用水做空白试验，记录硫代硫酸钠标准溶液的用量。

注：铁氰化钾和碘化钾的反应是可逆的，只有在含有锌盐的微酸性溶液中，生成亚铁氰化锌沉淀后，反应才能定量。在滴定时，必须严格控制酸度，反应液上只能呈微酸性(几乎接近中性)，如稍偏碱，就表示有次硫酸盐生成，会影响标定结果。

铁氰化钾标准贮备溶液的浓度以氰离子(CN^-)计，按照公式(A-2)计算：

$$\rho_1=\frac{(V_3-V_4)\times c\times 104.08}{25.00} \tag{A-2}$$

式中：

ρ_1——铁氰化钾标准贮备溶液的质量浓度，g/L；

V_3——滴定铁氰化钾标准贮备溶液时硫代硫酸钠标准溶液的用量，mL；

V_4——空白试验时硫代硫酸钠标准溶液的用量，mL；

c——硫代硫酸钠标准溶液的摩尔浓度，mol/L；

104.08——氰离子(CN^-)摩尔质量，g/mol；

25.00——铁氰化钾标准贮备溶液的体积，mL。

(3)铁氰化钾标准中间溶液，$\rho_2(CN^-)$=10 mg/L。

先按照公式(A-3)计算出配制500 mL铁氰化钾标准中间溶液时，应吸取铁氰化钾标准贮备溶液的体积。

$$V=\frac{10.00\times 500}{\rho_1\times 1000} \tag{A-3}$$

式中：

V——应吸取铁氰化钾标准贮备溶液的体积，mL；

10.00——铁氰化钾标准中间溶液的质量浓度，mg/L；

500——铁氰化钾标准中间溶液的体积，mL；

ρ_1——铁氰化钾标准贮备溶液的质量浓度，g/mL。

吸取 V mL 铁氰化钾标准贮备溶液于 500 mL 棕色容量瓶中，用水定容至标线，摇匀，避光，用时现配。

(4)铁氰化钾标准使用溶液，$\rho_3(CN^-)=1$ mg/L。吸取 10 mL 铁氰化钾标准中间溶液于 100 mL 棕色容量瓶中，用水定容至标线，摇匀，避光，用时现配。

第三篇　污染物快速筛查与识别方法

1 土壤样品中有机物快速筛查与识别方法

警告：实验中所使用的试剂和标准溶液对人体健康有危害，操作应在通风橱中进行，并按规定佩戴防护器具，同时避免接触皮肤。

(1)称取 10 g 土壤样品至锥形瓶中，加入 20 mL 正己烷-二氯甲烷(1+1)的萃取溶液，超声 15 min，静置澄清后，取 1 mL 上清液用气相色谱-质谱联用仪测定。

(2)使用的仪器为安捷伦科技有限公司的 8890-5977B 气相色谱-质谱联用仪；毛细管色谱柱为安捷伦科技有限公司的 DB-5MSUI(30 m×0.25 mm×0.25 μm)。进样口温度为 250 ℃；载气为氦气；不分流进样；柱流量为 1 mL/min(恒流)。升温程序，初始温度为 35 ℃，保持 2 min，以 15 ℃/min 的速率升至 150 ℃，保持 5 min，以 3 ℃/min 的速率升至 290 ℃，保持 2 min。扫描方式为全扫描；离子源温度为 230 ℃；接口温度为 280 ℃；离子化能量为 70 eV；调谐文件为 DFTPP.u。

(3)采集后的数据用定性定量软件(Data Analysis)进行分析(如图 1-1)。

图 1-1 定性定量软件(Data Analysis)

(4)双击“Data Analysis”图标，打开分析软件(如图 1-2)。

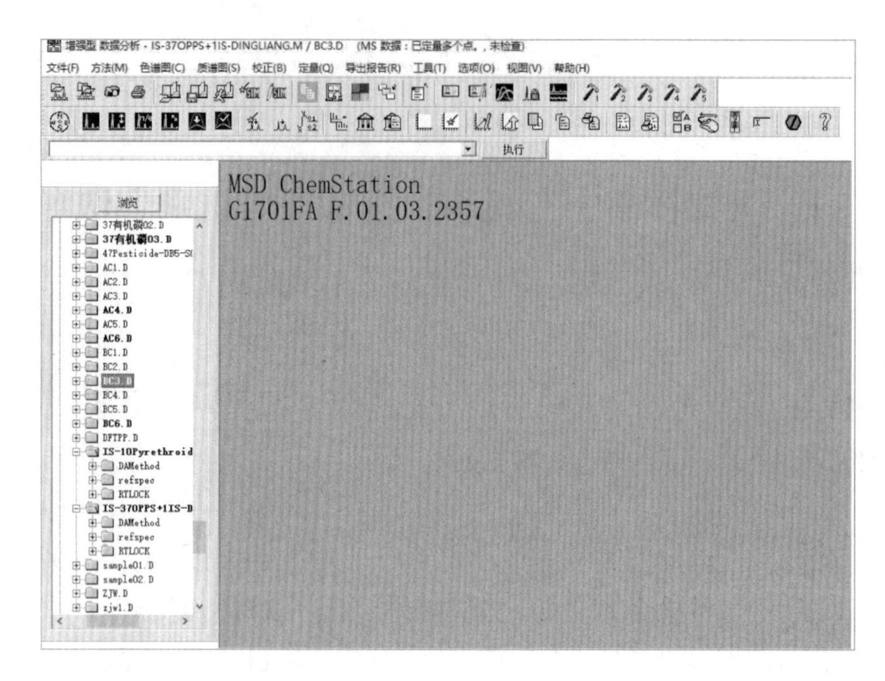

图 1-2 Data Analysis 软件的界面

(5)选择要分析的数据文件,点击“确定”(如图 1-3),打开后为该样品的总离子流色谱图(如图 1-4)。

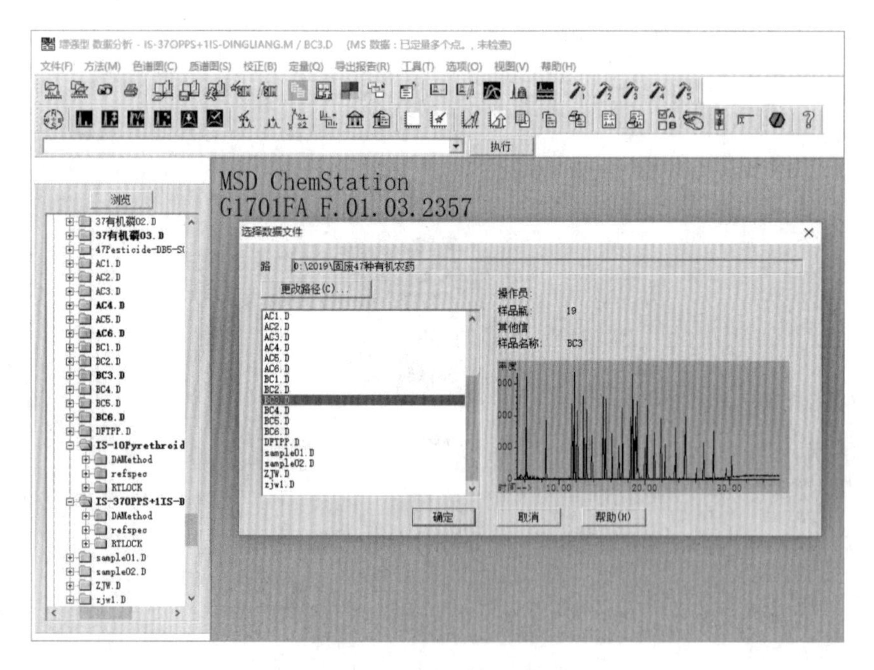

图 1-3 选择数据文件

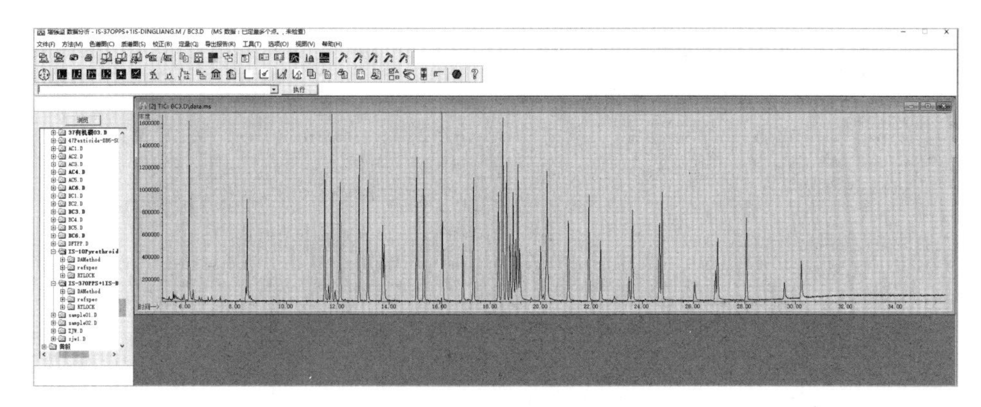

图 1-4　选定数据文件的总离子流色谱图

(6)选择“质谱谱库”,进行质谱定性分析(如图 1-5)。

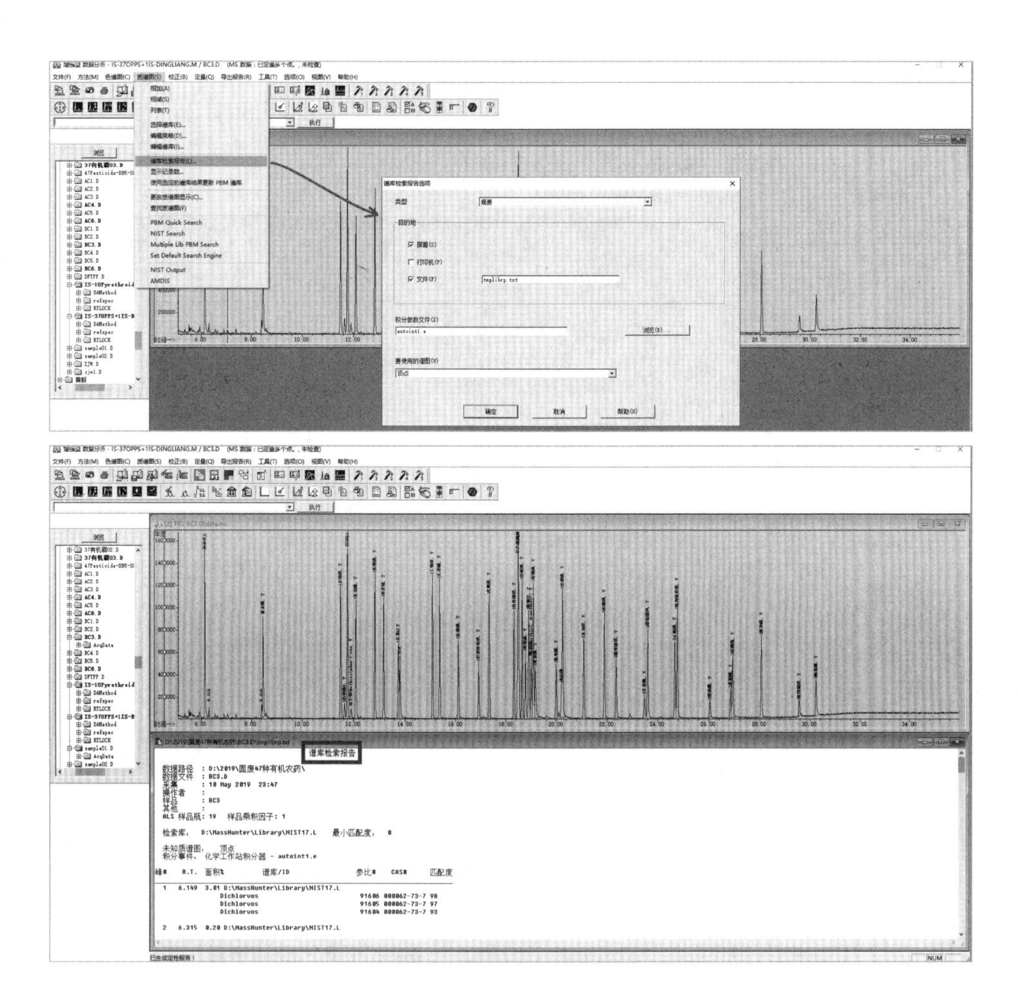

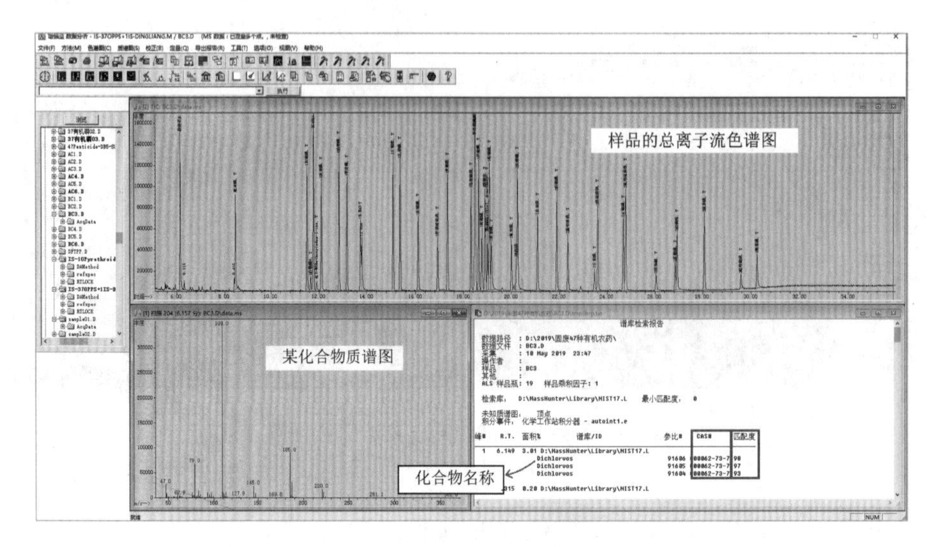

图 1-5　质谱谱库选择

(7)按下图进行选择,点击“确定”后生成谱库检索报告(如图 1-6)。

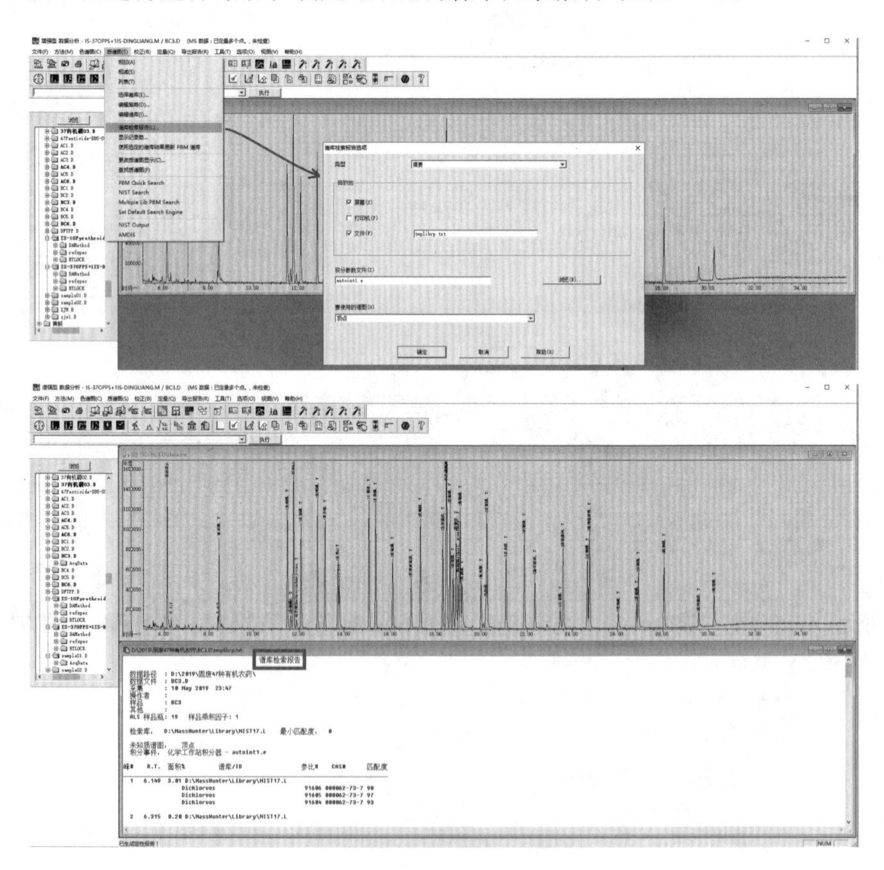

图 1-6　谱库检索报告

(8)根据谱库检索报告中的化合物匹配度、CAS号,以及质谱图中的定性离子、辅助离子,对总离子流图中的化合物进行定性分析,确定特征污染物(如图1-7)。

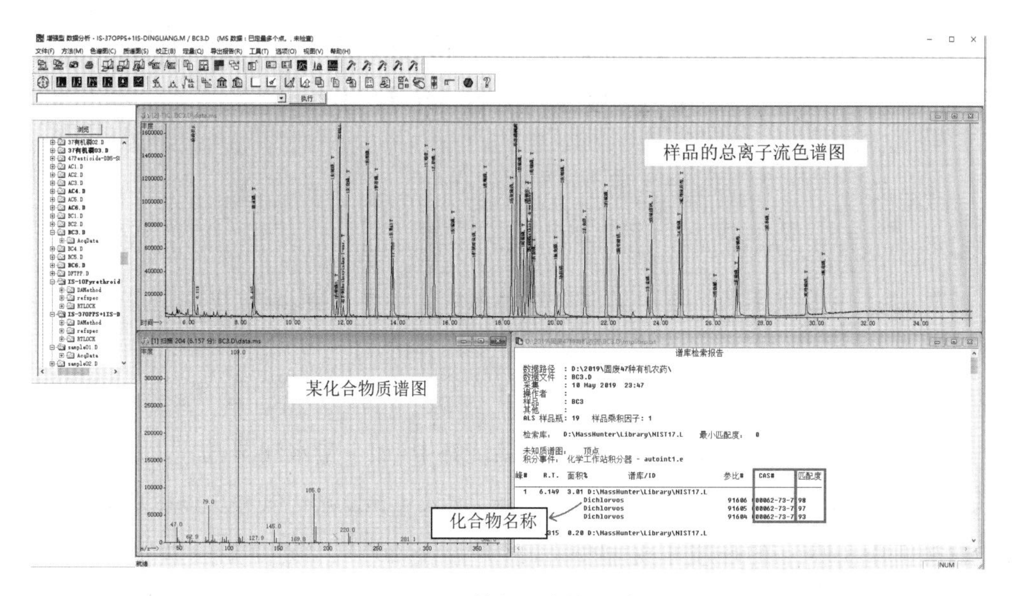

图1-7　特征污染物识别

2 一次溶矿等离子体质谱法筛查土壤样品中元素含量的快速方法

警告：实验中所使用的试剂和标准溶液对人体健康有危害，操作应在通风橱中进行，并按规定佩戴防护器具，同时避免接触皮肤。

(1)称取 0.1 g 样品于 50 mL 聚四氟乙烯烧杯中，加少量水润湿，加入 2.5 mL 盐酸和 2.5 mL 硝酸，盖好盖子，浸泡过夜。第二天，加入 4 mL 氟化氢和 1 mL 高氯酸，在控温电热板上于 120 ℃的环境下保温 2 h，再升温至 200 ℃，蒸发至白烟冒尽，升温至 220 ℃蒸干。加入 5 mL 王水(1+1)，用 10 mL 蒸馏水冲洗杯壁，加热 5～10 min，至溶液清亮。冷却后移入已定量加入 1 mL 内标溶液的 50 mL 塑料比色管中，用水稀释至刻度，摇匀，待测，同时做空白实验。

(2)使用的仪器为安捷伦科技有限公司的 7700X 型电感耦合等离子体质谱仪，仪器的工作参数见表 2-1。

表 2-1 电感耦合等离子体质谱仪的工作参数

工作参数	设定条件	工作参数	设定条件
RF 功率(w)	1500	重复次数	3
采样深度(mm)	7.3	积分时间(s)	0.1
测量方式	跳峰	采样锥类型	Ni
雾化室温度(℃)	2	雾化器类型	高盐
冷却水流速(L/min)	1.2	冷却水温度(℃)	18
提取透镜 1(v)	0	Omega 偏转电压(v)	−70
提取透镜 2(v)	−155	Omega 透镜电压(v)	5.2
补偿气流量(L/min)	0.3	载气流量(L/min)	0.85

(3)双击“ICP-MS 仪器控制”图标，打开分析软件，点击“等离子体”(如图 2-1)。

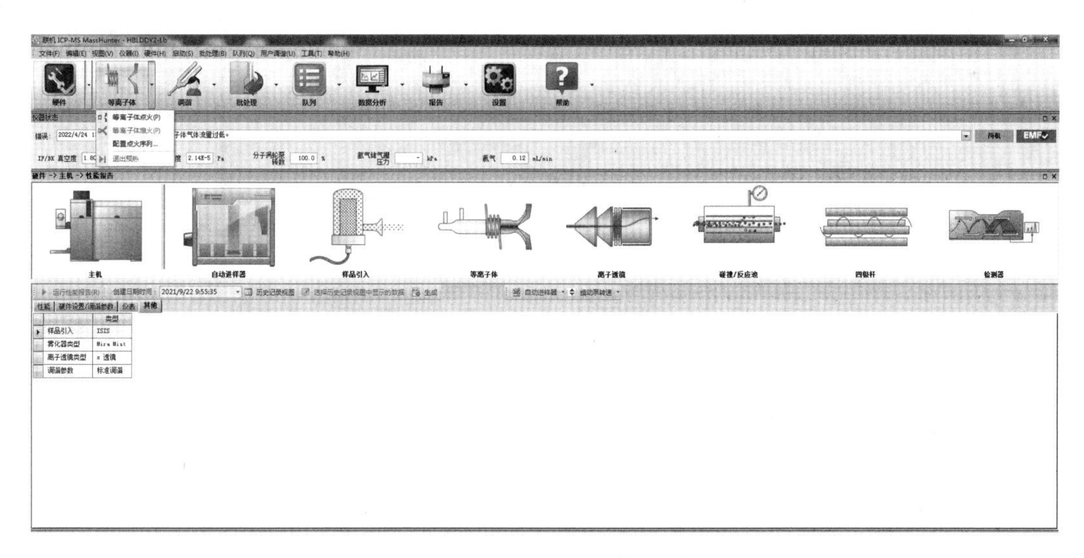

图 2-1　ICP-MS 仪器控制软件的界面

(4)预热 30 min 后，点击硬件设置中的“性能报告”，进行简单调谐(如图 2-2)。若仪器进行过拆洗，则须进行全调谐。

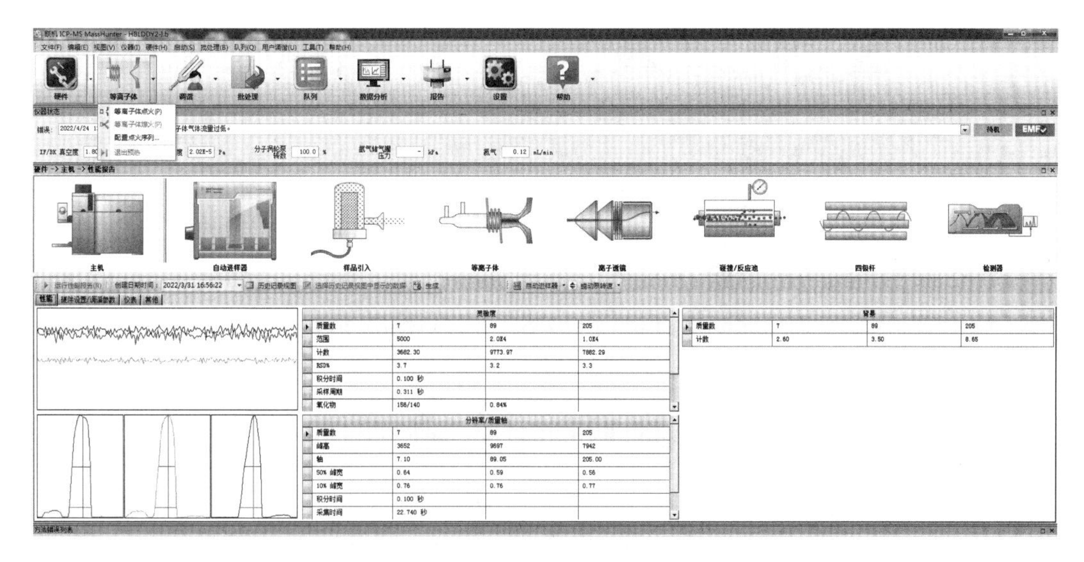

图 2-2　ICP-MS 调谐

(5)根据分析要求新建批处理(如图 2-3)。

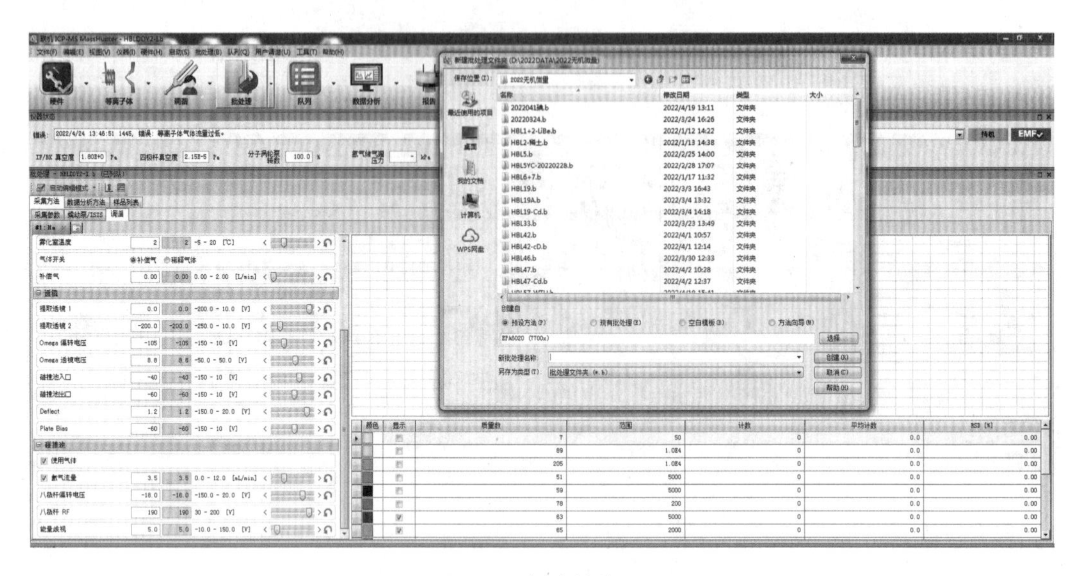

图 2-3　新建批处理

(6)批处理内调谐(如图 2-4)。

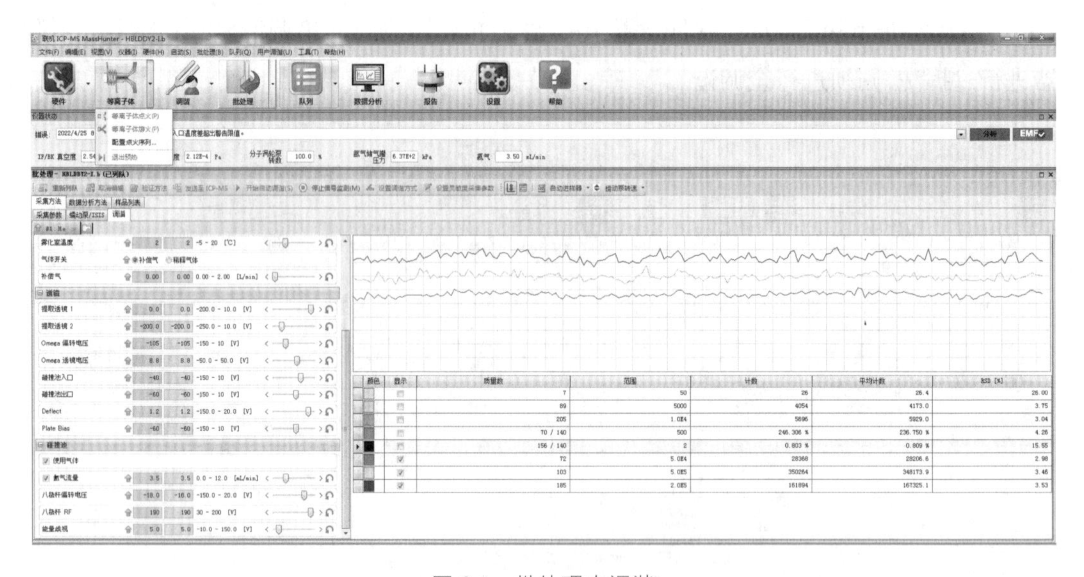

图 2-4　批处理内调谐

(7)绘制工作曲线。选定 5 个不同含量范围的一级地球化学标准物质(水系沉积物、土壤),按照土壤样品处理步骤,制备成相应的溶液。同时制备一份样品空白溶液,按设定的仪器工作条件进行测量,并由计算机绘制工作曲线(如图 2-5)。

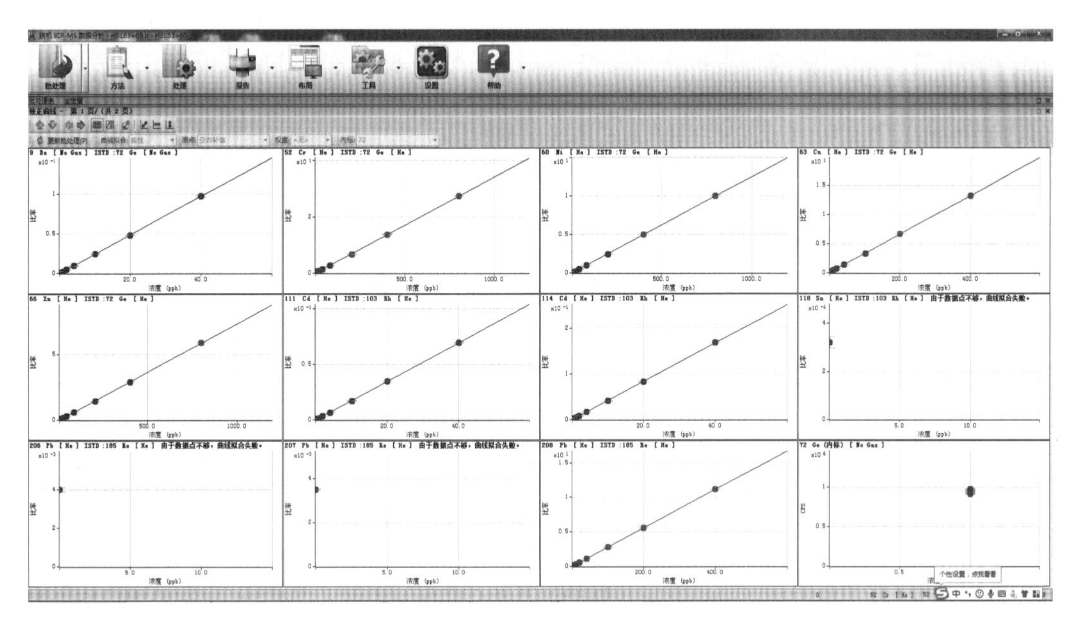

图 2-5　绘制工作曲线

(8)数据分析。选择 5～7 个一级地球化学标准物质(水系沉积物、土壤),按照土壤样品处理步骤,制备成相应的溶液,按设定的仪器工作条件进行测量,由计算机计算对应元素的含量,与各标准物质的标准值进行验证和比对(如图 2-6)。

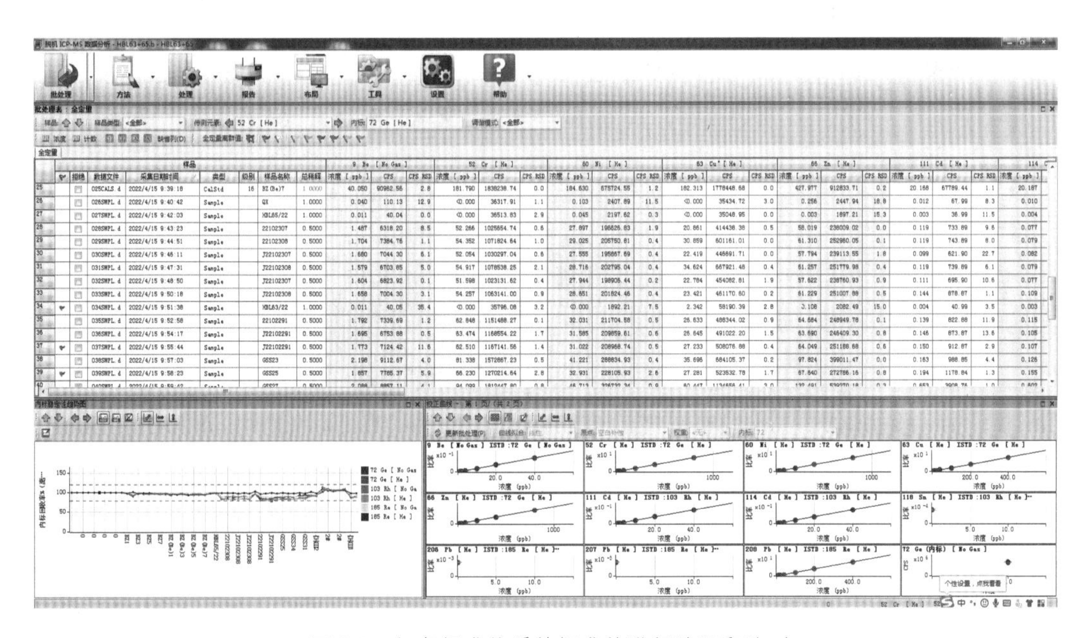

图 2-6　与各标准物质的标准值进行验证和比对